无人机应用技术专业新形态系列教材

无人机倾斜摄影测量数据生产

主　编　谭　詹　　张　蕊　　师维娟
　　　　任　玖　　胡澄宇
副主编　白　璇　　杨　亮　　乔燕燕
　　　　张雯雯　　冯文强　　张元军
　　　　陈　锐　　李开伟　　周　平
　　　　王启春

课程思政　　活页式　　新形态

课件　　微课　　校企合作

西南交通大学出版社
·成　都·

图书在版编目（CIP）数据

无人机倾斜摄影测量数据生产 / 谭詹等主编. —成都：西南交通大学出版社，2023.8（2025.2 重印）
ISBN 978-7-5643-9414-1

Ⅰ. ①无… Ⅱ. ①谭… Ⅲ. ①无人驾驶飞机 – 航空摄影测量 – 测量技术 – 高等职业教育 – 教材 Ⅳ. ①P231

中国国家版本馆 CIP 数据核字（2023）第 144373 号

Wurenji Qingxie Sheying Celiang Shuju Shengchan

无人机倾斜摄影测量数据生产

主　编	谭　詹　张　蕊　师维娟　任　玖　胡澄宇
责任编辑	姜锡伟
封面设计	吴　兵

出版发行	西南交通大学出版社
	（四川省成都市金牛区二环路北一段 111 号
	西南交通大学创新大厦 21 楼）
邮政编码	610031
发行部电话	028-87600564　028-87600533
网址	http://www.xnjdcbs.com
印刷	四川玖艺呈现印刷有限公司

成品尺寸	185 mm × 260 mm
印张	15
字数	348 千
版次	2023 年 8 月第 1 版
印次	2025 年 2 月第 2 次
书号	ISBN 978-7-5643-9414-1
定价	45.00 元

课件咨询电话：028-81435775

无人机应用技术专业新形态系列教材
编写委员会

李 恒	成都航空职业技术学院	李林峰	成都纵横大鹏无人机科技有限公司
李 艳	成都航空职业技术学院	李宜康	成都航空职业技术学院
李懿珂	成都纵横大鹏无人机科技有限公司	李志鹏	中航（成都）无人机系统股份有限公司
李志昇	成都航空职业技术学院	廖开俊	中国人民解放军空军第一航空学院
刘 驰	四川航天中天动力装备有限责任公司	刘 夯	成都纵横大鹏无人机科技有限公司
刘佳嘉	中国民用航空飞行学院	刘 健	山西机电职业技术学院
刘 静	重庆科创职业学院	刘明鑫	成都航空职业技术学院
刘 霞	重庆航天职业技术学院	马云峰	成都纵横大鹏无人机科技有限公司
梅 丹	中国人民解放军海军工程大学	牟如强	成都理工大学工程技术学院
潘率诚	西华大学	屈仁飞	成都西南交大研究院有限公司
瞿胡敏	四川傲势科技有限公司	任 勇	重庆电子工程职业学院
沈 挺	重庆交通大学	宋 勇	四川航天中天动力装备有限责任公司
唐 斌	成都航空职业技术学院	田 园	成都航空职业技术学院
王 聪	成都航空职业技术学院	王国汁	中航（成都）无人机系统股份有限公司
王 进	成都纵横大鹏无人机科技有限公司	王朋飞	西安航空职业技术学院
王 强	成都航空职业技术学院	王泉川	中国民用航空飞行学院
王思源	成都航空职业技术学院	王文敬	中国民用航空飞行学院
王 旭	成都航空职业技术学院	王 洵	成都航空职业技术学院
魏春晓	成都航空职业技术学院	吴 可	重庆交通大学
吴 爽	中航（成都）无人机系统股份有限公司	谢燕梅	成都航空职业技术学院
邢海涛	云南林业职业技术学院	熊 斌	重庆交通大学
徐凤磊	中国人民解放军海军工程大学	许开冲	成都纵横自动化技术股份有限公司
闫俊岭	重庆科创职业学院	严向峰	成都航空职业技术学院
杨 芳	成都航空职业技术学院	杨谨源	中航教育科技（天津）有限公司
杨 琴	成都理工大学工程技术学院	杨 锐	成都纵横自动化技术股份有限公司
杨少艳	成都航空职业技术学院	杨 雄	重庆航天职业技术学院
杨 雪	成都航空职业技术学院	姚慧敏	成都航空职业技术学院
尹子栋	成都航空职业技术学院	游 玺	成都纵横大鹏无人机科技有限公司
张 捷	贵州交通技师学院	张 梅	成都农业科技职业学院
张 松	四川零坐标勘察设计有限公司	张惟斌	西华大学
张 伟	成都纵横大鹏无人机科技有限公司	赵 军	重庆电子工程职业学院
郑才国	成都理工大学工程技术学院	周 彬	重庆电子工程职业学院
周佳欣	成都航空职业技术学院	周仁建	成都航空职业技术学院
邹晓东	中航（成都）无人机系统股份有限公司		

前言
PREFACE

随着科技的快速发展，在众多的新技术中，无人机技术已成为测绘行业的重要帮手，无人机与测绘的紧密结合推动着测绘行业向更高效、更高精度、更智能的方向转变。基于无人机平台的数字航摄技术显示出其独特的优势，利用无人机搭载传感器进行地面数据采集以其成本低、作业效率高、数据成果丰富多样的特点，已成为目前我国测绘企业主流的作业方式。2021年，教育部新增"无人机测绘技术"专业，为适应新技术快速发展对职业院校专业和课程建设的需求，我们组建了本书的编写团队。

本书依据无人机测绘技术专业及相关专业人才的培养目标、课程标准和行业、企业用人单位需求编写，注重浓缩理论与概念，强调过程操作，力求突出实用性。全书分为8个项目：项目1为无人机倾斜摄影测量，介绍摄影测量基础及无人机倾斜摄影测量技术；项目2为无人机倾斜摄影测量内业数据生产平台，对市场上主流的三维建模软件，DSM、DEM、DOM生产平台，以及三维测图软件进行介绍；项目3为三维模型构建，系统地讲解了如何对倾斜模型进行空三处理和如何进行建模等；项目4为DSM、DOM和DEM数据生产，以Pix 4D和ContextCapture（CC）建模软件为例，介绍如何生成DSM、DEM、DOM；项目5为倾斜模型生产大比例尺数字地形图，主要以EPS二维测图软件为例，详细讲述了交通要素、水系要素、居民地及设施要素、管线要素、地貌要素、植被与土质要素的采集标准和采集方法，以及注记添加的规范等；项目6~项目8都为倾斜摄影测量数据生产的实例操作，主要是针对前序项目的实践应用。为了方便学生学习，本书在每个项目开始列有项目描述和教学目标，结尾有知识与技能训练和思政课堂，将习近平新时代中国特色社会主义思想融入教材，贯穿于全书及配套的电子资源中；不仅如此，本书也是一本基于"岗课赛证"融通的新型活页式教材。

本书由四川水利职业技术学院谭詹、张蕊、师维娟、任玖、胡澄宇、白璇、乔燕燕、张雯雯、冯文强、张元军、陈锐和李开伟参与编写，除此之外，四川晟堡途工程技术服务有限公司杨亮、四川省第四地质大队周平、重庆工程职业技术学院王启春也参与编写重点章节。具体分工如下：项目1由师维娟、胡澄宇、张雯雯编写；项目2由白璇编写；项目3由任玖编写；项目4由胡澄宇编写；项目5由张蕊、师维娟、谭詹、冯文强、乔燕燕、杨亮编写；项目6由任玖、杨亮编写；项目7由胡澄宇、张雯雯编写；项目8由杨亮、乔燕燕编写；谭詹、张蕊负责全书的策划等工作；张元军、陈锐、李开伟和王启春参与部分章节的编写。

感谢"重庆测绘地理信息职业教育集团规划教材建设"的经费支持，感谢四川晟堡途工程技术服务有限公司和四川省第四地质大队提供的教材项目素材和技术支持。同时，在本书的编写过程中，编者参阅了国内外出版的相关教材和资料，在此一并向相关作者表示衷心感谢。

谭 詹

2023 年 4 月

于四川水利职业技术学院

目录
CONTENTS

项目 1　无人机倾斜摄影测量

【项目描述】

本项目介绍了摄影测量的基础知识，航空摄影中常用的相机参数、影像参数及摄影参数的概念及其确定方法，与摄影测量相关的概念及术语，无人机倾斜摄影测量技术的工作流程，无人机倾斜摄影测量的外业工作和内业生产工作。本项目的学习可为后续的项目学习做好知识储备。

【教学目标】

1. 知识目标

（1）了解摄影测量的发展阶段及特点。
（2）掌握航空摄影中常用的相机参数、影像参数、摄影参数的概念。
（3）掌握与摄影测量技术相关的概念和术语。
（4）熟悉无人机倾斜摄影测量的工作流程。

2. 技能目标

（1）能够对摄影像片进行航空摄影质量评价。
（2）掌握无人机倾斜摄影测量像控点的选择和布设工作。

3. 思政目标

（1）培养学生实事求是的工作态度。
（2）培养学生团结协作、爱岗敬业的职业道德。

1.1 摄影测量基础

1.1.1 摄影测量概述

1.1.1.1 摄影测量的定义和任务

摄影测量学是通过影像研究信息的获取、处理、提取和成果表达的一门信息科学。国际摄影测量与遥感协会（ISPRS）1988 年在日本京都第 16 届大会上对摄影测量与遥感给出定义：摄影测量与遥感是对非接触传感器系统获得的影像及其数字表达进行记录、量测和解译，从而获得自然物体和环境的可靠信息的一门工艺、科学和技术。

摄影测量学是测绘学的分支学科，它的主要任务是测绘各种比例尺的地形图、建立数字地面模型，为各种地理信息系统和土地信息系统提供基础数据。

摄影测量学要解决的两大问题是几何定位和影像解译。几何定位就是确定被摄物体的大小、形状和空间位置；影像解译就是确定影像对应地物的性质。在影像上进行量测和解译，其主要工作在室内进行，无须接触物体本身，因而很少受气候、地理等条件的限制；所摄影像是客观物体或目标的真实反映，信息丰富、形象直观，人们可以从中获得所研究物体的大量几何信息和物理信息。摄影测量适用于大范围地形测绘，成图快、效率高、产品形式多样，可以生产纸质地形图、数字线划图（DLG）、数字表面模型（DSM）、数字高程模型（DEM）、数字正射影像图（DOM）等。

1.1.1.2 摄影测量的分类

摄影测量可从不同角度进行分类。

（1）按摄影距离的远近分类，摄影测量可分为航天摄影测量、航空摄影测量、地面摄影测量、近景摄影测量和显微摄影测量。

航天摄影测量：传感器搭载在航天飞机或卫星上，摄影距离大于 100 km，主要用于卫星遥感影像测绘地形图或专题图。

航空摄影测量：传感器搭载在航空飞机或航空器上，摄影距离在 1～10 km，是当前摄影测量生产各种中小比例尺地形图的主要方法。

地面摄影测量：通常传感器搭载在无人机上，且摄影高度在 100 m～1 km，是生产各种大比例尺地形图的主要方法，也常用于小区域工程测图和补测航摄漏洞。

近景摄影测量：利用对物距不大于 300 m 的目标物摄取的立体像对进行的摄影测量，而非地形目标的测量。

显微摄影测量：通过显微装置获取微小物体图像并进行相应处理的一种摄影测量方法。

（2）按用途分类，摄影测量可分为地形摄影测量和非地形摄影测量。

地形摄影测量：主要用于测绘国家基本地形图、工程勘察设计，测绘城镇、农业、林业、土地等部门的规划与资源调查用图，形成相应的数据库。

非地形摄影测量：用于解决资源调查、变形观测、环境监测、军事侦察、弹道轨迹测量、爆破测量以及工业、建筑、考古、地质工程、生物医学等方面的科学技术问题。

（3）按摄影瞬间光轴的方向分类，摄影测量可分为竖直摄影测量、水平摄影测量和倾斜摄影测量。

竖直摄影测量：也称为垂直摄影测量，摄影时航摄仪主光轴偏离铅垂线3°以内（图1-1）的航空摄影，以测绘地形图为目的航空摄影测多采用此方式。

水平摄影测量：航摄仪主光轴方向接近水平方向的摄影测量，被摄物体主要位于竖直面内，如陡崖、墙面等，通常用于近景摄影测量。

倾斜摄影测量：摄影时航摄仪主光轴偏离铅垂线大于3°的航空摄影，目前主要用于生产三维实景模型。

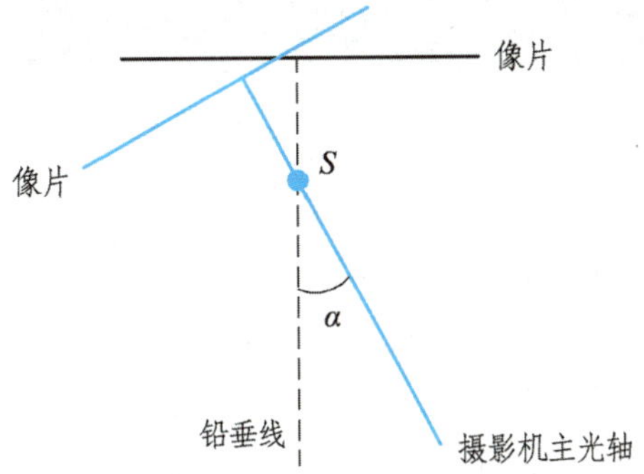

图 1-1　摄影机主光轴与铅垂线的关系

（4）按处理的技术手段分类，摄影测量可分为模拟摄影测量、解析摄影测量和数字摄影测量。

模拟摄影测量的结果通过机械或齿轮传动方式直接在绘图桌上绘出各种图件来，如地形图或各种专题图，它们必须经过数字化才能进入计算机；解析和数字摄影测量的成果是各种形式的数字产品和目视化产品，包括数字地图、数字高程模型、数字正射影像图、测量数据库、地理信息系统和土地信息系统等。

1.1.1.3　摄影测量的发展阶段

从法国陆军上校 A.洛瑟达（Aimé Laussedat）在 1859 年提出和进行了交会摄影测量算起，摄影测量经过 1 个多世纪的发展，经历了模拟摄影测量、解析摄影测量和数字摄影测量 3 个发展阶段。

1. 模拟摄影测量

模拟航空摄影测量指的是用光学或机械方法模拟摄影过程，使两个投影器恢复摄影时的位置、姿态和相互关系，构成一个比实地缩小了的几何模型，即所谓摄影过程的几何反转；在此模型上的量测即相当于对实地的量测，量测的结果通过机械或齿轮传动等方法直接在绘图桌上绘出，如地形图或各种专题图。人类发明飞机后，特别是第一次世界大战时期，第一台航空摄影机问世，加速了航空摄影测量事业的发展，使其成为 20 世纪以来大面积测制地形图的最有效方法。从 20 世纪 30 年代到 50 年代末，各国主要测量仪器厂针对航空地形摄影测量研制和生产了各种类型的模拟测图仪器（图 1-2）。这个时期是模拟航空摄影测量的黄金时期。在我国，模拟航空摄影测量一直延续到 20 世纪 70 年代末。

图 1-2　模拟测图仪

2. 解析摄影测量

解析摄影测量是伴随电子计算机的出现和发展而发展起来的。它始于 20 世纪 50 年代末，结束于 20 世纪 80 年代。解析摄影测量是依据像点与相应地面点间的数学关系，用电子计算机解算像点与相应地面点的坐标和进行测图解算的技术。在解析摄影测量中，利用少量的野外控制点加密测图用的控制点或其他用途的更加密集的控制点的工作，称为解析空中三角测量。由电子计算机实施解算和控制进行测图则称为解析测图，相应的仪器系统称为解析测图仪（图 1-3）。解析空中三角测量俗称电算加密。电算加密和解析测图仪的出现，是摄影测量进入解析摄影测量阶段的重要标志。

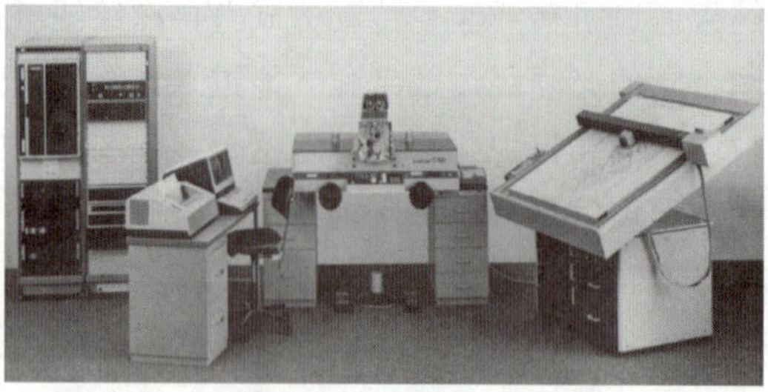

图 1-3　解析测图仪

3. 数字摄影测量

数字摄影测量是以数字影像为基础，用电子计算机进行分析和处理，确定被摄物体的形状、大小、空间位置及性质的技术，具有全数字化的特点。数字摄影测量与模拟、解析摄影测量的最大区别在于：它处理的原始信息不仅可以是像片，而且可以是数字影像或数字化影像；它最终是以计算机视觉代替人眼的立体观测，因而它所使用的仪器最终将是通用计算机及其相应外部设备。特别是在当代，工作站的发展为数字摄影测量的发展提供了广阔的前景；其产品是数字形式的，传统的产品只是该数字产品的模拟输出。如图 1-4 所示为数字摄影测量工作站。

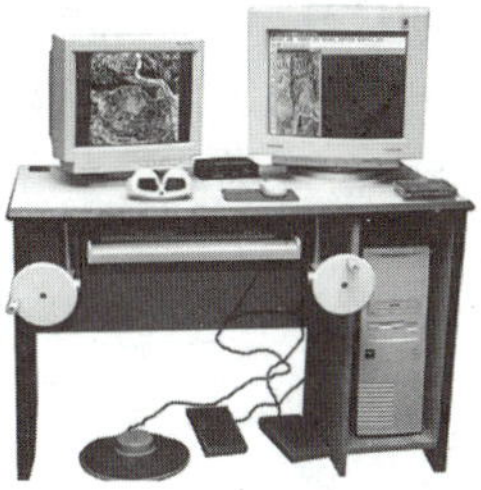

图 1-4　数字摄影测量工作站

1.1.1.4　倾斜摄影测量

倾斜摄影测量技术是国际摄影测量领域近十几年发展起来的一项高新技术，该技术通过在同一飞行平台上搭载多台传感器，同时从多个不同角度采集影像，获取到丰富的建筑物顶面及侧面的高分辨率纹理。通过摄影测量原理和计算机技术生成的数据成果直观反映地物的外观、位置、高度等属性；通过先进的定位、融合、建模等技术，还可得到和现实完全一致的三维模型。

传统航空摄影只能从垂直角度拍摄地物，得到的影像大多只有地物顶部的信息，缺乏地物侧面详细的轮廓和纹理信息，不利于全方位的模型重建。倾斜摄影则通过在同一平台上搭载多台传感器，同时从垂直、侧视等不同的角度采集影像，有效弥补了传统航空摄影的局限。如图 1-5 所示五相机系统，在同一飞行平台上搭载 5 台传感器，可同时从 1 个垂直、4 个倾斜共 5 个不同的角度采集影像，较完整地获取地物顶部及侧面纹理信息。

图 1-5　倾斜摄影测量

倾斜摄影测量技术以大范围、高精度、高清晰的方式全面感知复杂场景，通过高效的数据采集设备及专业的数据处理流程生成的数据成果直观反映地物的外观、位置、高度等属性，为真实效果和测绘级精度提供保证。同时，该技术可有效提升模型的生产效率，采用人工建模方式一两年才能完成的一个中小城市建模工作，通过倾斜摄影建模方式只需要 3~5 个月时间即可完成，大大降低了三维模型数据采集的经济代价和时间代价。目前，国内外已广泛开展倾斜摄影测量技术的应用，倾斜摄影建模数据也逐渐成为城市空间数据框架的重要内容。应用倾斜摄影测量技术，能够快速地生成目标区域的实景三维，该实景三维在实际的应用中可以延伸到公众生活的方方面面，例如地籍测绘、城市规划、文物保护、应急救灾、智慧城市、智慧旅游、数字水利、电力巡检等等。

1.1.2　航空摄影常用参数

在飞机或其他航空飞行器上，利用航摄机摄取地面影像获得航摄像片的工作统称为航空摄影。航空摄影获取的航摄像片是航空摄影测量成图的原始依据。其质量关系到后期作业的难易和量测的精度。

1.1.2.1　相机参数

1. 摄影成像公式

如图 1-6 所示，设摄影物距为 D、像片主距为 d、焦距为 f，根据几何光学原理，透镜成像公式为：

$$\frac{1}{D}+\frac{1}{d}=\frac{1}{f}$$

只要被摄景物的物距 D、像片主距 d 及镜头焦距 f 满足要求，便可获取清晰的影像。

摄影过程包括两个步骤：将装有感光材料的照相机对准被摄景物，通过镜头的移动，使物像之间满足透镜成像公式，此过程称为调焦或对光；然后根据感光材料的感光性能和景物的光照等条件，调节照相机的光圈和快门，使胶片获得正确的曝光量，此过程称为曝光。

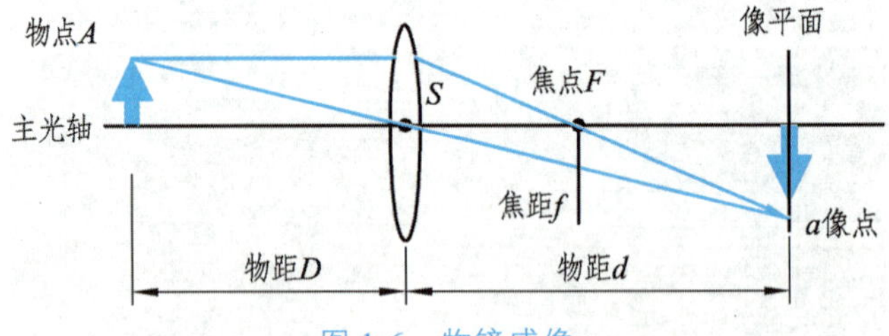

图 1-6　物镜成像

2. 镜头的视场角与像场角

由于航摄机镜头的透镜和镜筒都是圆形的，当对光于无穷远处时，在后焦面上的影像将是一个明亮的圆。这个圆与物镜中心将形成一个光锥。这个圆形范围所对应的物方空间称为镜头的视场，光锥锥底直径对镜头中心的张角称为视场角，如图 1-7 中的 2α。在镜头的视场范围内，因胶片一般为长方形或正方形，故不使用镜头视场的边缘部分，而仅使用构像清晰的物镜中心部分。通常把影像清晰的圆形范围叫作镜头的像场，像场直径对镜头中心的张角称为像场角，如图 1-7 中的 2β。

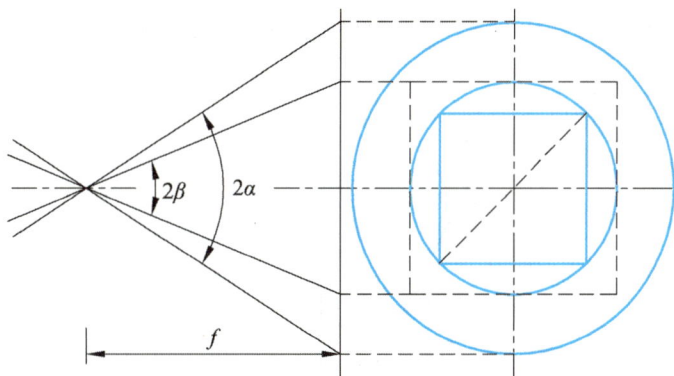

图 1-7　镜头的视场角和像场角

当像幅一定时，像场角与物镜焦距有关，焦距越大，像场角越小。当物距一定时，像场角越大，摄取的物方范围就越大。

3. 光圈系数

光圈是安置于照相机镜头中的一个重要部件，它是由若干金属片组成的可调节大小的进光孔。光圈在照相机中的作用，除控制进入镜头光量多少外，还可调节镜头的使用面积，限制镜头边缘部分的使用，提高成像的清晰程度。

光圈的大小用光圈系数表示，光圈系数通常刻在照相机镜头的外框上。光圈系数的数字从小到大以 $\sqrt{2}$ 为公比成几何级数变化，如 2、2.8、4、5.6、8、11、16。

光圈越大，进入的光量越多，画面越亮，背景虚化越强；光圈越小，进入的光量越少，画面越暗，背景虚化越弱。

4. 快门速度

快门是照相机上调节曝光时间长短的机械装置。它犹如一个光闸，能在预先设置的曝光时间内，让光线通过镜头，使胶片曝光。快门从打开到关闭所经过的时间称曝光时间或快门速度，它可以根据需要予以变更。快门速度与光圈配合使用，可以调节得到正确曝光量和景深。

快门速度越高，光线照射传感器的时间越短，画面越暗，拍摄物体越清晰；快门速度越低，光线照射传感器的时间越长，画面越亮，拍摄物体越模糊。

5. 感光度（ISO）

ISO 即感光度，是传感器对光的敏感度。ISO 值也是画面曝光的一个重要参数。在低感光度下，感光元件敏感程度低，不易受干扰，可以得到质量高的图片；在高感光度下，感光元件受到周围其他信号干扰，图片出现"噪点"。在暗光环境中拍摄，相机通常需要较高的 ISO 值以保证画面正常曝光；而在白天，若 ISO 值过高，则会导致画面过亮、画面噪点多。

1.1.2.2　摄影参数

1. 摄影航高

摄影航高简称航高，指航摄仪物镜中心 S 在摄影瞬间相对于某一基准面的高度。如图

1-8 所示，当基准面为平均海水面时，称绝对航高 H_0；基准面为地面上某一基准面时，称相对航高 H。

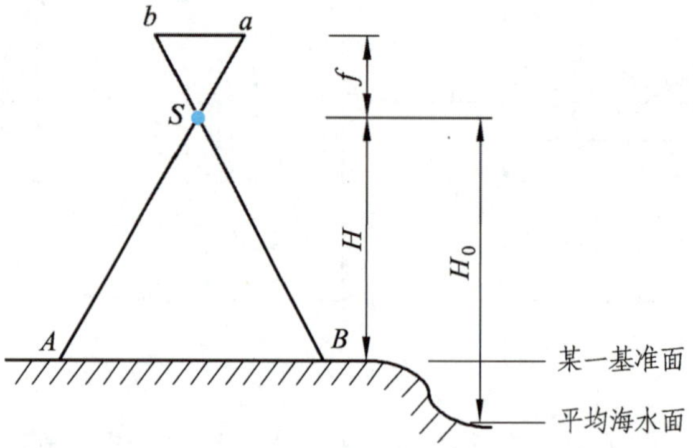

图 1-8　摄影航高

2. 航摄比例尺

航摄比例尺是航摄像片上的线段长度 l 与相应实地水平距离 L 之比。一张航空像片上各部分的比例尺并不一致，通常只表示概略比值。在近似垂直摄影的情况下，航摄比例尺是航摄仪主距 f 与相对航高 H 之比，通常用分子为 1 的分数来表示：

$$\frac{1}{m} = \frac{l}{L} = \frac{f}{H}$$

航摄比例尺的选择，从保证成图精度、缩短成图时间、降低成图成本出发，一般取决于测图比例尺，见表 1-1。

表 1-1　航摄比例尺与测图比例尺关系

比例尺类型	航摄比例尺	测图比例尺
大比例尺	1 ：2 000～1 ：3 000	1 ：500
	1 ：4 000～1 ：6 000	1 ：1 000
	1 ：8 000～1 ：12 000	1 ：2 000、1 ：5 000
中比例尺	1 ：15 000～1 ：20 000	1 ：5 000
	1 ：10 000～1 ：35 000	1 ：10 000
小比例尺	1 ：20 000～1 ：30 000	1 ：25 000
	1 ：35 000～1 ：55 000	1 ：50 000

使用胶片航摄仪航摄时，航线设计中航高以成图比例尺为出发点，选定了航摄机和航摄比例尺后，根据表就可确定测图比例尺，再根据公式，即可确定航高 H。飞机应按预定航高 H 飞行，其差异一般不得大于 5%，同一航线内各摄影站的航高差不得大于 50 m。

3. 像片重叠度

用于地形测量的航摄像片，为了能够进行立体测图，必须使像片覆盖整个测区，而且相邻像片应有一定的重叠。同一条航线内相邻像片间的重叠影像称为航向重叠（图1-9），相邻航线间的重叠称为旁向重叠（图1-9）。重叠比例的大小用像片的重叠部分边长与像片边长比值的百分数表示，称为重叠度。

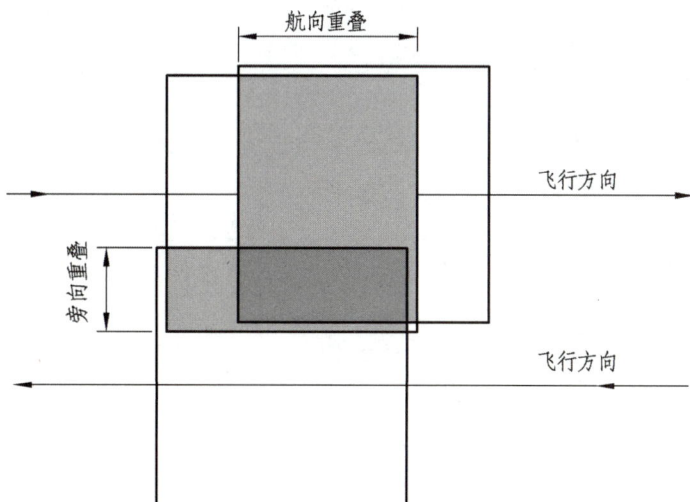

图 1-9 像片重叠度

在传统摄影测量学中，航向重叠度一般规定为 60%，最小不小于 53%，最大不大于 75%；旁向重叠度一般规定为 30%，最小不小于 15%，最大不大于 50%。

利用无人机进行航测时，由于无人机像幅小，飞行姿态不稳定，其像片重叠度要大些。根据项目需求不同，重叠度可分为以下三种：一是航测生产地形图，其航向重叠度一般设置为 80%，旁向重叠度一般设置为 60%；二是项目要求只需要生产数字正射影像图（DOM），其航向重叠度一般设置为 70%，旁向重叠度一般设置为 60%；三是无人机倾斜三维建模要求航向重叠度和旁向重叠度均为至少 70%。

4. 航线弯曲度

航线弯曲是指由于气流影响导致摄影航线形成一条弯曲度不大的曲线。其弯曲度用图幅内一条航线中各张像片主点与首末两张像片主点连线的最大偏离度来表示。如图 1-10 所示，航线弯曲度用最大弯曲矢量 L 与航线长度 D 的百分比表示。航线弯曲度过大，会影响旁向重叠，导致内业测图困难，一般要求不大于 3%。

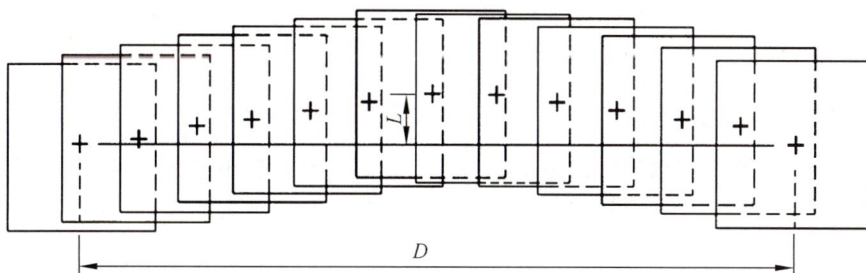

图 1-10 航线弯曲度

5. 像片旋偏角

相邻两像片的主点连线与像幅沿航带飞行方向的两框标连线之间的夹角称为像片的旋偏角,如图 1-11 中的 K 角。像片旋偏角是由于摄影时航摄机定向不准确而产生的。旋偏角不但会影响像片的重叠度,还会增加航测内业作业难度。因此,对像片的旋偏角,一般要求小于 6°,个别最大不应大于 8°,而且不能有连续 3 片超过 6°的情况。

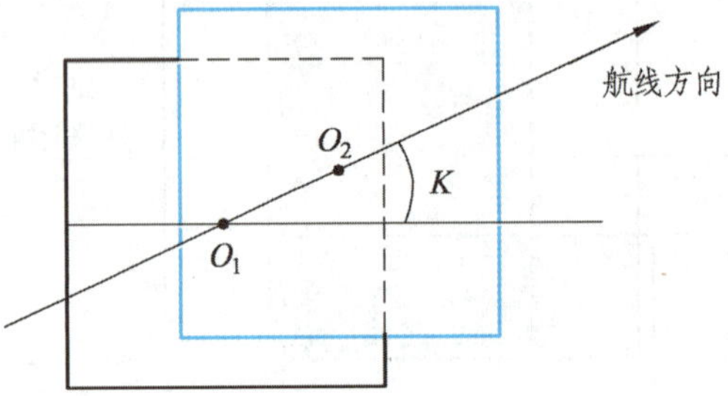

图 1-11　像片旋偏角

1.1.2.3　影像参数

1. 传感器尺寸

传感器尺寸指的是感光器件的面积大小。传感器有电荷耦合器件(CCD)和互补金属氧化物半导体(CMOS)两种类型。感光器件的面积越大,CCD/CMOS 面积越大,捕捉的光子越多,感光性能越好,信噪比越高。传感器尺寸越大,感光面积越大,成像效果越好。传感器尺寸较大的数码相机,价格也较高。感光器件的大小直接影响数码相机的体积、重量。超薄、超轻的数码相机一般传感器尺寸也小,而越专业的数码相机,传感器尺寸也越大。

2. 图像尺寸

图像尺寸也可称为图像分辨率,指图像在水平和垂直方向上的像素数,其表达式为"水平像素数×垂直像素数",既指像素的多少(数量大小),又可以指画面的尺寸(边长或面积的大小)。往往分辨率越高的图像像素点越多,图像的尺寸和面积也越大。图片分辨率越高,所需像素越多,比如:分辨率为 640×480 的图片,大概需要 31 万像素;而分辨率为 2048×1536 的图片,则需要高达 314 万像素。

3. 像元大小

在栅格图像中,每个小方格实际就是一个像素。像元大小就是指每个像素所代表栅格的大小,其值等于传感器尺寸除以图像尺寸。

4. 地面分辨率(GSD)

地面分辨率也称影像精度,是指影像能够详细区分的最小单元(像元)所代表的地面实际尺寸的大小。其值与摄影高度和相机焦距有关,关系为:

$$H = f \cdot GSD/a$$

其中:H 为相对航高(m);f 为摄影镜头的焦距(m);GSD 为影像的地面分辨率;a

为像元尺寸的大小。使用数码相机航摄时，用此公式确定航高，先根据测图比例尺确定对应地面分辨率 *GSD*，然后再确定航高。

1.1.3 摄影测量相关概念和术语

1. 内方位元素

摄影测量过程需要定量描述摄影机的姿态和空间位置，从而确定摄影像片与地面之间的几何关系。这种描述摄影机姿态的参数称为方位元素，依据作用的不同可分为内方位元素和外方位元素。

内方位元素是描述摄影中心与像片之间相对位置的参数，包括 3 个，即摄影中心到像片的垂距（主距）及像主点在框标坐标系中的坐标。在摄影过程中若 3 个参数不同，则其摄影光束也会不同。可以说内方位元素表示的是摄影光束的形状，恢复了内方位元素也就恢复了摄影时的光束形状。

2. 外方位元素

在恢复内方位元素（即恢复了摄影光束）的基础上，确定摄影光束在摄影瞬间的空间位置和姿态的参数，称为外方位元素。一张像片的外方位元素包括 6 个参数，其中：3 个是线元素，用于描述摄影中心的空间坐标值；另外 3 个是角元素，用于描述像片的空间姿态。

3. 空中三角测量

空中三角测量是指在航空立体摄影测量中，利用像片内在的几何特性，在室内加密控制点的方法；即利用连续摄取的具有一定重叠度的航摄像片，依据少量野外控制点，以摄影测量方法建立同实地相应的航线模型或区域网模型（光学的或数字的），从而获取加密点的平面坐标和高程的方法。空中三角测量一般分为两种：模拟空中三角测量，即光学机械法空中三角测量；解析空中三角测量，即俗称的电算加密。模拟空中三角测量是在全能型立体测量仪器（如多倍仪）上进行的空中三角测量，它是在仪器上恢复与摄影时相似或相应的航线立体模型，根据测图需要选定加密点，并测定其高程和平面位置的方法；解析空中三角测量是指在航空摄影测量中利用像片内在的几何特性，在室内加密控制点的方法，即利用连续摄取的具有一定重叠度的航摄像片，依据少量野外控制点，以摄影测量方法建立同实地相应的航线模型或区域网模型（光学的或数字的），从而获取加密点平面坐标和高程的方法，主要用于测地形图。

4. 定位测姿系统（POS）

POS 是用全球定位系统（GPS）和惯性测量装置（IMU）直接测定航片外方位元素的航空摄影导航系统。该系统利用动态全球定位系统定位技术精确测定摄站空间位置，利用惯性测量装置测定摄影瞬间传感器姿态，通过精确时钟将两者结合起来以确定航片的方位。将该系统用于航空遥感对地定位和影像获取，可减少乃至免除野外控制测量工作、降低劳动强度、缩短航测作业周期。

1.2　无人机倾斜摄影测量技术

无人机倾斜摄影测量技术的工作内容包括外业工作和内业生产，具体作业的工作流程如图 1-12 所示。

（1）外业工作：主要包括资料的收集准备、像控点的布设与测量、航线规划设计和航拍等。

（2）内业生产：主要包括外业数据准备、三维建模、DSM/DOM 生产、DLG 采集、模型单体化等。

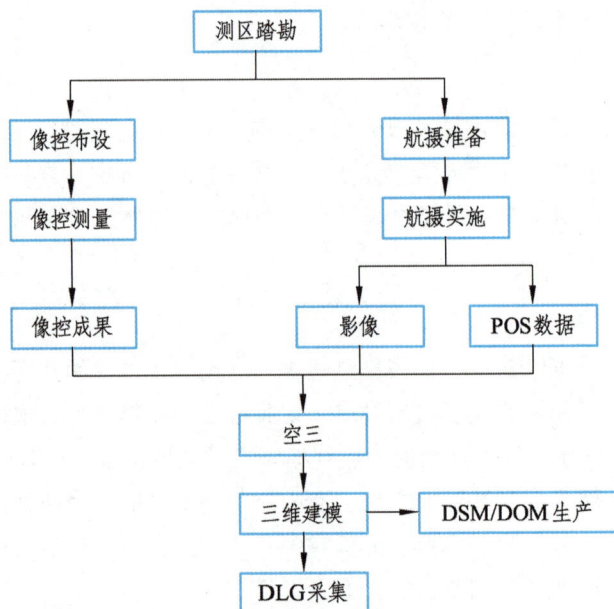

```
                        测区踏勘
           ┌──────────────┴──────────────┐
           ▼                             ▼
        像控布设                       航摄准备
           │                             │
           ▼                             ▼
        像控测量                       航摄实施
           │                     ┌───────┴───────┐
           ▼                     ▼               ▼
        像控成果               影像           POS数据
           │                     │               │
           └──────────┬──────────┴───────────────┘
                      ▼
                     空三
                      │
                      ▼
                  三维建模 ────────▶ DSM/DOM 生产
                      │
                      ▼
                  DLG采集
```

图 1-12　无人机倾斜摄影测量作业工作流程

1.2.1　无人机倾斜摄影测量外业工作

倾斜摄影测量外业实施主要由像控点的布设与测量、航飞实施两个部分组成。无人机航拍前需要对测区进行现场踏勘。首先，根据已有 GPS 控制点位合理布设像控点，像控点的数量和位置依据实际测量规程要求的精度和测区范围的大小均匀布设。其次，根据申请的空域时间和范围合理规划飞行航线，保证影像的航向重叠、旁向重叠、分辨率等符合作业要求。再次，要在已知的高精度点位上架设基站，在无人机起飞规定时间前开机，降落后在规定时间内关机；在测量时，需要量取天线高，记录基站开关机的具体时间，并进行像控点的测量。最后，组装无人机和设置相机参数，实施无人机航拍，飞行结束后，分别下载无人机数据和基站数据。

1.2.1.1　像控点的布设与测量

1. 资料的收集和准备

（1）测量设备的准备。

需要准备的设备：用于摄影测量的无人机、用于像控点采集的全球导航卫星系统（GNSS）接收机、GNSS 接收机对中杆、用于拍照记录的手机或相机、用于绘制像控点的油漆或像控点标志及其他相关设备。

外出作业时应检查：无人机电池是否充满电、无人机及遥控器是否插入内存卡、GNSS 设备电池是否充满电、相机电池是否充满电、相机储存卡内存是否足够（作业完成后需给设备电池充电、导出和备份数据、检查仪器设备）。

（2）基础控制点资料的收集。

根据项目需求，收集必要的等级控制点。如控制点的分布情况不满足实时动态定位（RTK）的测量要求，需要在已有控制点的基础上加密控制点。若选择使用连续运行基准站（CORS）系统进行测量，则无须进行等级控制点的收集，但应提前准备好 CORS 账号，完成 GNSS 接收的相关设置。

（3）坐标系统的确定。

根据项目需求，分析已有资料，确定测区所用的坐标系统、投影方式、高程基准，并在 GNSS 接收机内设置好相关坐标系统参数。

（4）其他资料的收集。

外出作业前应收集测区的地形图、交通图、地名录、天气、地域文化等资料。

（5）确定测区范围。

根据项目需求，确定测区范围，测量区域范围应略大于项目要求区域大小。在无人机配套地图软件或其他地图软件内绘制测区范围图形，导出矢量范围文件（文件名后缀为 kml）。

2. 像控点的布设

（1）像控点的布点方式。

规则矩形和正方形：小面积区域最少布设 5 个控制点，即航飞区域内 4 个角各 1 个，区域中间 1 个；大面积区域相应地增加控制点，具体如图 1-13 所示。

图 1-13　规则区域像控点布设形式

不规则图形：根据实际地形布设控制点，以保证布设的控制点能均匀地覆盖整个测区为原则，具体如图 1-14 所示。

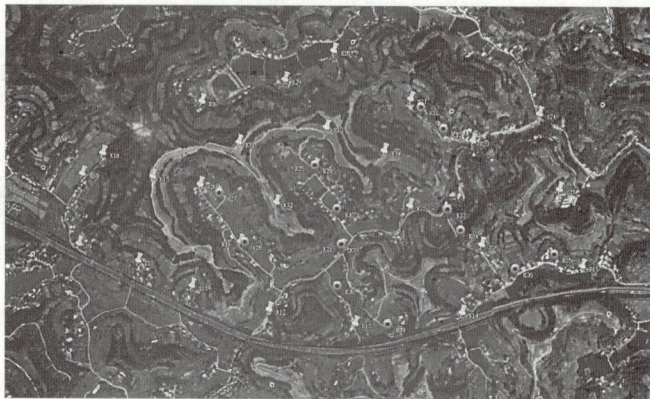

图 1-14　不规则区域像控点布设形式

河道、公路等带状区域：这种区域经常采用 Z 字形布设法，也就是垂直于带状两边各布设两个控制点，带状区域中间布设 1 个控制点，具体如图 1-15 所示。

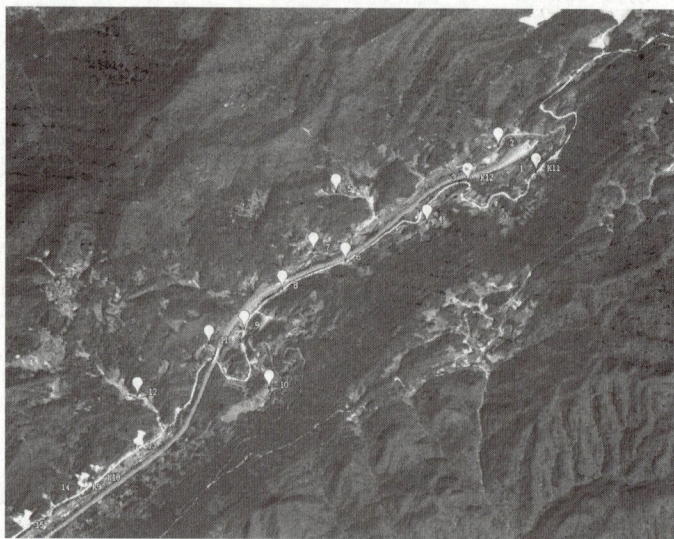

图 1-15　带状区域像控点布设形式

（2）像控点的选点。

像控点应该选择航摄像片上影像清晰、目标明显的像点；实地选点时，也应考虑侧视相机是否会被遮挡。弧形地物、阴影、狭窄沟头、水系、高程急剧变化的斜坡、圆山顶、与地面有明显高差的房角、围墙角等以及航摄后有可能变迁的地方，均不应当作选择目标。

像控点也可采用特殊并明显的地物标志，例如路上的车道实线以及斑马线的角、目标清晰的道路交角、篮球场上的实线、草地角等，如图 1-16 所示。

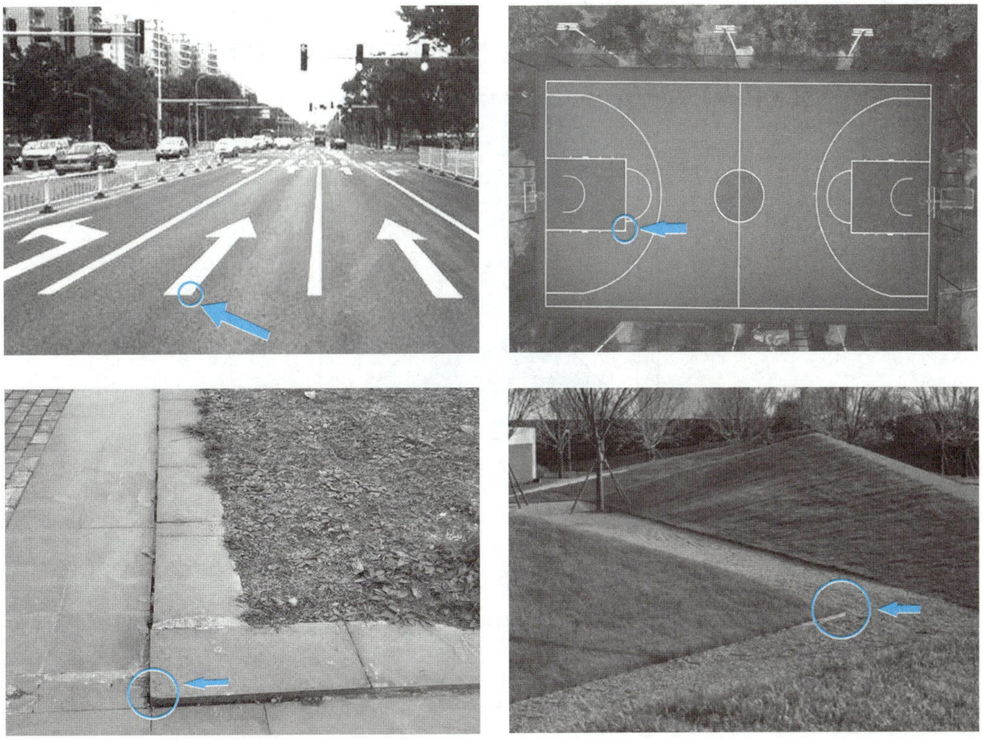

图 1-16　像控点的选择

　　总则：所选的像控点必须是在航片上能够辨认清晰的，没有遮挡的目标。目标成像不清晰、与周围环境色差小、与地面有明显高差的目标，会增大空三内业的刺点误差，因此均不能用作像控点。

　　（3）像控点的标志。

　　像控点可用油漆现场绘制像控标志，标志可刷成 L 形或十字形，并标好像控点点号。像控点标识建议采用直角模具涂刷（图 1-17）和标靶板（图 1-18）的方式。

　　① 像控点现场标识，应用直角模具涂刷，或者采用航测专用标识；涂刷大小 > 50 cm，并且菱角不虚边，编号字体清晰、字体高度 > 30 cm。

图 1-17　像控点的标志 1（直角模具涂刷）

② 标靶板的效果比木板效果要好，黑白相间的颜色使得内业刺点时更加精准。无人机标靶板尺寸以 60 cm×60 cm 左右的泡沫板（KT 板）制作最好。

图 1-18　像控点的标志 2（标靶板）

3. 像控点的测量

（1）若采用架设基站 RTK 模式，则需进行坐标系的校正。

因为 GPS、RTK 测量结果使用的是 1984 世界大地测量系统（WGS-84）坐标系统，如项目要求测量成果使用其他坐标系统，则需要在观测之前进行坐标系校正，求出 WGS-84 坐标系与目标坐标系之间的转换关系。

校正方法：

① 首先要有目标坐标系至少 5 个基础控制点坐标数据，其中 4 个用作校正，1 个用于校正后的检验。注意已知点最好要分布在整个作业区域的边缘，能控制整个区域，一定要避免已知点的线性分布。

② 在电子手簿上输入已知控制点的坐标，并把 GPS 流动站接收机架在已知点上，测得 WGS-84 的坐标数据。

③ 根据已知点的已知坐标数据和 WGS-84 坐标系的坐标数据，计算七参数，求得两坐标系之间的转换关系。

④ 检查水平残差和垂直残差的数值，看其是否满足项目的测量精度要求，参差应不超过 2 cm。检校没问题之后才可以进行下一步作业。

（2）使用 CORS 测量模式进行控制点的采集。

开机连接 CORS 得到固定解后一般不要立即测量，首先检查水平残差（HRMS）和垂直残差（VRMS）的数值，看其是否满足项目的测量精度要求，正常情况下不大于 2 cm。

（3）观测。

① 两次观测，每次采集 30 个历元，采样间隔 1 s。在采集过程中保证对中杆的气泡始终处于居中状态。

② 接收机在观测过程中不应在其近旁使用对讲机或手机，雷雨过境时应关机停测，并取下天线，以防雷电。

③ 两次观测成果需野外比对结果，比对值为两次初始化采集的最后一个历元的空间坐标，较差依照平面较差不超过 5 cm、大地高较差不超过 5 cm 的精度标准执行；

不符合要求时，加测一次，如果 3 次各不相同，则在其他时间段重新观测。

④ 每日观测结束后，应及时将数据从 GPS 接收机转存到计算机上，确保观测数据不丢失，并拷贝备份由专人保管。

（4）像控点的拍照。

对观测处进行至少 3 次拍照，分别为 1 张近照、2 张远照。近照要求摄清天线摆放位置以及对中位置或者是杆尖落地处，1 张不够描述的，可拍摄多张。远照的目的是反映刺点处与周边特征地物的相对位置关系，便于空三内业人员刺点。周边重要地物有：房屋、道路、花圃、沟渠等。为描述清楚，远照可摄多张。

像控点拍照如图 1-19 所示。

图 1-19　像控点拍照

4. 外业资料与数据的整理

控制点、检查点成果表分开保存，每个点均保存大地坐标和投影平面坐标。默认大地坐标为 2000 国家大地坐标系（CGCS2000），投影方式为高斯-克吕格投影 3°分带。

导出 GPS 观测数据并整理坐标数据成果表，表中应注明所用坐标系、投影方式、高程基准。其格式见表 1-2。

表 1-2　×××控制点成果

坐标系统：1980 西安坐标系					
投影方式：高斯-克吕格投影 3°分带，中央子午线 114°					
高程基准：1985 国家高程基准					
序号	点名	X/m	Y/m	Z/m	备注
1	hpA3	2 668 217.322	626 430.153	80.937	

整理控制点、检查点照片，每一个控制点分别建立一个文件夹，把所拍的控制点照片分类，并放入相应点的文件夹中，使点号、点位与照片一一对应。在文件夹外保存所有控制点和检查点的后缀为 csv 的文件。

1.2.1.2 外业航飞实施

外业航飞实施一般有以下几个方面的工作。

1. 任务提出、目标确认和空域申请

无人机在航空摄影前，用户应该根据具体的作业任务提前做好规划，航摄计划中的技术部分包括的主要内容有：了解测区概况；确定测区范围；选用合适的摄影机；确定摄影比例尺和航高；确定拍摄日期及无人机起降的具体位置等。为了确保无人机低空飞行安全，提高空域资源利用率，在进行航拍前，负责人员需按照相关规定向航空管理部门申请测区空域的飞行许可。如果没有获得批准，需要重新拟定飞行计划，做好充分的准备，再次向空域管理部门提出申请。

2. 航线设计

依据无人机具体的飞行任务和低空数字航空摄影规范的相关规定，首先对航摄技术参数进行设置，以保证无人机按照规定的轨迹飞行，具体包含以下几个方面：

① 设置航高。根据不同比例尺航摄成图的要求，结合测区的地形条件及影像用途，参考测图比例尺和地图分辨率对比表 1-3，选择影像的地面分辨率。根据下式计算航高。

无人机外业数据采集
——航飞范围确定

$$H = \frac{f \cdot GSD}{a}$$

式中：H 为摄影航高；f 为物镜镜头焦距；a 为像元尺寸；GSD 为航摄影像地面分辨率。

表 1-3　测图比例尺和地面分辨率值对比

测图比例尺	地面分地辨率/cm
1：500	≤5
1：1000	8～10
1：2000	15～20

② 设置像片重叠度。依据低空数字航空摄影的相关规范，像片重叠度应该满足以下要求：航向重叠度在通常情况下应该为 60%～80%，但是不得小于 53%；旁向重叠度在通常情况下应该为 15%～60%，但是不得小于 8%。

③ 设置航线参数。依据测区大小，确定飞行航向和航线长度。

3. 作业飞行

在做好地面的准备工作之后，应选择晴朗无云的天气，利用带有航摄仪的无人机对地面进行拍摄。无人机拍摄作业过程如下：

（1）在预先选好的无人机起飞地点，组装无人机和航摄仪，同时进行系统地面联机测试。

（2）根据任务要求对各项技术参数，如相机曝光参数和航线参数等进行合理设置，并把地面控制系统中设置的参数导入飞行导航与控制系统中。

（3）无人机进入航摄区域后，地面监控系统通过数据传输系统向空中控制系统发送数据和控制命令，使无人机根据预先设置的航线飞行，同时控制无人机的摄影机进行拍摄，并将飞行数据保存起来或者通过无线电实时反馈给地面监控站。

（4）地面人员对获取到的数据进行检查，漏拍的地区和需要重点拍摄的区域应该及时补拍。无人机结束飞行任务后，对其进行回收，并检查仪器的相关功能是否良好，最后结束航拍任务。

无人机外业数据采集
——航飞外业实施

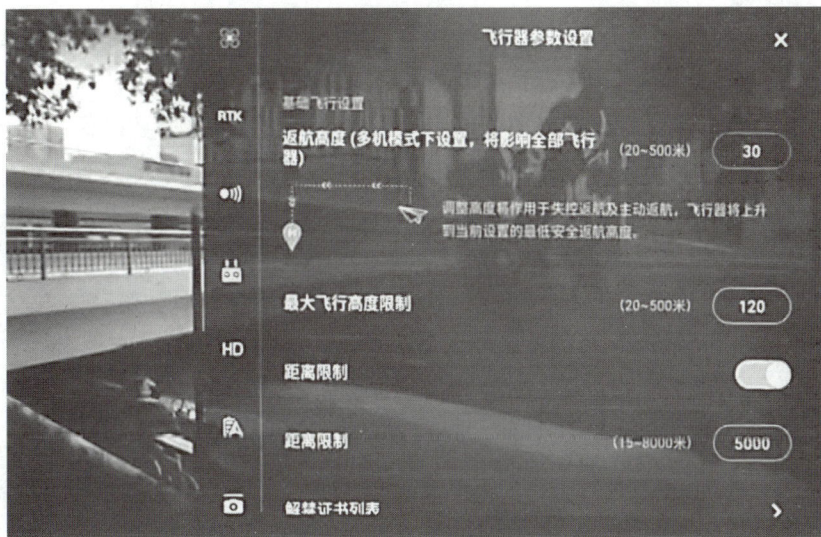

下面以精灵 4 RTK 无人机外业操作为例讲解：

（1）启动遥控器及飞机，点击 GS RTK 应用进入主界面。

（2）设置返航高度及失控行为，返航高度要高于测区内建筑物最高的高度。注意最大飞行高度限制要大于等于航线高度。如果打开"航线作业失控后退出执行"开关后，那无人机失控后将按"失控行为"选择的模式进行返航，如果关闭此开关，则无人机失控后将继续执行航线，直到任务结束或是低电量返航。飞行器参数设置如图1-20所示。

图 1-20　飞行器参数设置

（3）RTK 功能。精灵 4RTK 可进行免相控测量。打开 RTK 功能，选择 RTK 服务类型，根据任务要求选择 RTK 坐标系。如果所用机型不能使用 RTK 服务，或不支持RTK 功能，则可进行地面像控点的布设。

（4）双击状态栏进入飞行器模块自检菜单，检查各模块是否工作正常，注意飞行器电量、遥控器电量及遥控器操作模式。

（5）返回主菜单。点击"规划"按钮，进入规划菜单，选择任务规划类型，如图1-21所示。

图 1-21　规划类型选择

（6）GS RTK 应用可在地图上点选 3 个或 3 个以上边界点生成测量的区域，自动规划出任务航线。航线方向可点击"航向方向"按钮调节，航线方向平行于测区长边能减少无人机转弯次数，进而提高效率；也可在电脑端的地图软件（如谷歌地球、图新地球、奥维地图等）中划定测区范围，生成 KML 文件，导入无人机遥控器进行任务航线的规划。

（7）大疆精灵 phantom4 RTK 测量任务的默认参数（高度、速度、拍摄模式、完成动作）为 100 m、7 m/s、定时拍摄、返航，可根据任务要求设置。速度可设置为最大速度，拍摄模式可设置为定时拍摄，完成动作可设置返航，需要确保任务高度高于测区内所有物体。航摄参数设置如图 1-22 所示。

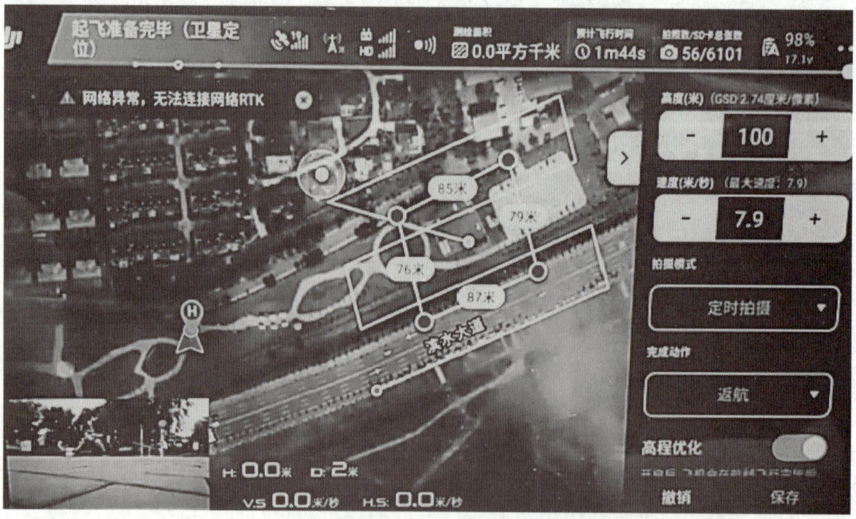

图 1-22　航摄参数设置

（8）打开相机设置，设置照片比例；推荐 4∶3；白平衡根据实际情况进行设置；云台角度注意保证航测需要（二维正射影像为 −90°，倾斜摄影三维为 −45°）；关闭畸变修正。注意安全数字存储卡（SD 卡）总拍照数要大于单航次拍照数。如果环境光线较差，可以适当降低飞行速度并用快门优先模式保证一定的快门速度。

（9）打开重叠率设置，正射影像采集推荐重叠率为 70/80；边距设置可为自动，也可为手动。边距设置主要是保证边缘精度，边距与高度和重叠率有关。如果在报计划时已考虑外扩范围或想减少任务时间（牺牲一定的边缘质量）或想避开测区边缘超高物体，则可以将边距设置更改成手动，以手动减少边距。像片重叠率设置如图 1-23 所示。

图 1-23　像片重叠率设置

（10）编辑任务信息，输入任务名称及备注信息。其中任务名称可根据项目名称（编号）日期、人员（地点）、架次对任务进行命名，如 SCSL20230101HCY01。填写完毕后点击"确定"，点击"调用"按钮进入飞行界面。

（11）点击"执行请仔细阅读注意事项"，注意事项如下：

① 避免将航线的起止点规划在大面积湖泊、海洋等水面区域上空。

② 在地形高低起伏较大（地形起伏大于飞行高度的 20%）的区域进行作业时，若建图失败可尝试适当增加飞行高度及增大影像采集重叠率。

③ 当场景中包含较高建筑物时，建议设置较高的飞行高度，以保证重叠率。

④ 避免在光照条件不佳的时刻进行建图作业，如日落黄昏时刻。

⑤ 作业过程中避免误操作导致云台、飞行器航向角度改变，进而影响建图效果。

（12）点击"确定"后上传任务航线，上传完毕后进行作业前自检：注意航线作业完成行为及失控行为。向右滑动自动执行飞行任务，无人机开始自动执行任务航线。

（13）航线飞行中保持对飞机目视观察，保证飞行安全；还要注意飞行参数，如 RTK 状态、遥控器信号强度及电量等。

（14）任务结束后，将 SD 卡中拍摄的照片拷贝到电脑或存储设备中，进行数据备份，并填写相应飞行记录。

无人机外业数据采集
——航飞外业数据导出

1.2.2　无人机倾斜摄影测量内业生产

无人机倾斜摄影测量内业生产主要包括三维建模、4D 产品生产、模型单体化等工作。

1.2.2.1　三维建模

三维（3D）建模，通俗来讲就是利用三维制作软件通过虚拟三维空间构建出具有三维数据的模型。目前常规建模技术主要分为 4 类：传统人工建模、三维激光扫描建模、数字近景摄影测量建模、倾斜摄影测量建模。其中，倾斜摄影测量技术也突破了传统低空摄影测量只能从垂直角度获取数据的局限，在无人机上同时搭载多个传感器，从多个角度获取影像数据，能够更加真实全面立体地反映地表物体的局部细节和整体层次。三维建模如图 1-24 所示。通过倾斜摄影测量技术可以获取丰富的纹理信息数据，生成密集三维点云和不规则三角网（TIN）模型，结合自动化实景模型，实现三维场景的快速、高效、低成本真实还原，为诸多项目提供建模服务。

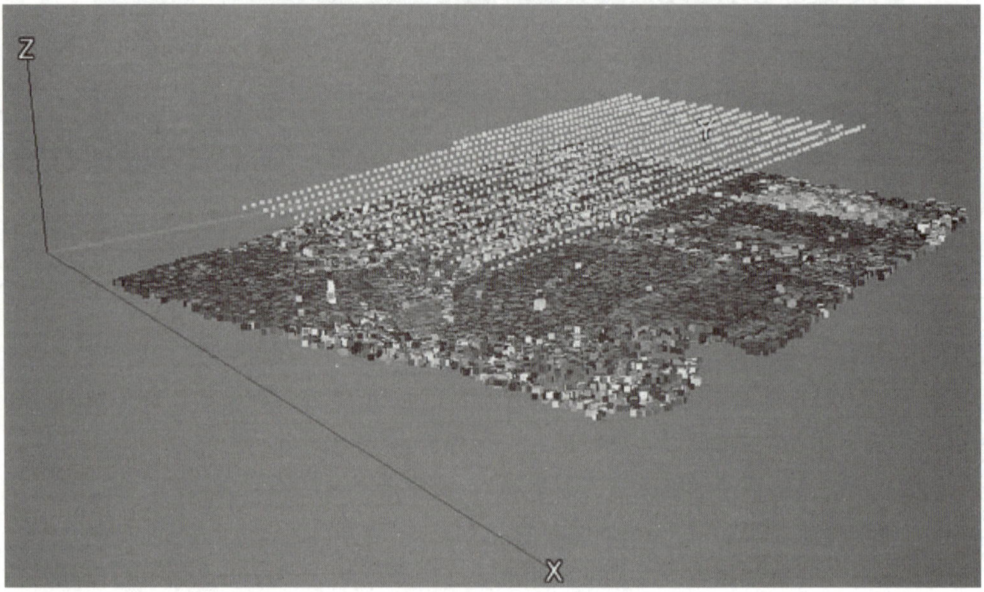

图 1-24　三维建模

1.2.2.2　4D 产品生产

无人机倾斜摄影的 4D 产品是指 DSM（数字表面模型）、DEM（数字高程模型）、DLG（数字线划图）、DOM（数字正射影像图）。

1. 数字表面模型

数字表面模型（Digital Surface Model，DSM），是高斯投影平面上规则格网点的平面坐标（X，Y）及其高程（H）的数据集 $\{(X_i, Y_i, H_i), i=1, 2, \cdots, n\}$。这个数据集描述的是真实地表的高程分布状态，其中包含各种地物，例如建筑物、树木、桥梁等。某地局部 DSM 如图 1-25 所示。DSM 表示的是最真实的地面起伏情况，可广泛应用于各行各业。特别在一些对建筑物高度有需求的领域，DSM 得到了很大程度的重视。如在森林地区，DSM 可以用于检测森林的生长情况；在城区，DSM 可以用于检查城市的发展情况。

图 1-25　某地局部 DSM

2. 数字高程模型

数字高程模型（Digital Elevation Model，DEM），是用一组有序数值阵列形式表示地面高程的一种实体地面模型。与 DSM 相似，DEM 同样是高斯投影平面上规则格网点的平面坐标（X，Y）及其高程（H）的数据集 $\{（X_i，Y_i，H_i），i=1，2，\cdots，n\}$。但是 DEM 是在 DSM 的基础上除去了地物高程，代表的是地面的高程分布情况。DEM 的生产可在计算机自动生成的 DSM 基础上进行编辑精化，对 DSM 中的地物高程进行编辑。DEM 可用于工程建设中的土方计算、通视分析等；在防洪减灾中，DEM 可用于水文分析等。图 1-26 所示为某地局部彩色渲染的 DEM。

图 1-26　某地局部彩色渲染的 DEM

3. 数字线划图

数字线划图（Digital Line Graphic，DLG），是包含地形要素（包括居民地、交通、独立地物、管线、境界等）的矢量数据集，它对各类要素进行分层分类存储并保存了各要素间的空间关系和相关属性信息。某地 1∶500 数字线划图如图 1-27 所示。该产品较全面地描述了地表现象，目视效果与同比例尺地形图一致但色彩更为丰富，满足各种空间分析要求；可随机地进行数据选取和显示，与其他信息叠加可进行空间分析、决策，可用于建设规划、资源管理、投资环境分析等各个方面以及作为人口、资源、环境、治安等各专业信息系统的空间定位基础。目前，航测内业软件都具有相应的矢量图系统，而且它们的精度指标都较高。

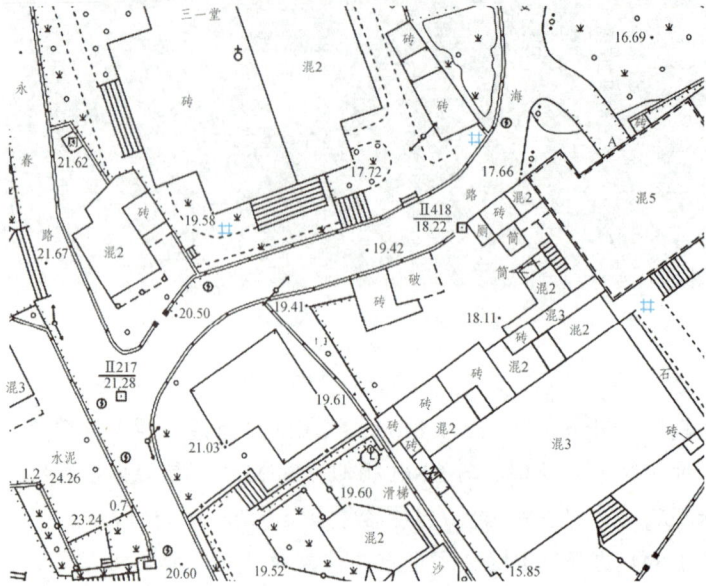

图 1-27 某地 1∶500 数字线划图

4. 数字正射影像图

数字正射影像图（Digital Orthophoto Map，DOM），是利用数字高程模型对无人机摄影像片进行逐像元纠正，再按影像镶嵌原理，根据国家基本比例尺地形图图幅范围裁剪生成的影像数据。DOM 是同时具有地图几何精度和影像特征的图像，具有精度高、信息丰富、直观真实等优点，可作为地图分析背景控制信息，也可从中提取自然资源和社会经济发展的历史信息或最新信息，为防灾减灾和公共设施建设规划等应用提供可靠依据；还可从中提取和派生新的信息，实现地图的修测更新。如图 1-28 所示为某地局部 DOM。

图 1-28 某地局部 DOM

由于 DOM 是数字的，在计算机上可局部放大，具有良好的判读性能、量测性能和管理性能等，因此常应用在农村土地发证、指认宗界地界、数字化点位信息、土地利用调查等方面。DOM 可作为独立背景层与地名注名、坐标注记、标记经纬线、图廓线公里格、公里格网及其他要素层复合，制作专题图。

1.2.2.3　模型单体化

倾斜摄影自动建模受生成技术的限制，最终生成的模型可以看作一张表面覆盖高分辨率影像的连续 TIN。这在实际应用中只能像影像地图一样当作底图浏览，不能单独选中和管理查询对象，实际作用不大。要解决这个问题，就只能进行模型单体化。"单体化"指的是每一个想要单独管理的对象，都是一个单独的、可以被选中分离的实体对象，可以赋予属性，可以被查询统计等等。如图 1-29 所示为单体化模型。基于单体化软件可对三维模型进行单体化建模，通过对模型进行一些操作，可使单体化模型与原有实景三维场景更好地融为一体，进而形成可单体化管理的高精度场景。只有具备了"单体化"能力，数据才可以被管理，而不仅仅是被查看。

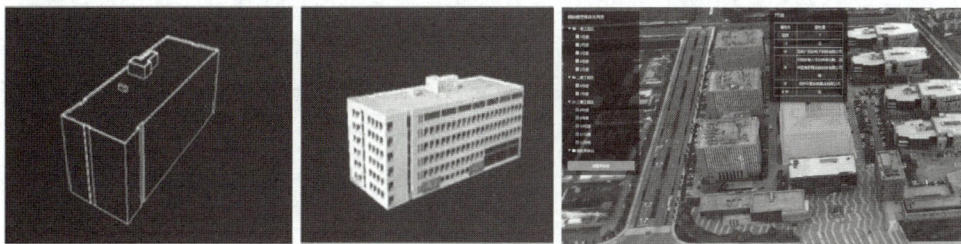

图 1-29　单体化模型

【知识与技能训练】

1. 什么是倾斜摄影测量？倾斜摄影测量的优势是什么？
2. 无人机航测时的航向重叠度、旁向重叠度一般是多少？
3. 什么是地面分辨率？航高与其关系是什么？
4. 什么是航摄像片的内外方位元素？
5. 无人机倾斜摄影测量作业的工作流程是什么？
6. 无人机倾斜摄影的 4D 产品包括哪些？

【思政课堂】

教学目的：通过介绍我国摄影测量领域学术带头人张祖勋院士，培养学生团结协作、爱岗敬业的职业道德，激励学生追求测绘新技术、不断探索创新研究的学习热情。

张祖勋是著名摄影测量与遥感专家。

张祖勋教授长期从事摄影测量与遥感的教学和研究工作，在摄影测量领域有很深的造诣，为我国摄影测量由模拟到解析再到全数字化的跨越式发展，特别是数字摄影测量的快速发展做出了突出贡献。张祖勋教授不仅是该领域的学术带头人，而且是我国摄影测量产业实现跨越式发展并走向世界的开拓者之一。

随着计算机技术的快速发展，在"七五"期间，张祖勋系统地提出并实现了基于精密光机的模拟测图仪的计算机控制，进行解析化技术改造，为摄影测量的发展迈出了重要的一步。该项成果获国家测绘科技进步奖二等奖。

他提出了一系列推动摄影测量向全数字化方向发展的创新理论。数字摄影测量用计算机代替传统的价格昂贵的光、机仪器，用影像匹配代替人眼进行立体观测，是摄影测量从理论到实践最彻底的革命。20 世纪 70 年代末，他就主持了由王之卓院士提出的"全数字自动化测图系统"的研究。在国家从"六五"到"九五"计划的连续支持下，张祖勋教授及其团队取得了开创性的理论研究成果，例如：航空影像的一维核线排列、航天影像的近似核线理论、将待定点置于匹配窗口边缘的"跨接法"理论、基于跨接法的"整体影像匹配"理论等极大地提高了计算机识别同名点的可靠性，为我国的数字摄影测量系统走向世界奠定了坚实的理论基础。该项成果获国家教委科技进步奖一等奖、国家自然科学奖二等奖。

张祖勋的数字摄影测量研究成果享有很高的国际声誉，促进了摄影测量的跨越式发展，并使之产业化，走向世界。1994 年，澳大利亚首次推出具有我国自主知识产权的数字摄影测量系统 VirtuoZo 的硅图（Silicon Graphics，SGI）工作站版。自 1997 年起，又有包括英特尔（Intel）在内的国际风险投资公司投资于武汉测绘科技大学（2000年并入武汉大学）创建的适普软件公司，成功地开发了 VirtuoZo 的微机版。该软件已经在国内外得到广泛应用，实现了我国摄影测量产业的跨越式发展。数字摄影测量理论的发展，彻底简化了摄影测量的仪器设备，改变了摄影测量的"贵族"身份。

当时，包括 VirtuoZo 在内，全球只有美国、德国、瑞士等极少数国家具有功能齐全、自动化程度高的数字摄影测量工作站（DPW）。在 2000 年国际摄影测量与遥感学会阿姆斯特丹大会的报告中，瑞士苏黎世高等工业大学对 3 套国际上著名系统所作的冰川地貌试验进行比较后认为：在精度、速度、价格和易用性方面，最好的是 VirtuoZo。2002 年，前国际摄影测量与遥感学会主席（1992—1996 年）村井俊治教授，就 VirtuoZo在日本《测量》杂志上撰文称："我想我们已经到了该向中国学习的时候了。"

张祖勋院士不断探索、创新，拓展了数字摄影测量应用的新领域。

项目 2　　无人机倾斜摄影测量内业数据生产平台

【项目描述】

本项目介绍了行业运用比较广泛的三维采集平台，包含 ContextCapture、PhotoScan、Pix4D Mapper、Inpho、EPS、CASS 3D、SV365、DP 等，着眼于软件的基本情况、软件特点、主要功能以及基本操作流程，详细描述了上述三维采集平台。

【教学目标】

1. 知识目标

（1）了解主流的三维采集平台。
（2）掌握各个采集平台自身的特征。
（3）掌握各个平台的主要功能。
（4）学习各个平台的主要工作流程。

2. 技能目标

充分知悉各个软件的特点和主要功能，能做到基于项目的实际需要选择最为适合的软件平台。

3. 思政目标

（1）提高、丰富学生的专业素养，培养解决实际问题的能力。
（2）激发学生爱国情怀，鼓励学生投身国产制造业。

2.1 三维建模软件

在三维建模领域，目前主流的建模软件包括美国 Bentley 公司的 ContextCapture、俄罗斯 Agisoft 公司的 PhotoScan 等。不同的软件具有不同的特性，比如：PhotoScan 软件量级较轻，但是其生成的模型纹理效果不是最佳的；ContextCapture 生成的三维模型相对于 PhotoScan 效果要好，人工参与修复的工作量较低，但是软件操作比较复杂，且软件价格较高。

2.1.1 ContextCapture

2.1.1.1 软件简介

ContextCapture 是 Bentley 公司于 2015 年收购的法国 Acute3D 公司的产品。ContextCapture 软件只需利用普通照片，就可以快速重建各类对象的现状三维模型，且不需要依靠昂贵的专业化设备。该软件是目前市场占有率最高的自动化建模软件。ContextCapture 软件可生成超过 20 级金字塔级别的模型精度等级，能流畅应对本地访问以及远程访问浏览。

2.1.1.2 软件特点

（1）可获取具有细节丰富、精确的地理位置和物体尺寸等信息的高分辨率实景三维模型。

（2）可生成切片模型。

（3）数据量小，可提供的模型数据量约为同类软件的 1/4，运算效率更高。

（4）支持多种数据源，兼容各种主流航摄相机系统；同时，能够输出 OBJ、OSGB、DAE、XML 等通用兼容格式文件，且能方便地导入各种主流地理信息系统（GIS）平台及三维编辑软件。

（5）支持视频处理，可从视频中提取像片等。

（6）具有强大的影像匹配功能。

2.1.1.3 软件主要功能

1. 集成地理参考数据

ContextCapture 可为多种类型的定位数据提供本地支持，可以导入定位数据，能够精确测量坐标、距离、面积和体积。

2. 自动空中三角测量和三维重建

ContextCapture 能自动识别像片的相对位置和方向，通过添加控制点和编辑连接点来对空中三角测量结果进行微调，提升几何和空间精度，生成精准三维模型以及每个格网面片的影像纹理，确保各个三维格网模型顶点置于最理想位置。

3. 生成二维和三维 GIS 模型

借助 ContextCapture，可以生成各种 GIS 格式的精确地理参考三维模型，并将瓦片范围和空三成果导出为 KML 和 XML 格式数据。ContextCapture 可以从 4 000 多个空间参考系统中进行选择，并可添加用户自定义的坐标系。根据输入照片的分辨率和空间分布情况，软件可自动调整模型的分辨率和精度。

4. 处理实景模型

ContextCapture 可以快速处理任何比例的格网模型，生成横断面，提取地形和断裂线，生成正射影像、三维可移植文档格式（PDF）和 iModel。软件可集成格网模型、GIS 和工程数据，实现在格网模型的环境中信息直观搜索、可视化等。

5. 处理点云

软件可以对点云进行增强、分割、分类，并与工程模型相结合。ContextCapture 可以更好地评估点云并生成更精确的工程模型，也可以生成用于展示的动画和渲染效果。

6. 生成和处理大型可缩放地形模型

软件可以从多种来源中生成非常庞大的可缩放地形模型，包括点云、断裂线、光栅数字高程模型和现有三角形化不规则网络。通过与原始数据源同步，ContextCapture 可实时更新到最新。

7. 生成三维 CAD 模型

ContextCapture 基于各种计算机辅助设计（CAD）格式、三维通用格式、DSM 和密集二维点云，可生成二维模型。此外，它还可以生成由数十亿个三角面片组成的多分辨率格网模型。

8. 发布和查看支持 Web 的模型

利用 ContextCapture，用户可生成任意大小的、针对网络发布进行优化的实景模型，并在浏览器中查看。

2.1.1.4　软件工作流程

ContextCapture 工作流程如图 2-1 所示。

```
                    ┌─────────────────┐
                    │  资料收集与整理   │
                    └─────────────────┘
                             │
                             ▼
                    ┌─────────────────┐
                    │    倾斜摄影       │
                    └─────────────────┘
                ┌────────────┴────────────┐
                ▼                         ▼
     ╭──────────────────╮      ╭──────────────────╮      ┌─────────────────┐
     │  多个视角倾斜影    │      │    空三加密       │◄─────│   控制点量测      │
     ╰──────────────────╯      ╰──────────────────╯      └─────────────────┘
                └────────────┬────────────┘
                             ▼
                    ┌─────────────────┐
                    │    测区分块       │
                    └─────────────────┘
                             │
                             ▼
                    ┌─────────────────┐
                    │    像对筛选       │
                    └─────────────────┘
                             │
                             ▼
                    ┌─────────────────┐
                    │  点云计算与构图   │
                    └─────────────────┘
                             │
                             ▼
                    ┌─────────────────┐
                    │   三维模型创建    │
                    └─────────────────┘
                             │
                             ▼
                    ┌─────────────────┐
                    │    纹理映射       │
                    └─────────────────┘
                             │
                             ▼
                    ┌─────────────────┐
                    │    漏洞修复       │
                    └─────────────────┘
                             │
                             ▼
                    ╭─────────────────╮
                    │   三维模型成果    │
                    ╰─────────────────╯
```

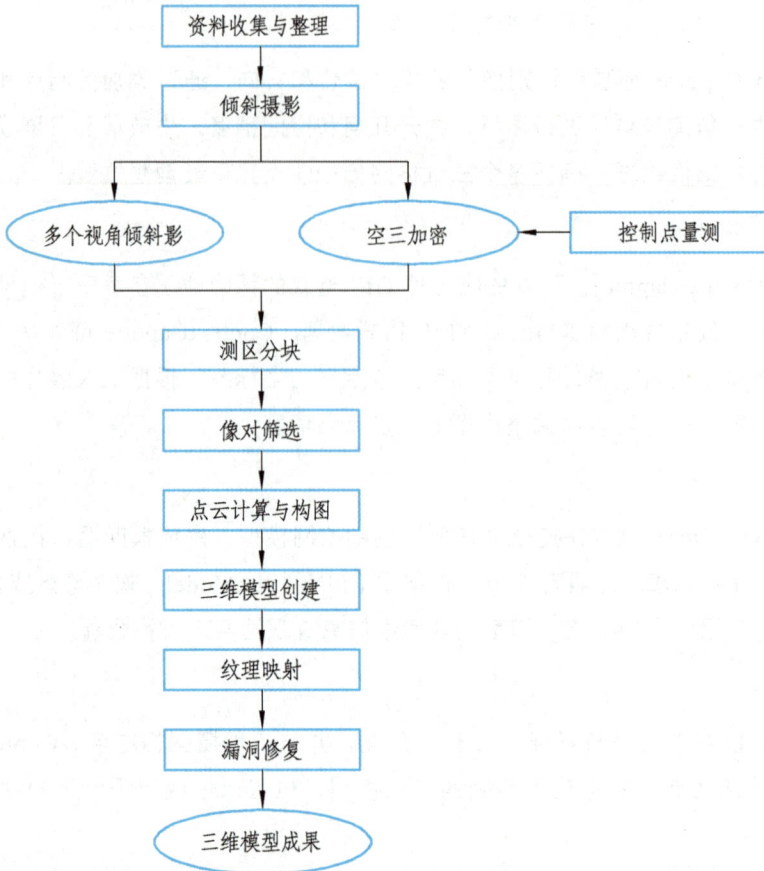

图 2-1　ContextCapture 工作流程

2.1.2　PhotoScan

2.1.2.1　软件简介

PhotoScan 由 Agisoft 公司研发，是一款能根据影像自动生成三维模型的软件。软件无须设置初始值，无须相机检校，仅通过导入具有一定重叠率的影像，就可生成高质量的正射影像并完成三维模型重建。

2.1.2.2　软件特点

（1）界面简洁。

（2）自动性和直观性强。

（3）性能强，速度快。

（4）可以自动生成出色质量的数字地面模型。

（5）支持大多数文件格式。

2.1.2.3　软件主要功能

（1）自动空三处理与全自动三维建模。该软件支持倾斜影像、多源影像、多光谱影像的自动空三处理，支持多航高、多分辨率影像等各类影像的自动空三处理；可生成实景高精细 3D 模型分类的点云与超高分辨率的 DEM。

（2）影像掩模添加、畸变去除等。

（3）三角测量、控制点高精度测量。

（4）距离、面积、体积量测。

（5）点云、DSM、DEM 提取，正射影像输出。

2.1.2.4 软件工作流程

PhotoScan 工作流程如图 2-2 所示。

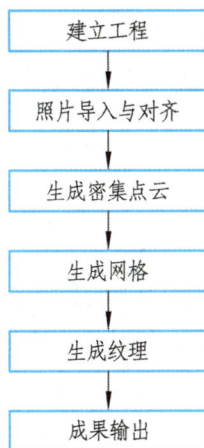

```
┌──────────────┐
│   建立工程    │
└──────┬───────┘
       ↓
┌──────────────┐
│  照片导入与对齐 │
└──────┬───────┘
       ↓
┌──────────────┐
│  生成密集点云  │
└──────┬───────┘
       ↓
┌──────────────┐
│   生成网格    │
└──────┬───────┘
       ↓
┌──────────────┐
│   生成纹理    │
└──────┬───────┘
       ↓
┌──────────────┐
│   成果输出    │
└──────────────┘
```

图 2-2　PhotoScan 工作流程

2.2　DOM、DEM、DSM 生产平台

2.2.1　Pix4D Mapper

2.2.1.1　软件简介

Pix4D Mapper 软件由瑞士 Pix4D 公司研发，是一款集全自动、快速、专业精度于一体的无人机数据和航空影像数据处理软件。该软件无须专业知识，无须人工干预，即可将数千张影像快速制作成专业的、精确的二维地图和三维模型。它利用摄影测量与多目重建的原理快速获取点云数据，并进行后期的加工处理。

2.2.1.2　软件特点

（1）支持绝大部分相机，采用自动空三计算和区域网平差技术、全自动工作流，操作直观、简单，学习成本极低。

（2）可输出 GeoTIFF 和 KML/PNG 瓦片等 GIS、遥感（RS）软件中直接使用的格式，产品包括高精度三维点云、DSM/DTM 等，可方便地进行点云分类、表面/体积量测、三维建模等分析。

（3）无须人为干预即可获得专业的精度。

（4）自动从影像可交换图像文件格式（EXIF）中上读取相机的基本参数，智能识别自定义相机参数。

（5）自动生成精度报告，可以快速和准确地评估结果的质量。

2.2.1.3　软件主要功能

（1）提供一种独特的交互环境，将原始影像连接到三维重建任意点，便于检查项目质量、提高精度。

（2）量测功能。

① 折线和平面：结合三维模型和原始影像，设定折线结点，测量距离和面积。

② 体积：使用可调整的基准面，在三维环境中测量体积。

③ 比例：对于没有地理坐标的项目，设置项目尺寸，以达到精确量测的目的。

（3）在正射影像镶嵌图中创建和编辑区域，从多幅影像中选择最佳内容来消除移动物体或瑕疵。

（4）由多光谱影像生成和定制各种光谱指数图像，解析和导出应用地图。

（5）编辑 DSM 和三维纹理模型，创建平面以压平区域或填充空洞。

（6）提供自动点云分类功能，对点云进行识别和标记。

（7）能够手动去除噪点或不需要的物体，裁剪项目，或者对对象进行分类。

2.2.1.4 软件工作流程

Pix4D Mapper 工作流程如图 2-3 所示。

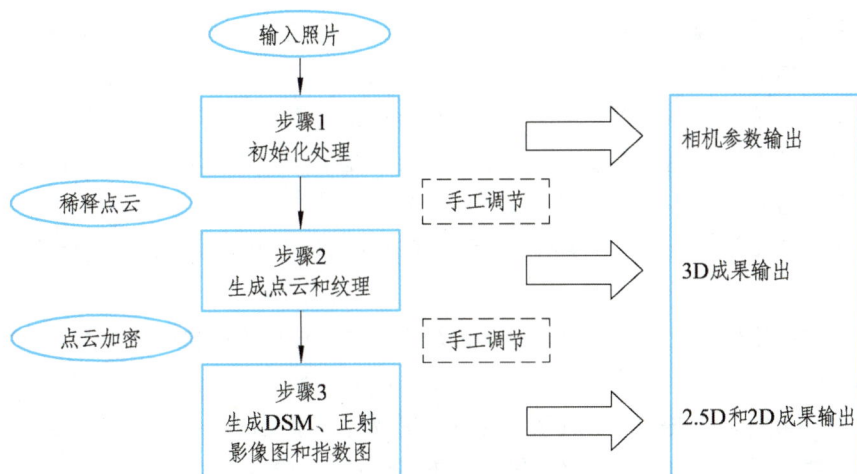

图 2-3 Pix4D Mapper 工作流程

2.2.2 Inpho

2.2.2.1 软件简介

Inpho 是欧洲最著名的航空摄影测量与遥感处理软件，可以全面系统地处理航测遥感、激光、雷达等数据。Inpho 涵盖整个摄影测量的工作流程，包括空中三角测量、三维立体编排、地形建模、正射影像处理和图像获取。另外，Inpho 还提供革新性的软件解决方案来处理数字地面模型，其中包括对激光雷达（lidar）数据的过滤和编辑。

2.2.2.2 软件特点

（1）能够轻松处理海量数据，可以将数千幅正射像片或完整的测区航片放在 DTM 数据下作为底图。

（2）自动选择最适立体像对的立体影像，支持建立航空框幅式和推扫影像及各类卫星影像的立体像对，切换像对速度快。

（3）可以基于立体像对自动、高效地匹配密集点云，获得高精度的数字地形地表模型。

（4）对于无植被覆盖的裸露地表，除阴影区域外，自动匹配 DEM 的效果理想。

（5）转入/转出的数字地形地表模型格式多样。

（6）软件集成性高、操作性好，严格考虑断裂线和人工建筑，模型精度高。

（7）空三加密解算能力强、速度快，无须进行相对定向平差，可立体观测人工点，但立体观测时修测点不能微调。

（8）具有强大的同名点匹配功能，全自动实现连接点的提取，支持真正射校正。在建立工程后一键即可获取空三加密成果、DEM 成果和 DOM 成果。

2.2.2.3　软件主要功能

（1）提供高精度、高性能、数字航空三角测量，空三的所有处理均完全自动化。

（2）平差功能灵活并可配置，可完全支持 GPS 和 IMU 数据平移和漂移修正，通过附加参数设置实现自校准，以及有效的多相位错误检测，适于对任何形状、重叠、任意大小的航空测区进行平差。

（3）平面或立体显示效果理想，显示和检查工具高效。

（4）在匹配过程中可以采取划定范围进行匹配、分块匹配和利用已有的特征数据参与匹配等方式。

（5）对点云文件进行全自动滤波，可选择只输出地面点自动内插得到精确的 DEM 模型数据。

（6）对数字航片或卫片进行严格正射纠正，处理过程高度自动化，可以生成真正的正射镶嵌图。

（7）对正射影像进行自动调整、合并，生成一幅无缝的、颜色平衡的镶嵌图，全自动拼接线查找，用户可以在整个投影区生成任意大小的无缝图。

（8）可以进行空三加密、DEM 成果生成和 DOM 成果生产。

2.2.2.4　软件工作流程

Inpho 工作流程如图 2-4 所示。

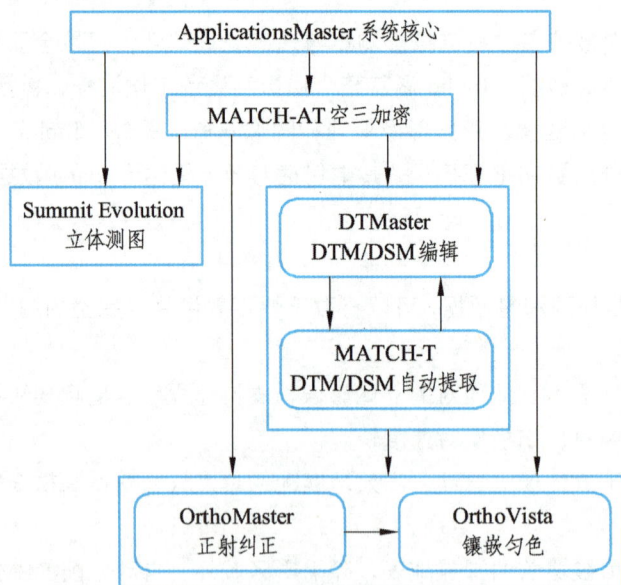

图 2-4　Inpho 工作流程

2.3　三维测图软件

2.3.1　EPS

2.3.1.1　软件简介

　　EPS 地理信息工作站，从测绘与地理信息角度构建数据模型，综合 CAD 技术与 GIS 技术，以数据库为核心，将图形和属性融为一体，从数据生产源头支持测绘的信息化转变。它集信息化测绘生产技术体系、工艺流程、生产工具、数据管理于一体，较好地实现了数据转换、图属关联、数据处理、GIS 建库、动态更新与成果输出一体化。

2.3.1.2　软件特点

　　（1）地理要素表达信息化。采集入库的信息可完全满足 GIS 建库与应用的准确、高效、快捷需求，在显示与打印环节，将 GIS 库信息动态符号化，完全满足图式规范与制图需求。

　　（2）面向测绘多种业务解决方案集成化。较系统地解决了地理信息数据有关采集、处理、检查、建库、更新、管理等一系列问题，最大限度地统一生产单位作业模式、简化生产工艺流程、减少操作环节、降低系统复杂性、提高生产效率。

　　（3）跨平台数据转换无损化。能够实现对象级自由映射以及对象内部任何细节信息直接映射到目标系统，无缝接轨、无损转换。

　　（4）地理信息数据标准的模板化管理。强制数据生产作业统一执行既定标准，使用同一模板。

　　（5）跨平台符号化插件与多元地理信息数据库更新一体化。

2.3.1.3　软件主要功能

　　（1）EPS 地理信息工作站包含了基于同一平台的数据采集、内业编辑、数据监理、数据转换等 20 余种软件模块。用户可根据工作需要，任意选择、组合功能模块，实现多种业务模块集成化管理应用。

　　（2）多元多尺度多种类数据集成管理。不同种类、不同数学基础、不同尺度的数据通过工作空间无缝集成。

　　（3）跨平台异构数据转换。采用"信息映射机制"实现对象级的自由映射，使对象内部任何细节信息无须编程即可直接映射到目标系统，数据无缝接轨、无损转换。

　　（4）数据监理。通过模板控制技术实现智能化检查，具备测绘数据精度检查和测绘数据信息检查两部分，通过自动或人工干预的方法可方便地定位和修改各类错误。

　　（5）自动缩编与综合。系统提供大量参数化计算模型，采用脚本定制技术自由控制流程，自动化程度高、生产效率高、地方化适应性强；实现了国标的多比例尺之间梯次缩编，并可动态更新数据库。

（6）坐标转换与动态投影。支持不同椭球、不同类型坐标系之间的投影变换以及参数化转换，支持高斯投影换带计算，支持显示时刻不同数学基础数据叠加显示。

（7）地理信息模板定制。数据生产软件通过定制模板，封装生产作业标准，强制数据生产质量与生产标准的一致性；模板开放，用户可快速定义自己的数据标准，满足专业化、地方化需求。

（8）GIS 地理信息描述与 CAD 图形表达一体化支持。一套数据既建库又出图，信息与图形完全一体化。

（9）GIS 数据库更新维护，可实现数据下载、上传、自动检测冲突、外业、内业、入库更新一体化等。历史数据库自动维护，并可回溯任一时刻历史数据状况，现势数据与任意时刻历史数据可同步浏览、对比分析等。

（10）图形打印与地图出版。支持常见打印机、绘图仪，支持分色输出地图出版格式数据。

2.3.1.4 软件工作流程

EPS 地理信息工作站数据处理的主要工作有图形数据的处理、成图与绘图、地图出版印刷处理、地理信息系统数据建库以及地理空间数据的管理等。其具体处理流程如图 2-5 所示。

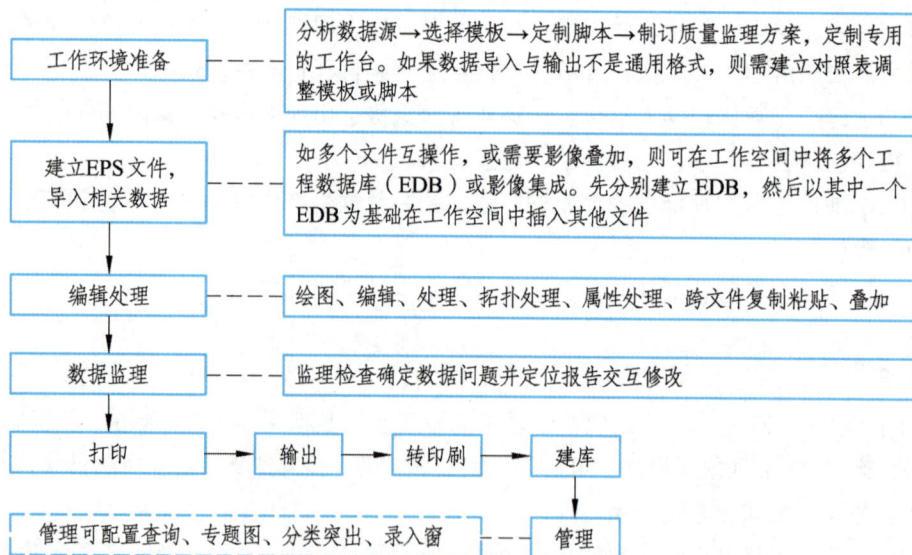

图 2-5 EPS 软件工作流程

2.3.2 CASS 3D

2.3.2.1 软件简介

CASS 3D 是由广东南方数码科技股份有限公司自主研发，挂接式安装至 CASS 平台，支持 CASS 平台下加载、浏览 DSM，并基于 DSM 采集、编辑、修补 DLG 的三维测图软件。CASS 3D 沿用传统 CASS 平台下采编工具，将其延展至新型三维数据采编，同时结合新型三维数据空间特点，新增智能分析支持，实现三维空间建筑智能辨识，自动提取模型高程、定位信息，并将其矢量化边界成图于界面，做到采集高效、便捷、精确、智能。

2.3.2.2　软件特点

（1）支持多版本的 CAD 和 CASS。

（2）可直接加载、浏览 DSM，并基于 DSM 进行 DLG 的修补测。

（3）支持至少 200 GB 的倾斜三维模型数据加载。

（4）三维浏览操作平滑顺畅。

（5）二、三维窗口联动。

（6）具有强大的三维捕捉能力。

（7）提供多种房屋采集工具，可对不同形状的建筑物范围线进行人工提取。

（8）提供智能绘房功能，自动提取建筑物范围线。

（9）自动提取等高线、高程点，又快又准。

（10）提供多窗口模式，满足不同作业习惯。

（11）提供常用功能快捷键，提高作图效率。

（12）支持二、三维测图模式切换，二维测图模式下继承 CASS 所有功能。

2.3.2.3　软件主要功能

（1）CASS 3D 是挂接式安装至 CASS 平台上的，保留有 CASS 的所有功能。CASS 软件是基于 CAD 平台开发的一套集地形、地籍、空间数据建库、工程应用、土石方算量等功能于一体的软件系统。CASS 基本功能有画线、重复图元、后期处理、批量分幅、测站改正、提取高程点文件、批量插入图块、线型规范化等。

（2）矢量数据一键贴合至模型表面，在 CASS 3D 中可以直接将矢量数据加载至相应的模型表面，进行下一步作业。

（3）智能采集可自动提取模型矢量边界，是快捷、高效的建筑采集方式，可以快速提取模型的轮廓线。

（4）针对不同形状的房屋，可以采用不同的房屋采集方式，比如：房屋形状规矩的，可以直接采用直角绘图方式；房屋形状不规矩的，则可以采用直角+重定向的方式绘图，以提高作业效率。

（5）在 CASS 3D 中根据设定的高程点间距，在模型上指定的或绘制的闭合范围线内，按照指定方向等距生成高程点，即可批量自动提取高程点数据。

（6）在 CASS 3D 中设定等高距，指定模型上某一固定高程值，就可以手动采集这一高程的等高线，采集完成后便可以绘制等高线，而且还有多种快捷键，更加方便绘制等高线。

（7）具有立面采集功能，可以直接采集立面信息，绘制立面要素，如窗户、广告牌等。

2.3.2.4 软件工作流程

CASS 3D 最主要的功能便是三维测图，在其他工程上具体应用的核心也是三维测图的应用，其数据处理流程如图 2-6 所示。

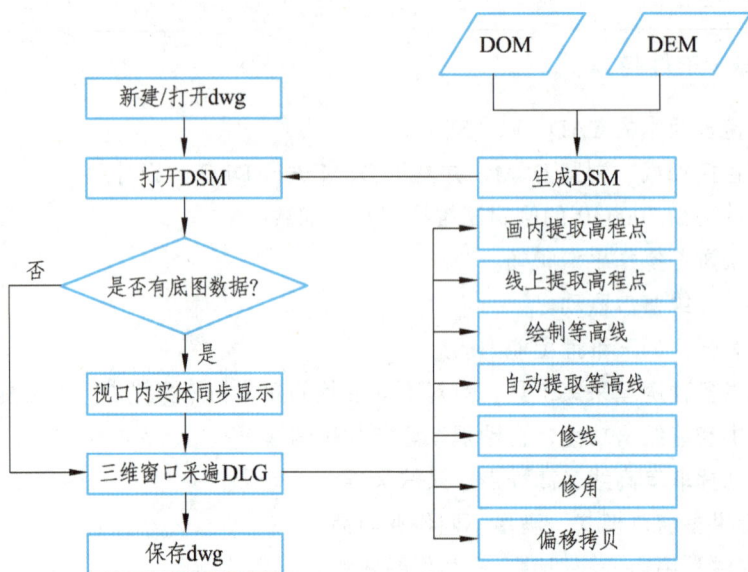

图 2-6 CASS 3D 三维测图软件工作流程

2.3.3 SV365

2.3.3.1 软件简介

"SV365 智能三维测绘系统"是迪奥普科技按照地理信息数据"采集、编辑和建库"一体化的生产流程，基于多版本 AutoCAD 平台开发的测绘系统。系统支持三维模型测图、正射模型测图、激光点云测图、正射影像测图和全站仪测图多种成图方式，集成了地形处理、坐标系统、图像处理、数字地模、无人机辅助、不动产调查、农业普查、部件普查和数据转换等专业测绘模块，可满足大多数测绘生产和数据处理需求。

2.3.3.2 软件特点

（1）提供了丰富的矢量、图像、三维模型的采集、编辑与建库工具，实现了二、三维采编建库一体化，满足 1∶500～1∶2 000 不动产测量精度要求。

（2）提供了直观、易用的操作界面；按生产流程设计各项实用功能，具有一键式图形拓扑处理、一键式数据质检、一键式数据导出等快捷功能。

（3）基于倾斜摄影实景三维、精细三维模型进行采集，相对于传统测绘方式，节省了 80%以上的野外采集、调绘工作，缩短了成图周期，大幅度降低了生产成本。

（4）突破 AutoCAD 限制，可加载 20 GB 的超大图像；无须安装 ArcGIS，直接编辑 Shape 数据；dwg 图形内嵌坐标系统，支持图形、图像的坐标系统，支持 GPS 数据写入等。

2.3.3.3　软件功能

（1）直接在三维模型上画图，能够满足 1∶500 ～ 1∶2 000 地形测绘及不动产测量界址点 5 cm 的高精度要求；可加载多种格式实景三维模型，支持分片分级模型数据的批量加载，采用自动吸附模型表面技术，可实现最高精度模型采集；同时，提供丰富的图形、图像编辑工具，实现矢量编辑、图像编辑与三维测图配合使用。

（2）SV365 测绘系统具有较强的图像处理能力，支持图形加载、浏览、裁切和拼接，具备照片去雾增强、调整图像亮度、图像自动矢量化、全景图像拼接等高级功能，能够加载普通图像和带有地理坐标的 DOM 图像，支持 tif、jpg、png、bmp、img 格式的图像文件，以及单通道的 DEM 图像的彩色显示。图像去雾增强功能主要用于批量处理雾天拍摄的航片或普通照片，能有效消除大部分雾气，增强图像对比度、亮度。

（3）正常视图下抓拍场景照片，或在正交视图下生成俯视、立面视图的真正射图像。捕捉图像不显示标题文字、导航立方体和矢量图。正射图像具有地理坐标，可在 CAD 窗口加载辅助地形图或立面图绘制。

2.3.3.4　软件工作流程

SV365 三维测图处理流程如图 2-7 所示。

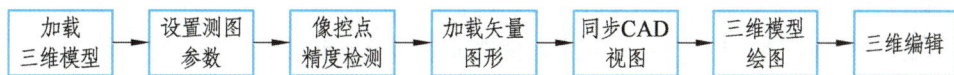

加载三维模型 → 设置测图参数 → 像控点精度检测 → 加载矢量图形 → 同步CAD视图 → 三维模型绘图 → 三维编辑

图 2-7　SV365 三维测图处理流程

2.4 模型单体化生产平台（DP-Modeler）

2.4.1 软件简介

倾斜摄影三维建模软件 DP-Modeler 是武汉天际航有限公司在 2013 年自主研发的一款集精细化单体建模及 Mesh 网格模型修饰于一体的新型软件，是一套基于多幅影像进行快速、精确三维建模的软件。该软件可集成多种倾斜摄影、地面近景拍摄的影像和空三成果，提供多种观察视图和建模工具，完成具有精度尺寸和位置的三维模型构建，交互简单，能减少三维建模成本；支持多数据源集成，实现空地一体化作业模式，能有效地提高三维建模的精度及质量。

2.4.2 软件特点

（1）可控性：自主三维图形建模内核，可不依赖第三方软件直接作业。

（2）多样性：多源数据集成与管理。

（3）流畅性：支持超过一亿像素的影像无缝调度。

（4）高精度三维建模：突破传统立体像对的模式，多视角自动优选配准影像，达到测图级精度的三维建模。

（5）高效性：支持自定义快捷键，快速完成模型单体构建。

（6）兼容性：支持主流倾斜影像处理软件的空三及实景模型成果直接引入。

（7）易用性：简单易用、学习成本低。

（8）扩展性：多种模型采集方式，支持单张影像模型采集。

（9）模型纹理自动映射：实现模型贴图自动从影像中采集，一键完成模型贴图。

2.4.3 软件主要功能

（1）可直接在倾斜影像上进行交互式单体化建模，对任意表面进行推拉、编辑、调整，快速完成模型的构建。自动检索多角度影像，一键式纹理自动映射。集成空地一体数据，能有效弥补航空影像信息的缺失。

（2）对定向好的航拍影像进行测图，测得所建模型不同基准面的基准点。根据不同基准面的点绘制出与该基准面建筑物的结构，对其进行推拉、编辑、调整得到最终模型。

（3）影像定向后，引入了 Smart3D 生成的一个开放场景图（OSG）模型，以生成的 OSG 模型作为参考，在此基础上结合空地的影像来进行建模。

（4）可以基于倾斜数据直接对房屋矢量、点状地物进行测量，包括对高程点进行提取。在测绘过程中，给地物赋予 CASS 的编码，成果直接输出到 CASS 成图。

（5）针对第三方软件自动建模成果进行精修，得到精细化的单体模型，满足后期三维 GIS 应用的要求。

2.4.4 软件工作流程

三维建模流程如图 2-8 所示。

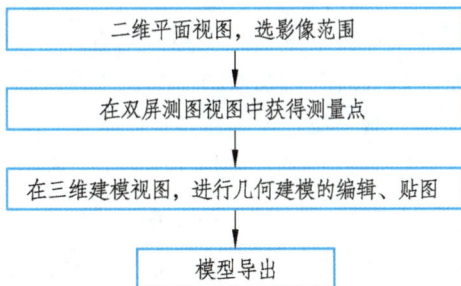

```
┌─────────────────────────────┐
│   二维平面视图，选影像范围    │
└─────────────────────────────┘
              │
              ▼
┌─────────────────────────────┐
│   在双屏测图视图中获得测量点  │
└─────────────────────────────┘
              │
              ▼
┌──────────────────────────────────┐
│ 在三维建模视图，进行几何建模的编辑、贴图 │
└──────────────────────────────────┘
              │
              ▼
┌─────────────┐
│   模型导出    │
└─────────────┘
```

图 2-8 三维建模流程

【知识与技能训练】

1. 简述软件 CASS 3D 进行三维测图的流程。

2. 简述软件 Pix4D mapper 的主要功能。

3. 查阅相关资料，罗列目前还可以用作模型单体化的生产平台。

【思政课堂】

教学目的：当前我国正全面提升智能制造创新能力，加快由"制造大国"向"制造强国"转变，通过介绍我国 CAD 的发展历程，激发学生爱国情怀，鼓励学生投身国产制造业，为"制造强国"做出自己的一份贡献。

我国 CAD 软件行业经历了 5 个发展阶段：1981—1990 年，我国 CAD 产业处于初步探索阶段，国家重视产业发展，联合高校进行技术研发；1991—1995 年，CAD 软件加大了普及推广力度；1996—2000 年，CAD 软件攻关取得阶段性成果，近百种国产 CAD 应用软件 20 余万套在国内得到了较为广泛的应用，其中包括大量的基于 AutoCAD 的二次开发商；2001—2010 年，中国对于知识产权的保护力度加大，推动软件正版化普及工作，国产 CAD 企业发展迅速，二维 CAD 国产市场不断扩大；2011 年至今，国家颁布一系列的政策促进工业软件的发展，CAD 软件行业持续发展，国内企业不断加大技术研发，拓展三维 CAD 领域市场。

目前，对于 2D CAD，Autodesk 垄断 2D 市场，AutoCAD 面向建筑、工程和施工、制造业以及院校的庞大软件体系。在中国市场上，Autodesk 处于第一阵营，而国内 2D CAD 主要厂商处于第二阵营，在一定程度上可以替代外国软件。而对于 3D CAD，达索、西门子优势明显，国内产品与之差距明显。全球大部分市场份额由达索、西门子所占领。国内主要 3D CAD 厂商产品目前尚不具备应用于高端领域的能力。在国内市场上，国内厂商处于第三阵营，与国外厂商相比差距较大，仅在非高端领域基本可用。

虽然目前我国大型及复杂制造、建造领域的 CAD 市场仍被国外软件主导，但随着国内 CAD 企业的技术水平不断进步，国内 CAD 企业逐渐凭借着自身努力以及国家政策的支持及推动，产出的产品越来越受到国内客户的青睐，国产工业软件厂商未来在技术及产品层面有望快速迭代，加速实现国产替代进程。

项目 3 三维模型构建

【项目描述】

本项目介绍了三维建模的基础知识，三维模型在各领域的应用，传统的三维建模方法，倾斜摄影测量建模特点与实施，基于 ContextCapture（CC）的倾斜摄影测量建模操作流程和建模过程中提高模型质量的常规处理方法，三维建模过程中数据获取处理技术流程和技术要点。本项目的学习可为后续的项目学习奠定一定的基础。

【教学目标】

1. 知识目标

（1）了解三维模型的应用场景及三维建模常规处理技术。

（2）掌握三维建模过程中数据获取处理技术流程和技术要点。

（3）掌握 CC 软件的倾斜摄影测量建模操作流程。

（4）熟悉 CC 软件建模过程中提高模型质量的常规处理方法。

2. 技能目标

（1）能够对野外倾斜摄影航飞数据使用 CC 软件建模，生产 3D 模型产品。

（2）掌握 CC 软件建模的常规操作以及在建模过程中提高模型质量的常规处理方法。

3. 思政目标

（1）培养学生严谨、勤劳的工作态度。

（2）培养学生团结协作、爱岗敬业的职业道德。

3.1　三维模型构建概述

3.1.1　三维模型

三维模型是物体的多边形表示，通常用计算机或者其他视频设备进行显示。显示的物体可以是现实世界的实体，也可以是虚构的物体。任何物理自然界存在的东西都可以用三维模型表示。

三维模型已经用于各种不同的领域。医疗行业使用它们制作器官的精确模型；电影行业将它们用于活动的人物、物体以及现实电影；视频游戏产业将它们作为计算机与视频游戏中的资源；科学领域将它们作为化合物的精确模型；建筑业用它们来展示提议的建筑物或者风景；工程界将它们用于设计新设备、交通工具、结构等；在最近几十年，地球科学领域开始构建三维地质模型、三维地表模型等。

3.1.2　三维建模

三维建模，通俗来讲就是利用三维制作软件通过虚拟三维空间构建出具有三维数据的模型。随着数字图像处理技术的高速发展以及计算机运算能力的不断增强，一种被称为三维实景建模的技术开始进入各行业研究人员的视野并取得了一系列实用化成果。其内涵是利用数字摄像机作为图像传感器，综合运用图像处理、视觉计算等技术从二维图像中提取目标的三维空间信息，通过多种手段的综合应用，最终实现目标的三维重建。这种技术有很强的优势，体现在：不受物体形状、尺寸以及地域等诸多限制；应用门槛低，对无任何建模基础的使用者，几天就可以上手；可以实现全自动或半自动建模，也可以一次批量处理多个三维重建人物，24 h 连续作业，大大减轻了模型师的负担；对于硬件要求较低，普通的数码相机甚至手机都可以作为输入设备，而重建设备只需一台高性能工作站；重建速度较快，往往只要几天就能达到以往几个星期甚至更长时间才能达到的效果。

3.1.3　建模技术

目前，常规建模技术主要分为以下 4 类：传统人工建模、三维激光扫描建模、数字近景摄影测量建模、倾斜摄影测量建模。

1. 传统人工建模

传统的人工建模通常使用 3dsMax、Google Sketchup、Solidworks、CATIA 等建模软件，基于 CAD 二维矢量图、影像数据或者手工拍摄的照片估算建筑物的轮廓和高度信息进行人工建模。该方法制作的模型外观美观，但精度较低，并且生产过程中需要大量的人工参与、制作周期较长。

2. 三维激光扫描建模

三维激光扫描技术以非接触式激光、照相、白光等方式扫描立体的物品获得大量点云数据，通过对点云数据进行配准、降噪、提取、封装等一系列操作构建三角网模型，再重新建构曲面模型，最后通过手工方式映射纹理信息获得三维模型。

三维激光扫描技术可以快速连续对观测对象进行扫描测量，获取对象表面的三维点云数据。该方法具有非接触、高精度等优点，适合做相对尺寸的测量与质量管理；但是这种方法不仅生产周期长、效率低，同时模型的映射质量一般，适用于小范围的精细模型构建。

3. 数字近景摄影测量建模

数字近景摄影测量技术针对 100 m 范围内目标所获取的近景图像进行自动匹配、空三解算、生成点云、纹理映射等一系列操作来构建三维模型。该方法具有模型效果好、精度高等特点，但也存在建筑物死角、顶部无法拍摄的缺点；同时，由于数字近景摄影测量技术需要人员现场勘测，大范围的勘测会消耗大量的人力物力，因此小范围的建模更适合使用这种方式。

4. 倾斜摄影测量建模

利用无人机的优势以及倾斜摄影技术,可以快速准确地对一片区域进行实景建模。通过在同一飞行平台上搭载多角度相机，同时从垂直、倾斜等不同的角度采集影像，获取地面物体更为完整准确的信息,将这些倾斜影像通过软件处理即可生成三维模型。

3.2 倾斜摄影测量模型构建

3.2.1 倾斜摄影测量建模特点

传统的建模方法具有效率低、劳动强度大、生产成本高等缺点，将逐渐被淘汰。传统低空摄影测量技术，广泛应用在大面积区域调查、安全监测、灾害应急、环境保护等诸多领域。无人机搭载传感器可快速、高效、便捷地获取高分辨率影像数据，从而制作数字正射影像图（DOM）和数字高程模型（DEM）。无人机摄影测量大大促进了倾斜摄影测量技术的发展。倾斜摄影测量彻底改变了人工建模的弊端，采用自动化的数据处理手段大大加快了大场景精细三维模型的生成速度。倾斜摄影测量技术也颠覆了传统低空摄影测量只能从垂直角度获取数据的局限，在无人机上同时搭载多个传感器，从多个角度获取影像数据，能够更加真实全面立体地反映地表物体的局部细节和整体层次。倾斜摄影测量建模技术作业范围广、成本低、效率高，内业数据处理对计算机硬件配置要求较低，可以实现计算机集群式处理，更适用于大范围的三维模型构建；但该方法也存在建筑物侧面、底部信息采集不全的缺点。

3.2.2 倾斜摄影测量技术流程

倾斜摄影测量技术流程包括：外业处理流程和内业处理流程。

外业处理流程，自接收到航飞任务开始，对测区进行踏勘，制定测区航线规划及像控点布设，执行野外航飞数据采集整个一套流程，目的是获得测区影像成果和像控点成果数据。

内业处理流程，建立在外业处理流程所获得影像成果和像控点成果基础上进行。首先要对影像数据和像控点数据进行室内的预处理，尤其是影像数据和 POS 数据必须要做到一一对应关系，然后进行空三解算，像控点刺点、生产 3D 产品等一系列过程得到所需的立体产品。具体数据处理的主要流程如图 3-1、图 3-2 所示。

```
                    测区勘测

        像控点布设              航线规划设计

        像控点测量              无人机航飞
不合格（补测）                              不合格（补飞）
        测量精度检查            影像质量检查
          合格                    合格
        像控成果提交            影像成果提交

                    接内业
```

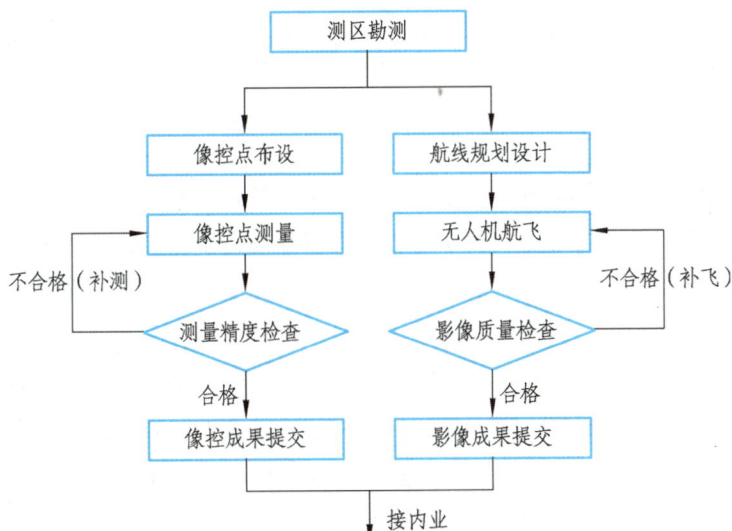

图 3-1　外业处理流程

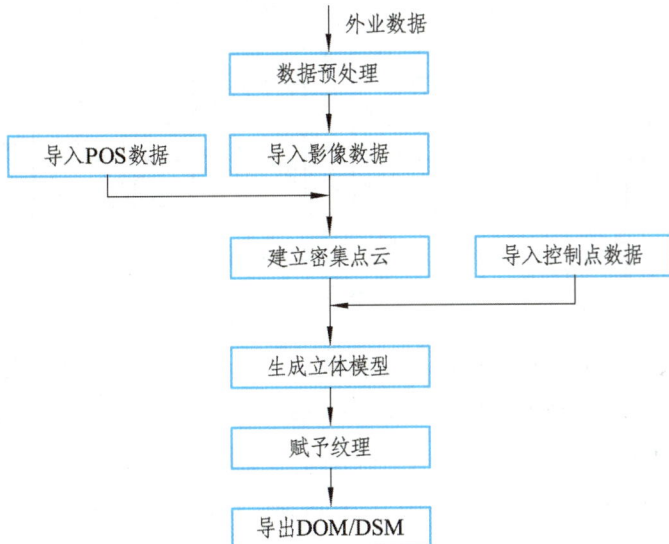

```
                    外业数据

                  数据预处理

        导入POS数据      导入影像数据

                  建立密集点云      导入控制点数据

                  生成立体模型

                  赋予纹理

                  导出DOM/DSM
```

图 3-2　内业处理流程

3.2.3　数据处理的关键技术

1. 多视影像密集匹配和空三解算

由于倾斜摄影测量获取的影像范围广而且是多视角的，各个航带间的影像视场差别较大，倾斜立体影像间往往存在较大的几何畸变，增加了影像匹配的难度。多视影像的密集匹配就是寻找连接点构网的过程，同时消除多视影像数据中的冗余信息。影像匹配的算法分 3 类：灰度匹配、特征匹配和关系匹配。匹配的共性就是在影像上按照匹配策略寻找同名点。基于尺度不变特征转换（SIFT）算法为代表的特征匹配，匹配的误差较多、耗时较长。在倾斜摄影测量中导入处理影像数据，同时添加 POS 数据可以辅助多视影像的匹配，依据 POS 数据可以粗略得到原始影像的外方位元素，利用相关算法进行粗匹配剔除一些误匹配点，进而再重新精确匹配。空三解算就是影像间几个精确拓扑关系重建的过程。它根据地面布设的像控点，以共线方程为基础，进行光束法区域网平差。

2. 多节点并行计算的实现

并行计算是将计算任务分解成多个并行的子任务，分配到具有并行处理的计算节点上，通过各节点上的处理器相互协同，共同解算并行子任务，从而使得计算加速。并行计算系统有并行机、并行算法和并行编程 3 个重要组成部分，如图 3-3 所示。并行计算的基础是并行机，并行机的核心组成是处理器、内存和互联网络，通过互联网络将并行机串联起来，在并行机上实现影像数据的同步、共享和访问。针对特定应用类型进行互联网络拓扑设计，可以极大提升并行计算能力和效率。并行算法的主要设计分为任务分解、通信设计、任务聚合和处理器映射 4 个步骤，根据并行算法通过并行编程环境编制程序并运行即可得到计算结果。

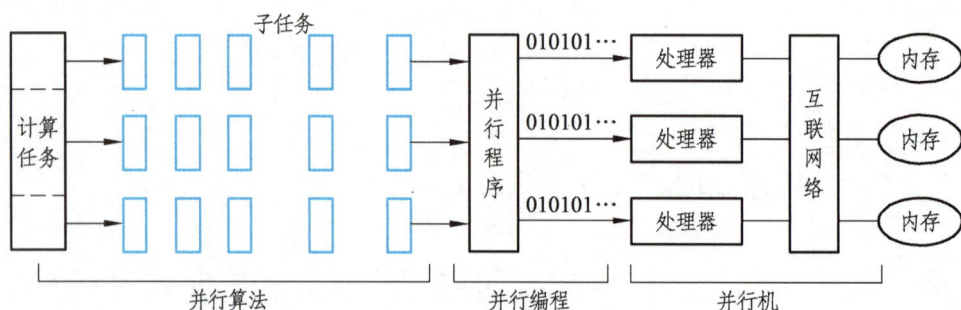

图 3-3　并行计算结构

影像数据的密集匹配和空三解算可以在任何一台并行机上实现，在模型重建过程中，模型被划分为若干个大小相等的规则瓦块。并行算法和程序通过互联网络使得串联的并行机同时对划分好的规则瓦块进行并行计算。并行计算的实施，极大地提高了三维模型计算和生成的速度，同时降低了三维模型对计算机硬件的配置要求。

3. 面向图形处理单元（GPU）的细节层次（LOD）可视化

倾斜摄影测量的三维模型可视化需要中央处理单元(CPU)和 GPU 协调合作完成，纹理映射、模型绘制以及场景的渲染主要依靠 GPU 的性能和效率。GPU 具有小缓存多核的架构和快速高效的并行计算能力，适应 GPU 的数据结构必须能够充分发挥 GPU 高速处理和高效渲染的能力，避免计算机硬件数据带宽冲突问题。对倾斜摄影测量生成的模型数据进行分块分级处理后，针对生成的瓦块数据建立四叉树或者八叉树的空间索引模型，从而提高数据的读取效率，减少数据输入/输出（I/O）操作，加快数据的调度和绘制。基于四叉树索引结构的多细节层次（LOD）。在三维模型数据生成过程中，通过不同的简化比例得到三维模型数据的 LOD，一般至少有 5~6 层，多的可达 10 层。

3.3　基于 ContextCapture（CC）的倾斜摄影测量建模操作

3.3.1　数据准备

建模开始前的外业数据准备包括航拍照片、相机内方位元素、POS 数据、像控点数据的准备和编辑。

三维建模——数据准备及预处理

1. 航拍照片

首先对照片名进行整理。对于单镜头照片，照片名是唯一的；对于多镜头照片，照片名有重复，需对照片名进行重命名，确保所有照片名唯一。

所有照片应色彩一致、明亮清晰。在天气区别很大（如晴天和阴天）的情况下航飞的不同架次的照片亮度和清晰度会不同，直接建模将影响模型效果，因此需对照片进行匀光匀色处理，使照片质量如图 3-4 所示，清晰明亮无变形。

图 3-4　航拍照片质量参考

2. 相机内方位元素

内方位元素是表示摄影中心与像片之间相关位置（姿态）的参数，是摄影测量中的重要参数，包括像片主距和像主点坐标。亦即在摄影测量中，需确定摄影机物镜后节点相对于像片面的 3 个参数：像片主距 f，即物镜后节点到像主点的距离；像主点在像片框标坐标系中的 x 坐标值 x_0；像主点在像片框标坐标系中的 y 坐标值 y_0。通过摄影机检验得知，这 3 个参数均为已知值。若导入照片后建模软件没有识别出传感器参数就需要手动填写，包括相机名（Camera）、传感器尺寸（Sensor size）、焦距（Focal length）等，如图 3-5 所示。

Camera	🖉 Sensor size	🖉 Focal length	35 mm eq.
DJI FC6310R	12.8333 mm	8.65666 mm	24.2837 mm
DJI FC6310R	12.8333 mm	8.65749 mm	24.286 mm
DJI FC6310R	12.8333 mm	8.65107 mm	24.268 mm
DJI FC6310R	12.8333 mm	8.65961 mm	24.2919 mm
DJI FC6310R	12.8333 mm	8.65407 mm	24.2764 mm

图 3-5　相机传感器参数设置

3. POS 数据

POS 即定位测姿系统，是惯性测量装置/差分 GPS（IMU/DGPS）组合的高精度位置与姿态测量系统。它利用装在飞机上的 GPS 接收机和设在地面上的一个或多个基站上的 GPS 接收机同步而连续地观测 GPS 卫星信号。精密定位主要采用差分 GPS（DGPS）技术；而姿态测量则主要是利用惯性测量装置（IMU）来感测飞机或其他载体的加速度，经过积分运算，获取载体的速度和姿态等信息。在 CC 建模处理中，应保持 POS 名与照片名的一致性，如图 3-6 所示。

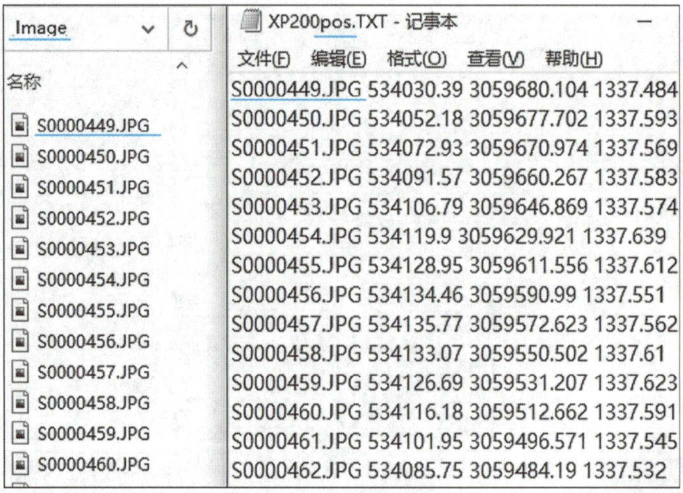

图 3-6　POS 数据的整理及格式要求

4. 像控点数据

像控点就是摄影测量的标志，像控点需要分布均匀、平整，高差不能太大，选点时需要考虑是否会被遮挡。像控点就是在进行无人机航测时，通过使用 RTK 或者全站仪（但大多数情况下都是使用 RTK）在所拍摄的测区内建立的具有标志性的真实坐标点。通过像控点可以对后期无人机航测出的坐标点进行矫正，从而完成无人机的测量。在建模之前应准备好像控点坐标数据及像控点外业实拍的远近景照片。

3.3.2　三维建模实施

待内业完成外业数据的处理，包括航拍照片、相机内方位元素、POS 数据、像控点数据的准备和编辑等工序后，即可进行 ContextCapture（CC）建模阶段。

3.3.2.1　新建工程

打开 ContextCapture Center Master 软件，新建工程（New project），设置工程名称及路径，如图 3-7 所示。

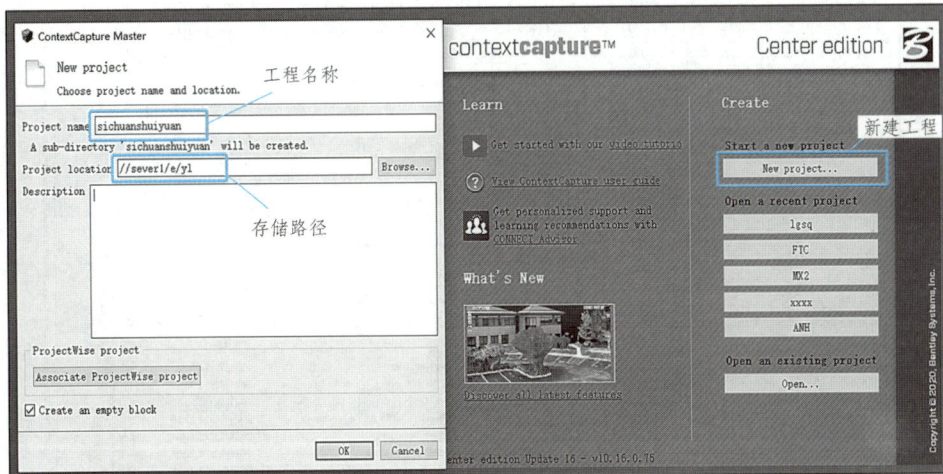

图 3-7　新建工程

3.3.2.2　导入照片（Photos）

导入本机照片，如需集群处理，则需要导入网络路径下的照片。导入照片如图 3-8 所示。

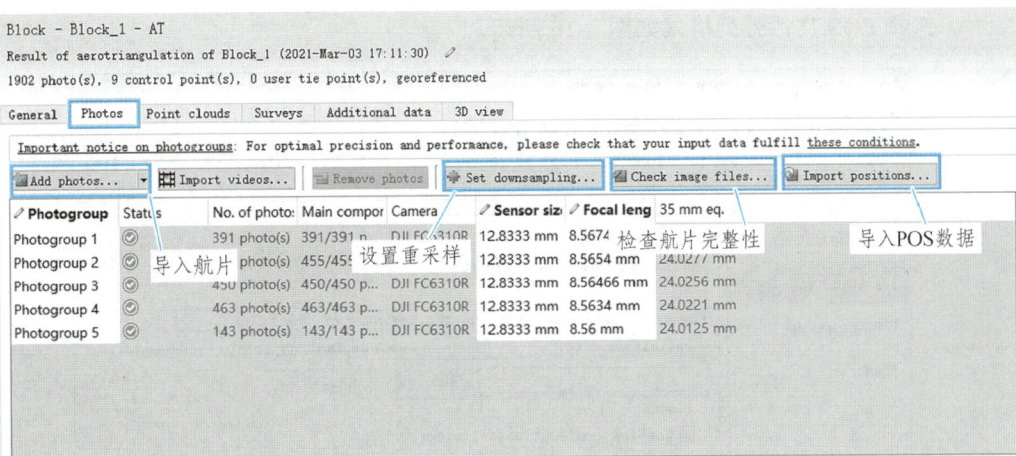

图 3-8　导入照片

Set downsampling（设置重采率）：该参数只会在空三的过程中对照片进行重采样空三，建模时仍旧使用原始分辨率影像。

Check image files（检查航片完整性）：建模失败时可以用此功能进行数据完整性检查。

Import positions（导入 POS 数据）：如果有多个照片组（Photogroup）则必须保证每个照片组中的照片名称唯一，否则会导入失败；且 POS 路径必须为英文。具体步骤如下：

1. 导入 POS 文件（.txt 或者.csv 格式）

导入 POS 文件及格式要求如图 3-9 所示。

图 3-9　导入 POS 文件及格式要求

2. 选择文件格式

选择 POS 文件分列格式如图 3-10 所示。

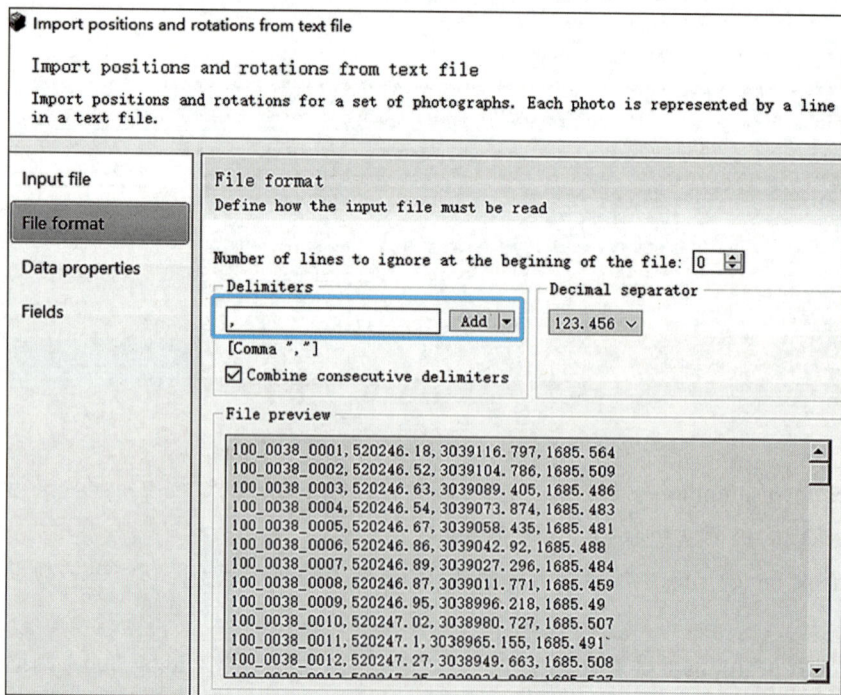

图 3-10　选择 POS 文件分列格式

3. 确定 POS 数据投影坐标系

选择 POS 数据投影坐标系如图 3-11 所示。

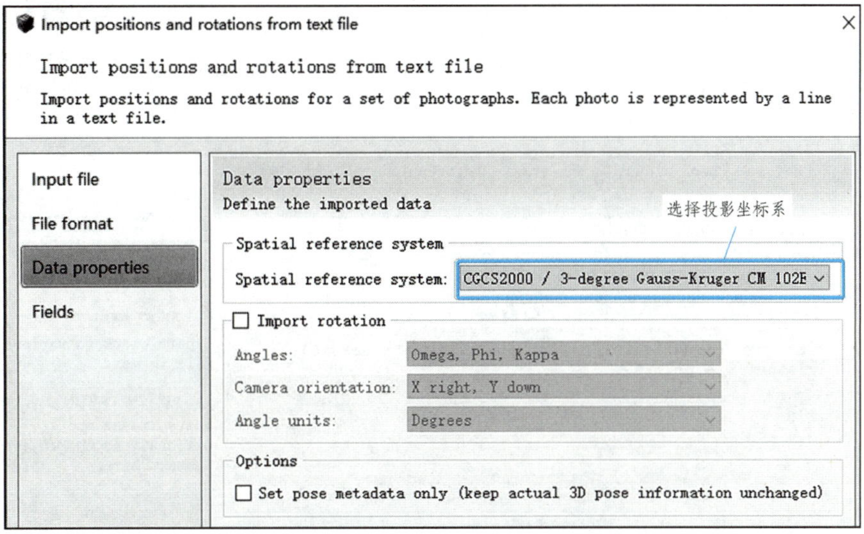

图 3-11　选择 POS 数据投影坐标系

4. 根据 POS 数据选择分列字段属性

根据 POS 数据选择分列字段属性如图 3-12 所示。

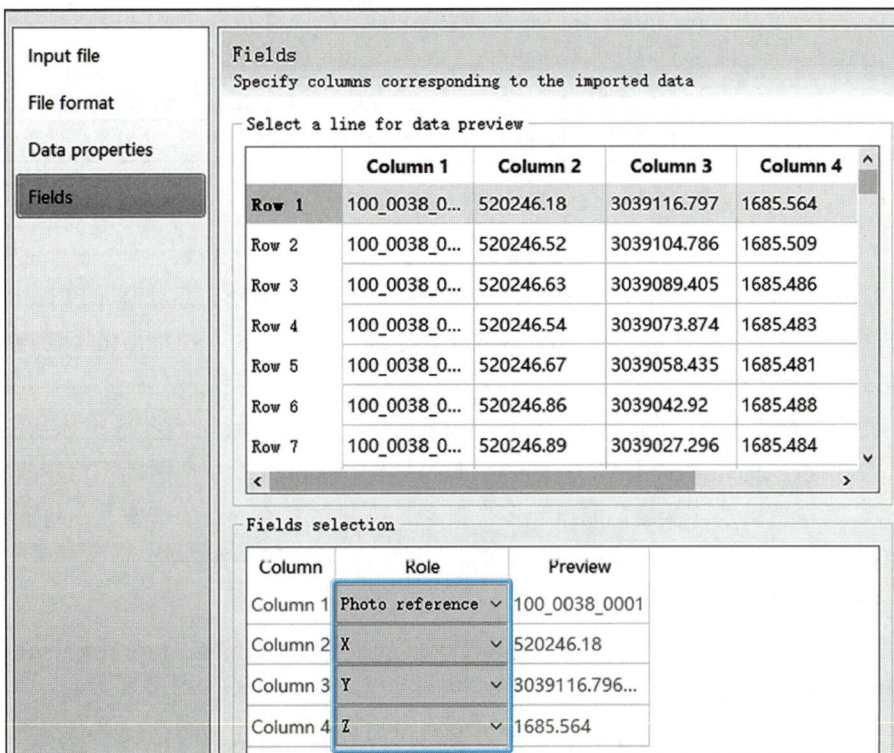

图 3-12　根据 POS 数据选择分列字段属性

注意：选择字段时千万不能将经纬度或者平面直角坐标顺位搞反。

3.3.2.3 空中三角测量

1. 常规空三流程

空三参数设置，如第一次使用，则建议直接按照默认参数，只需点击"下一步"即可，如欲了解其中参数意义，则进入如图 3-13 所示内容。

三维建模——空中三角测量

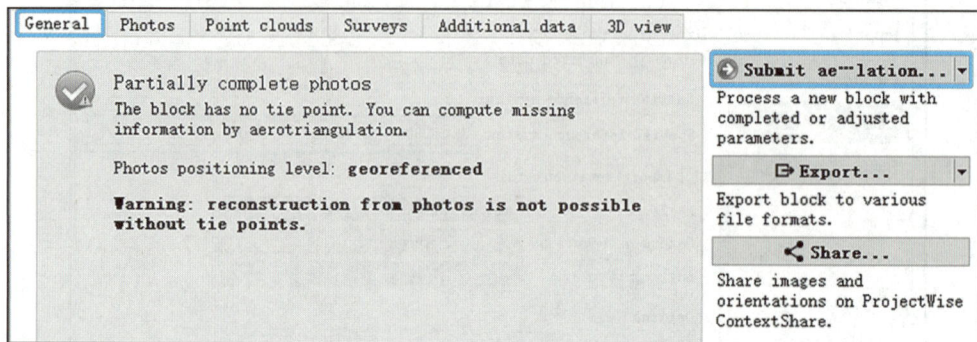

图 3-13 空三参数设置界面

（1）设置名称，最好根据飞行架次或项目信息进行设置，如图 3-14 所示。

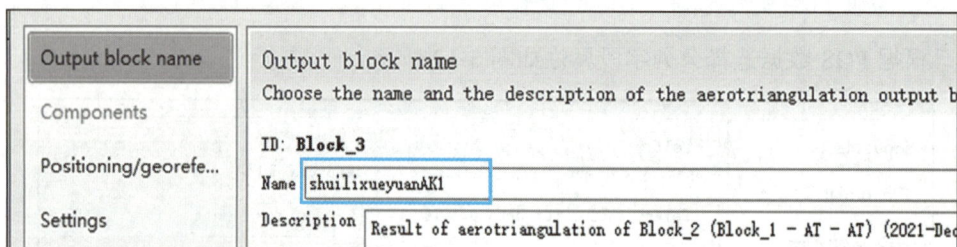

图 3-14 设置空三文件名称

（2）参与空三的照片，默认使用全部照片。

（3）照片定位或地理参考设置：一般情况下，无人机带动态后处理（PPK）模式时，选择高精度定位；无人机带 GPS 模式时，选择低精度定位；在地面做了像控点的情况下则选择使用控制点进行定位。

（4）空三参数设置。通常默认参数即可；对于地名拍摄照片，可能会修改"Keypoints density""Pair selection mode""Component construction mode" 3 个选项；对于航空拍摄照片，通常使用默认参数，如果为多个架次且存在航高不一致的情况，则可能会修改"Pair selection mode""Component construction mode"两个选项。

（5）空三检查。

首先保证 General 选项卡中显示 Georeferencing 情况的空三结果，才能进行建模操作，如图 3-15 所示。

然后在特征点的三维视图中检查有没有明显的分层或交叉现象：

① 查看航片有没有交叉。

② 特征点在道路或房屋区域有没有分层。

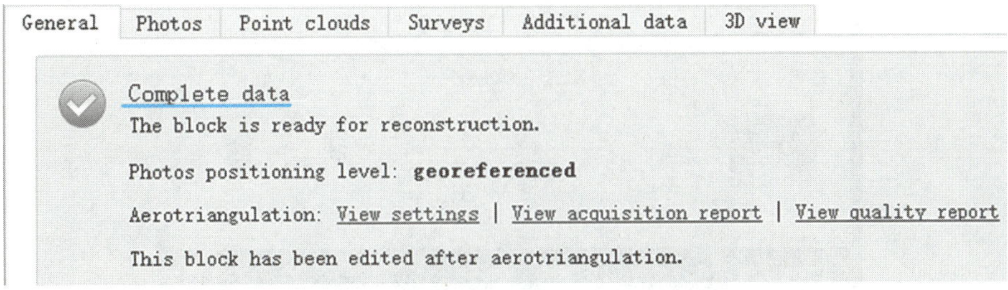

图 3-15　空三结果检查进入界面

③ 检查像控点的平面和高层误差是否过大。

④ 检查航片位置。

空三结果检查如图 3-16 所示。

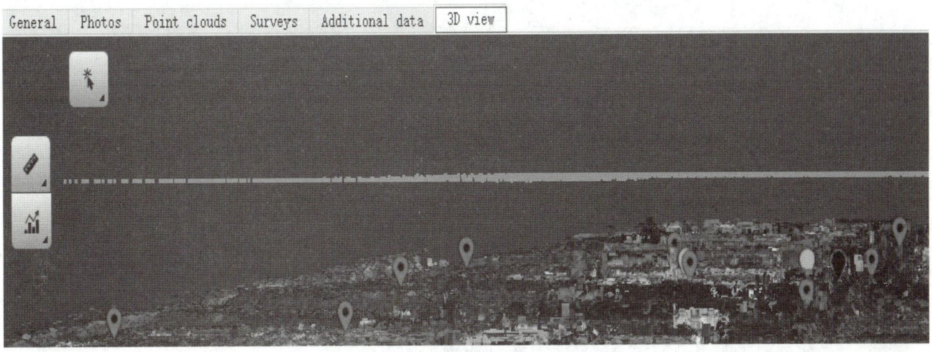

图 3-16　空三结果检查

2. 空三刺点

空三刺点，即在航片上刺地面像控点。

（1）导入像控点并设置像控点坐标投影坐标系，如图 3-17、图 3-18 所示。

三维建模
——空三刺点

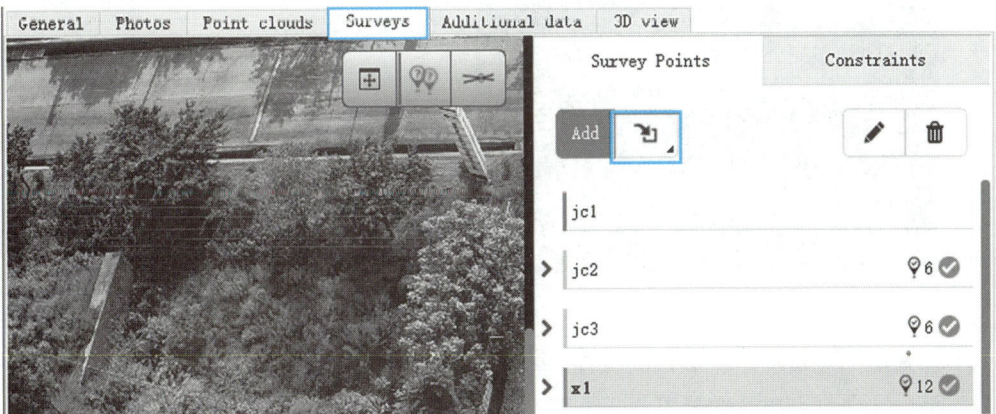

图 3-17　导入像控点坐标

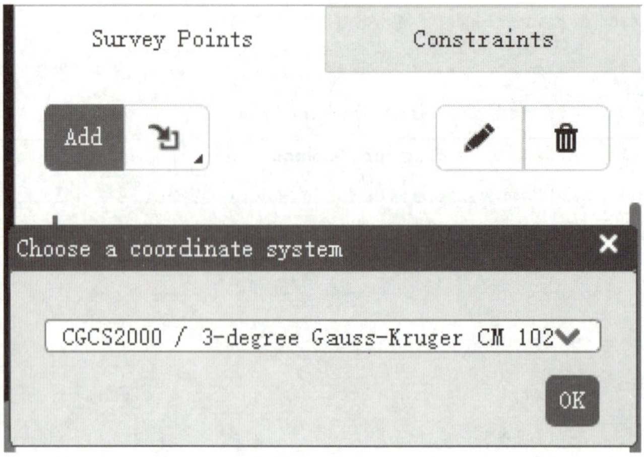

图 3-18　设置像控点坐标投影坐标系

（2）刺点，如图 3-19 所示。

图 3-19　像控点刺点操作

　　注意：一般情况下，清晰的像控点都要刺，刺点一般尽量分布在多个航带的照片上，每个航带刺点照片数量不少于 9 张，若是边缘点或者某些航线照片较少可以低于此标准，但一般不低于 3 张。

（3）再次提交空三。

刺点完成后再次提交空三任务，如图 3-20 所示。注意：需要选择使用控制点约束。空三完成后查看空三报告，如图 3-21 所示。

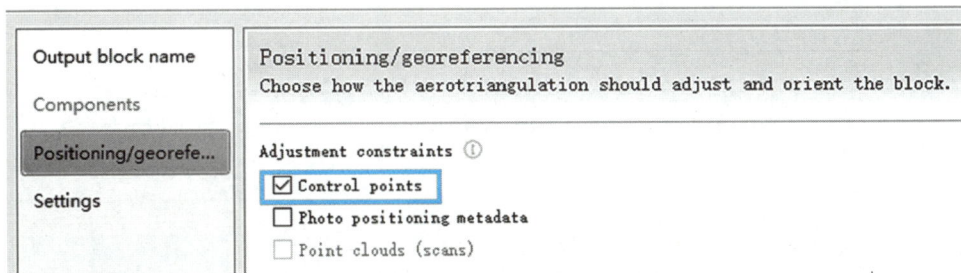

图 3-20　勾选像控点约束再次提交空三任务

图 3-21　查看空三质量报告

（4）导入/导出空三，如图 3-22 所示。

① 导入空三：主要用于导入其他已完成空三。

② 导出空三：完成空三以后进行导出保存，导出时务必正确选择格式、坐标系及名称等信息。

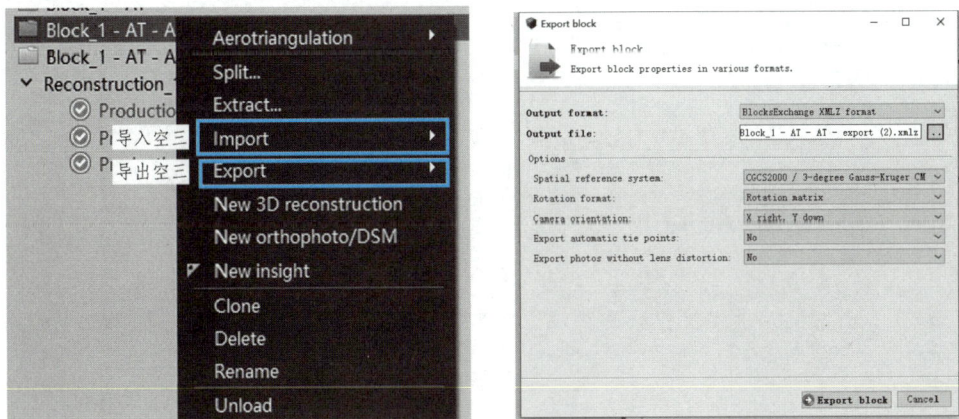

图 3-22　导入/导出空三

3.3.2.4 模型重建

空三完成后在空三结果中开启一次重建，使用"General"选项卡中右下角的"New reconstruction"按钮，新建 reconstruction，如图 3-23 所示。

三维建模
——三维模型构建

图 3-23 模型重建界面

1. 重建参数设置

建模开始之前，必须进行建模参数设置，如图 3-24 所示为建模之前必须设置的参数。

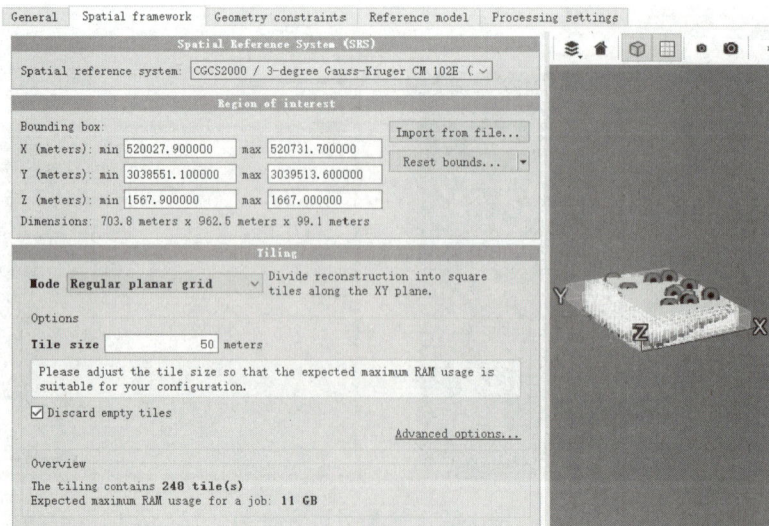

图 3-24 建模参数设置

（1）设置坐标系。

空三后在"General"选项卡中显示 Georeferencing 情况的空三结果，才可以在建模时设置坐标系，以及进行地理坐标（大坐标）的像控点刺点工作。对于空三后显示为 relative 和 absolute 状态的块，则只能使用小坐标（四位整数以内）进行刺点，此时是不支持国家地理坐标的。建模坐标系选择界面如图 3-25 所示，选择模型坐标系如图 3-26 所示。

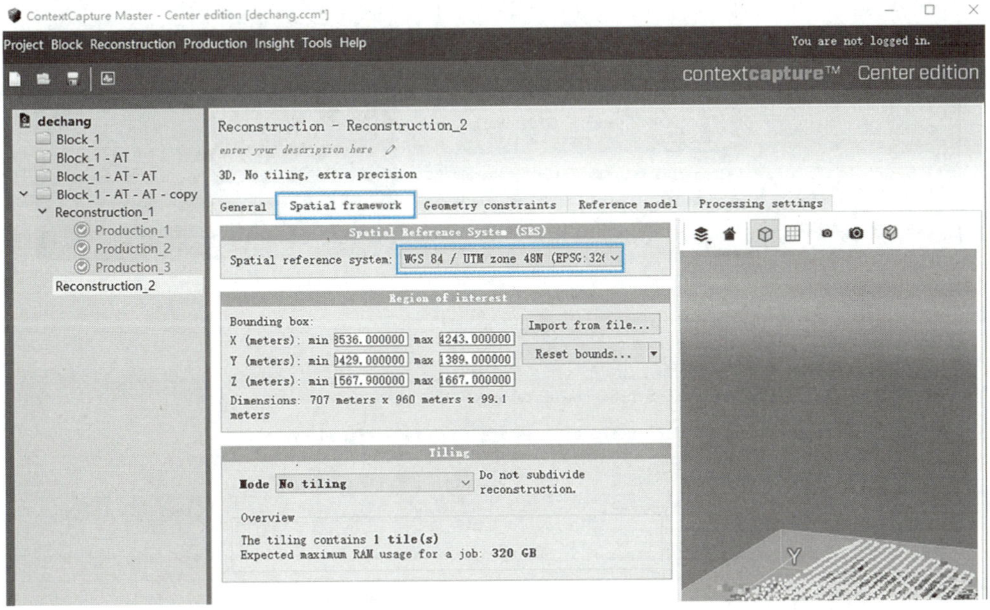

图 3-25　建模坐标系选择界面

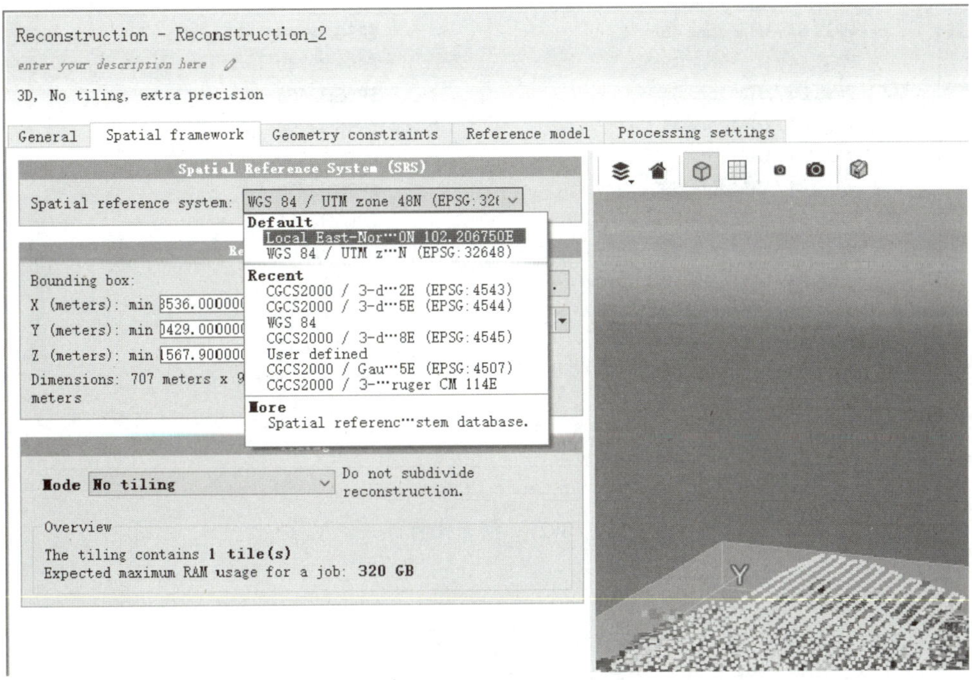

图 3-26　选择模型坐标系

注意：此处建议使用项目成果坐标系或 ENU 坐标系。

搜索坐标系：如果针对项目区要求的坐标系在预览坐标体系中无法找出，可以采用搜索坐标系的方式，快速找出匹配坐标系，如图 3-27 所示。

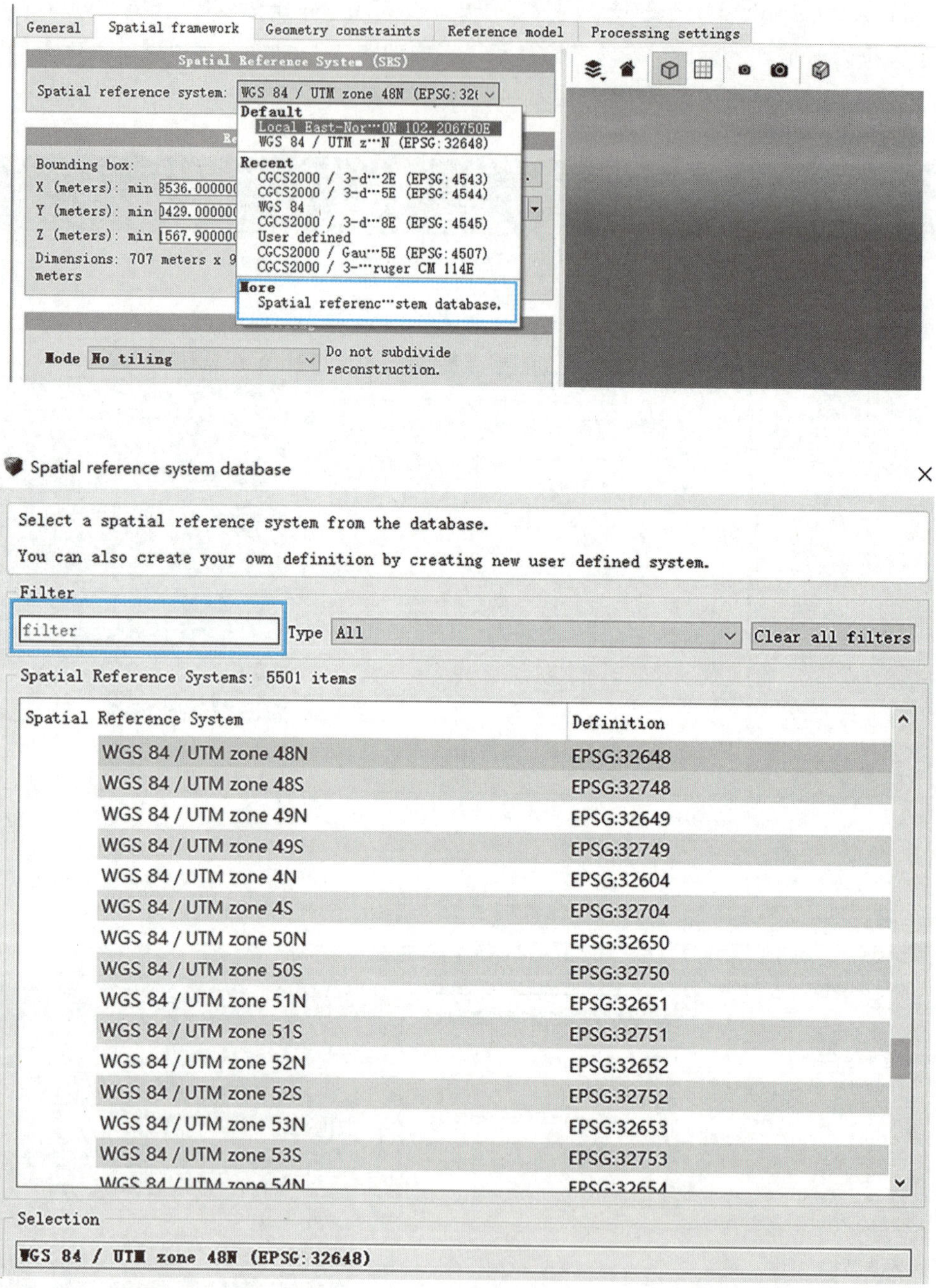

图 3-27　搜索坐标系

（2）设置建模范围。

根据视图中的空三结果设置需要建模的区域。

① 使用软件自带工具修改建模范围，如图 3-28 ~ 图 3-30 所示。

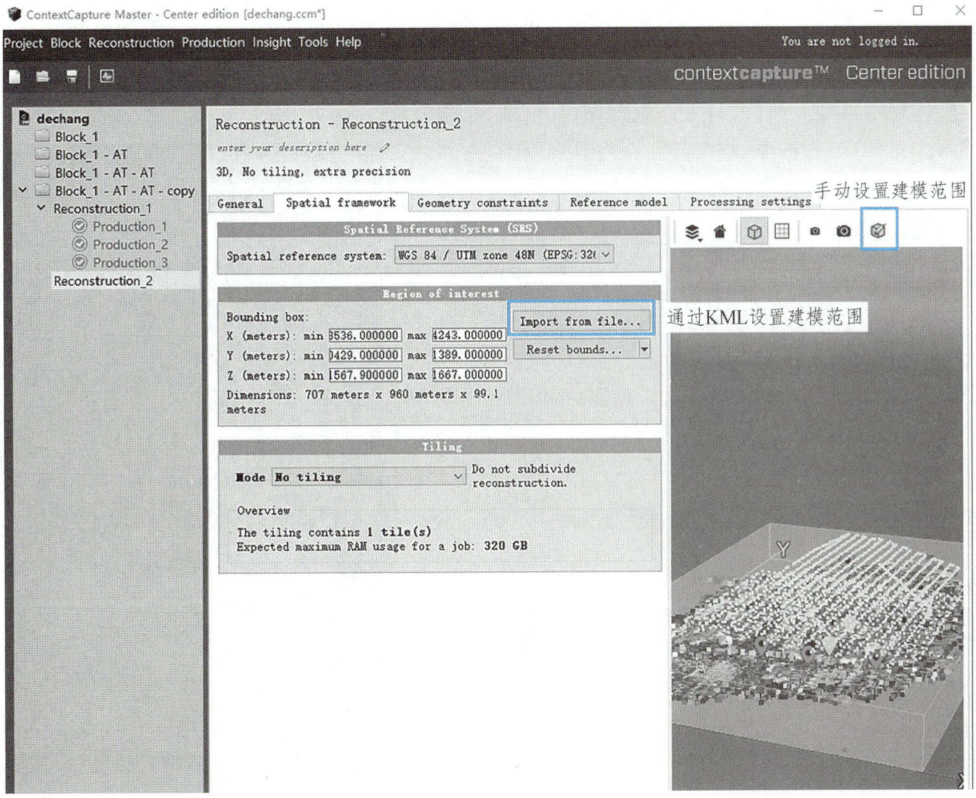

图 3-28　建模范围设置界面

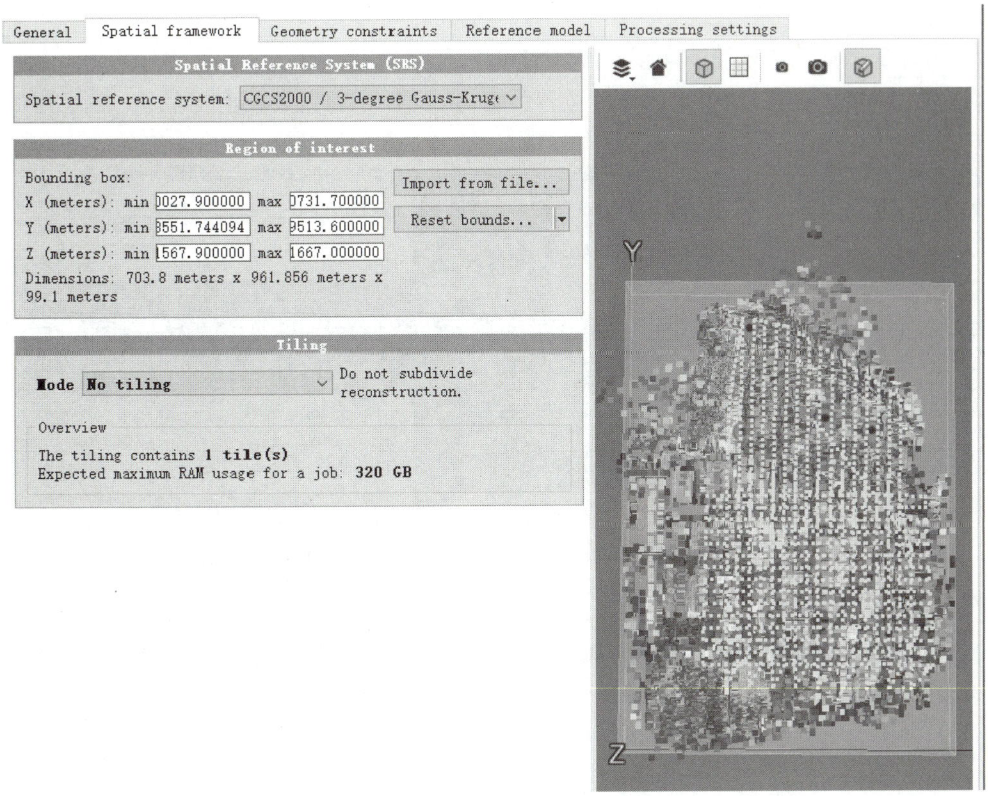

图 3-29　使用软件自带工具修改建模范围前

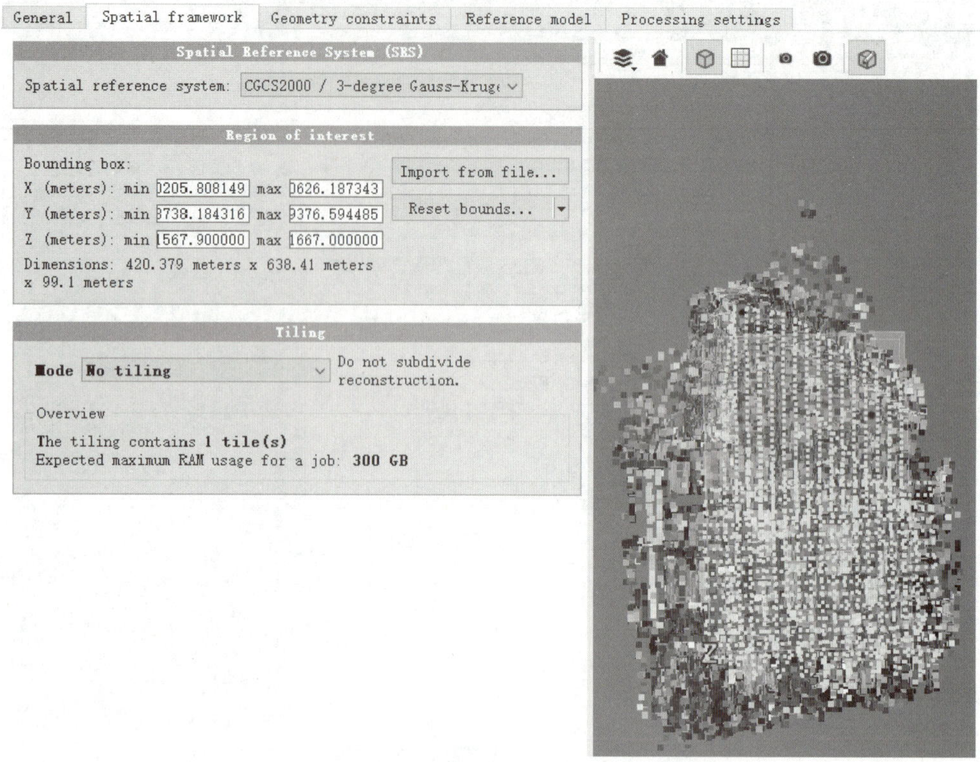

图 3-30　使用软件自带工具修改建模范围后

② 使用第三方软修改建模范围。

在块中输出空三结果中的照片位置为.KML 文件，如图 3-31 所示。

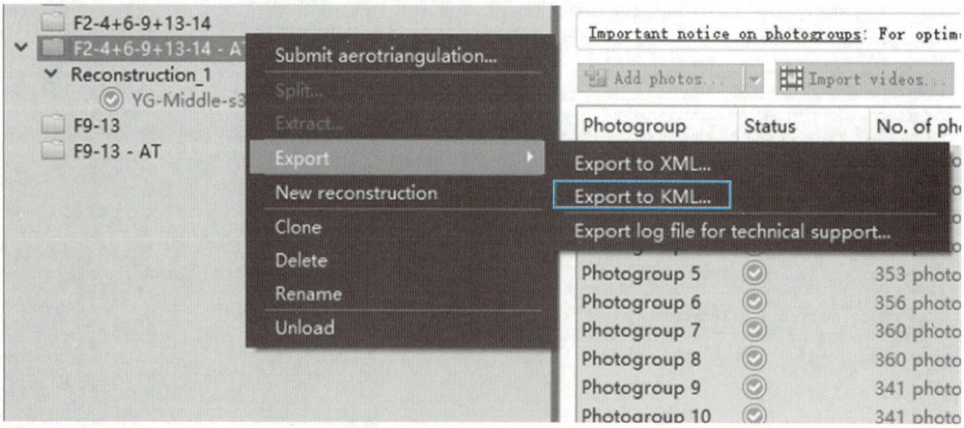

图 3-31　输出空三结果保存为.KML 格式文件

使用 Global Mapper 软件打开该.KML 文件，根据照片位置勾绘多边形，导出为.KML 格式，如图 3-32 所示。

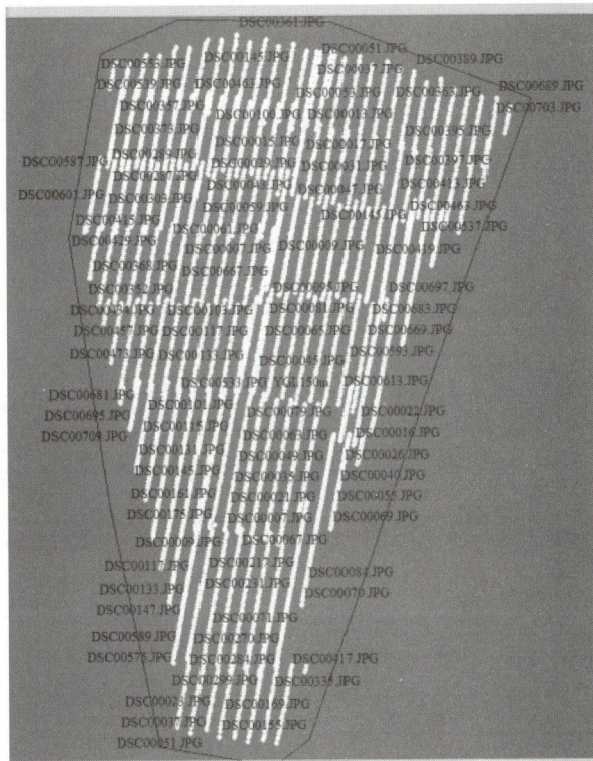

图 3-32　勾绘需要建模区域并保存为.KML 文件

导入在 Global Mapper 软件中勾绘的多边形，如图 3-33 所示。

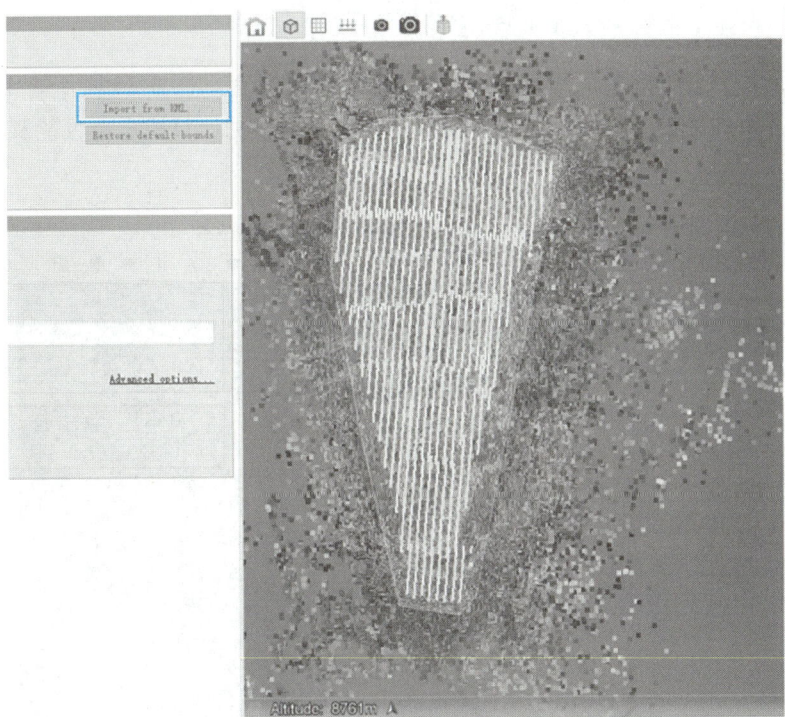

图 3-33　在建模范围设置中选择导入勾绘的.KML 文件

（3）分块大小设置。

设置好瓦片划分模式及瓦片大小后，需要注意内存使用大小（Expected maxium RAM usage per job）不超过 24 GB（计算机内存为 32 GB）。此处的内存使用大小是根据空三完成后的特征点数量进行计算的，由于 CC4.4 版以后的特征点数量大幅下降以及有些区域特征点本身较少，因此推荐以参与建模的照片数量来确定瓦片数量，如图 3-34 所示。

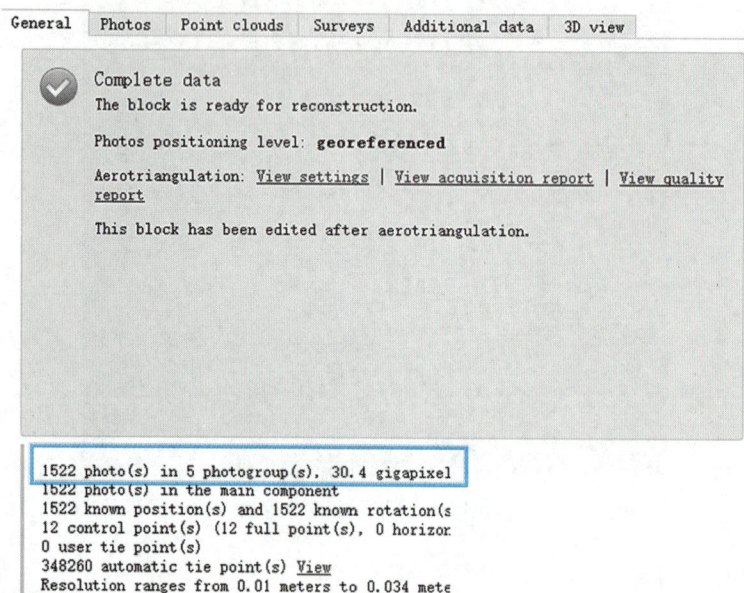

图 3-34　瓦片划分建议参考位置

设置瓦片划分方式及瓦片大小：瓦片划分方式通常有如图 3-35 所示的 4 种，这 4 种方式中常用的为第二种规则瓦片；瓦片的大小则要根据计算机自身性能及照片数量综合评定。

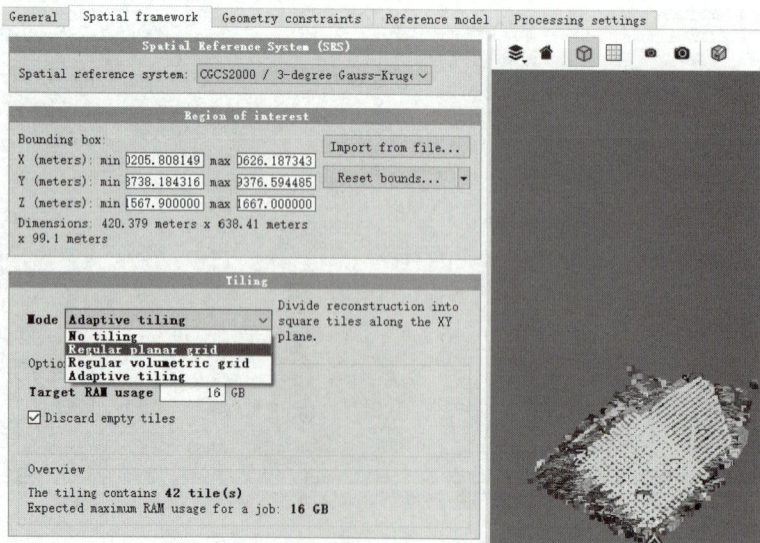

图 3-35　瓦片划分方式

① 使用规则瓦片（Regular planar grid）。

通常使用的瓦片划分方式是规则瓦片，格网大小调节时应注意结合计算机自身处理能力，如对于 32 GB 内存的电脑，通常不能超过 24 GB，但 4.4 版本以后不太准确，最好还要结合照片数量来综合评估瓦片数量。

② 使用不规则瓦片（Regular volumetric grid）。

此功能在 4.3 以后版本中增加。由于现阶段部分平台对该种瓦片划分方式支持较差以及数据后处理难度较大，为保险起见，当前建议不使用该种瓦片划分方式。

2. 生成产品

选择"Reconstruction1"，点击"General"选项卡中的"Submit new production"按钮，如图 3-36 所示。

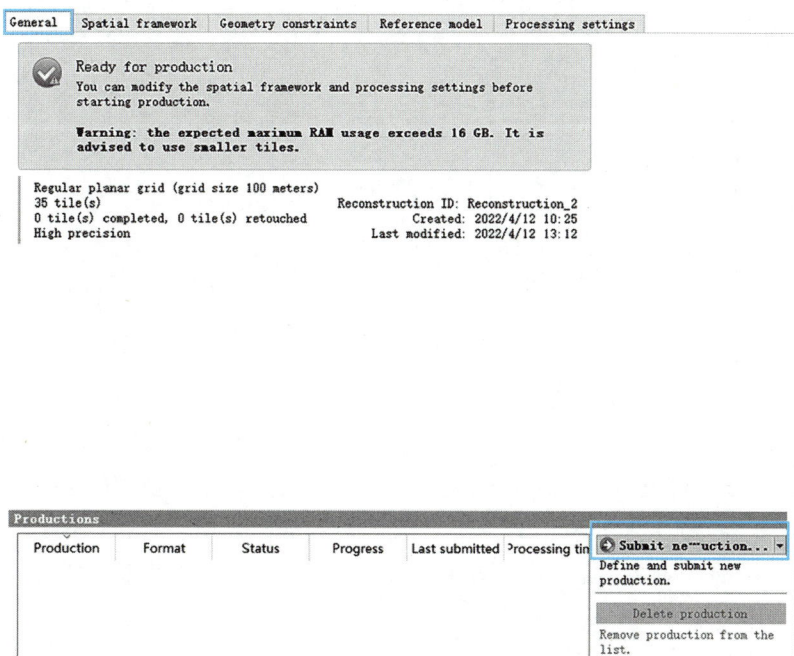

图 3-36　重建模型（提交新产品）

（1）产品名称。

点击"Submit new production"进入下一步窗口，随即需要对所生成产品进行命名，如图 3-37 所示。命名的方式有许多，但建议使用工程或数据名称+格式组合，且命名过程中不要使用汉字，例如 TJL-S3C、TJL-OSGB 等。

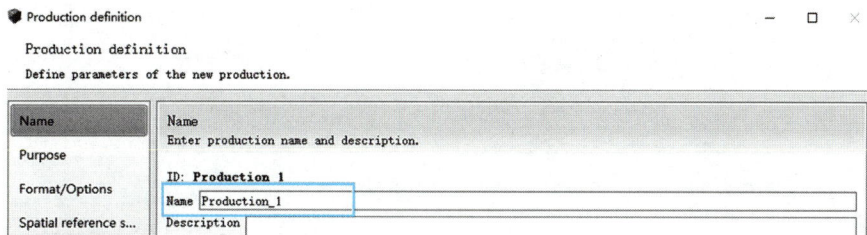

图 3-37　产品命名

（2）确定生成的产品类型。

产品名称输入完成后，点击"下一步"将进入到产品类型选择界面，如图 3-38 所示。产品类型的选择分为 5 类，包括三维纹理模型、3D 点云、正射影像等，根据不同产品需求可以选择不同类型产品，作为初学者建议直接选择默认产品类型，即 3D mesh。

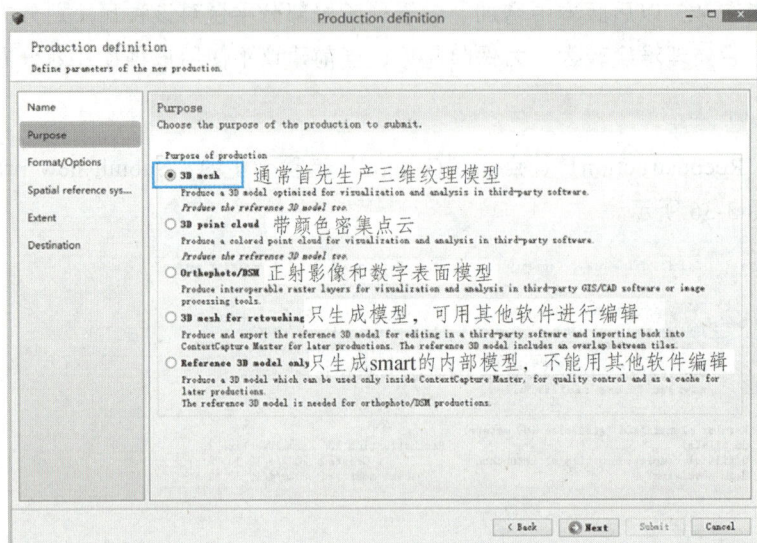

图 3-38　选择生成产品类型

（3）确定生成的产品格式。

进入三维模型格式选择窗口后，要注意的是，通过下拉菜单可以看出软件支持的格式很多，需要针对产品的实际情况作出生成格式的选择，通常使用的格式包括 3MX、S3C、OSGB、OBJ 等，如图 3-39 所示。同时，本窗口中有个"JPG 压缩比例"栏，通常软件默认的是 75%，如果产品要求较高，可以设置成 90%或者 100%。

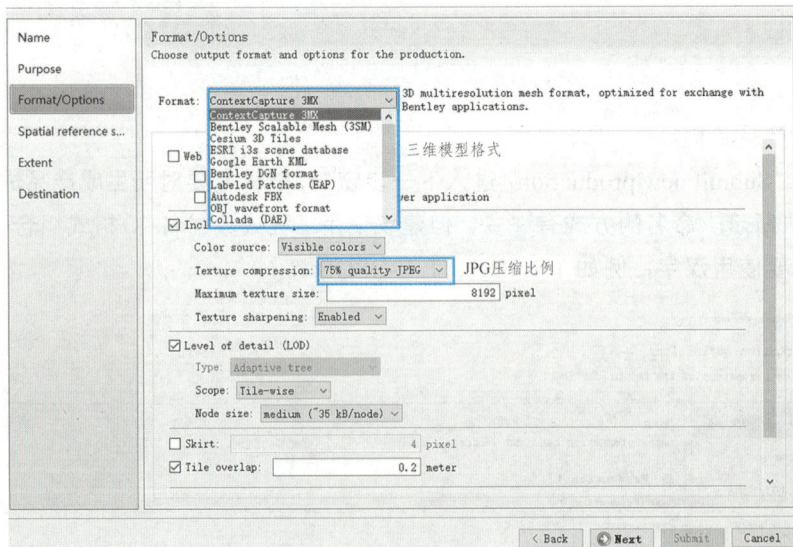

图 3-39　选择生成产品格式

（4）确定产品的坐标系及平移量。

产品坐标系：根据产品特定要求，选择合适的坐标系匹配。

注意：如图 3-40 所示为生成产品的过程中进行的坐标系选择，如果希望 OSGB 模型能直接导入 Skyline 平台则使用默认的 ENU 坐标系；导入时取消导入第二个选项中的.xml 文件，导入成功后再到"Output"文件夹里面修改 LODTreeExport.xml 文件中的坐标系信息。

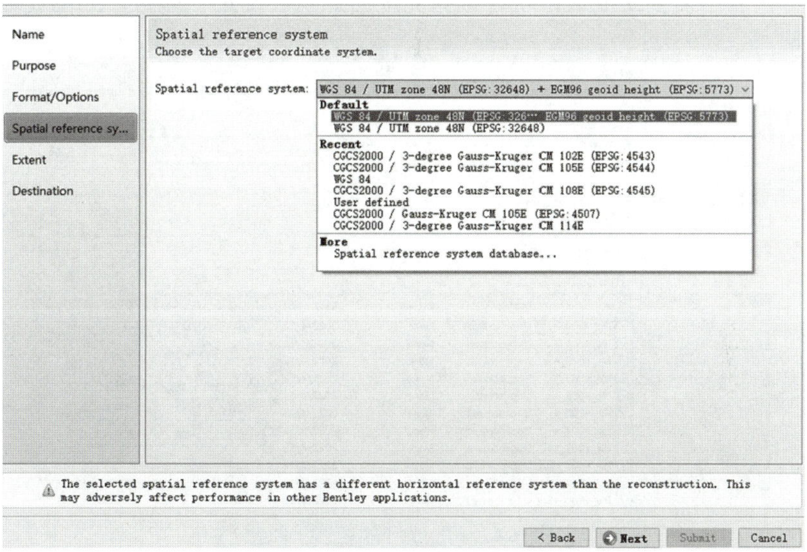

图 3-40 选择生成产品坐标系

设置原点（坐标平移量）：如果一个工程分几个区域建模，同时又希望使用 S3C_Composer 建立索引时可以修改，则需指定一个坐标为其原点，分区块建模过程中均应输入这个坐标原点，如图 3-41 所示。

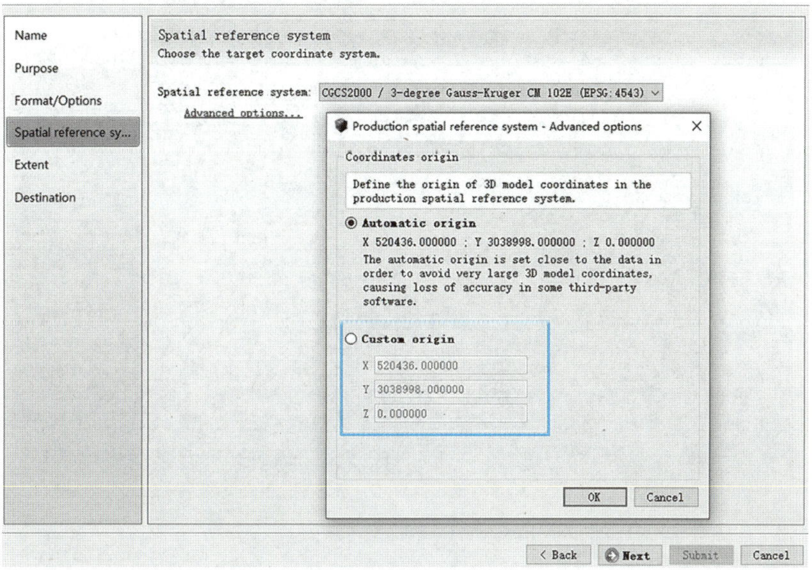

图 3-41 选择生成产品坐标原点（坐标平移量）

（5）再定义产品的范围。

此功能可以作为在节点足够的情况下加快建模速度的一种方式，注意对于需要生成正射影像图的工程，不建议在此重新定义范围，否则会导致正射影像图生成不完整。

通过鼠标选择分块，点击编辑按钮（Edit），进入选择窗口，针对产品瓦片分块重建的方式有多种，下面介绍两种常用的。

第一种：通过鼠标直接在窗口左边的小方框里面打上"√"代表需要生成的区块，去掉"√"代表不需要生成该区块，选择完成后点击"确定"即可，如图 3-42 所示。

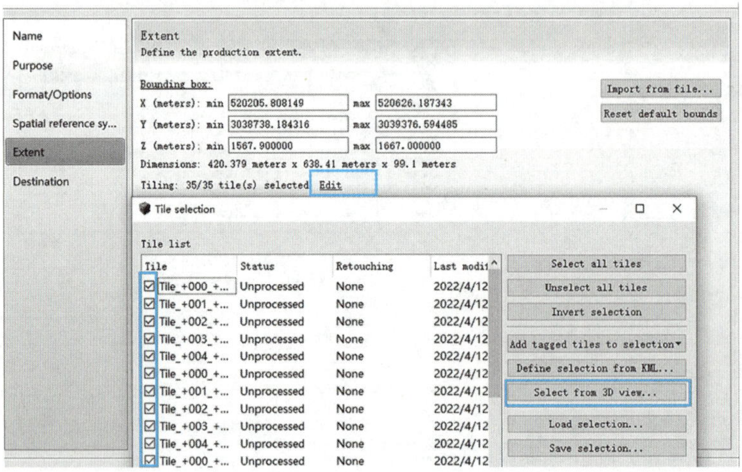

图 3-42　生成产品范围"√"选

第二种：从 3D 浏览选择窗口（Select from 3D view...）通过鼠标选择要生产区块，如图 3-43 所示，进入 3D 选择界面后通过 Ctrl+鼠标左键选择需要生成的区块，选择完成后点击"确定"即可。

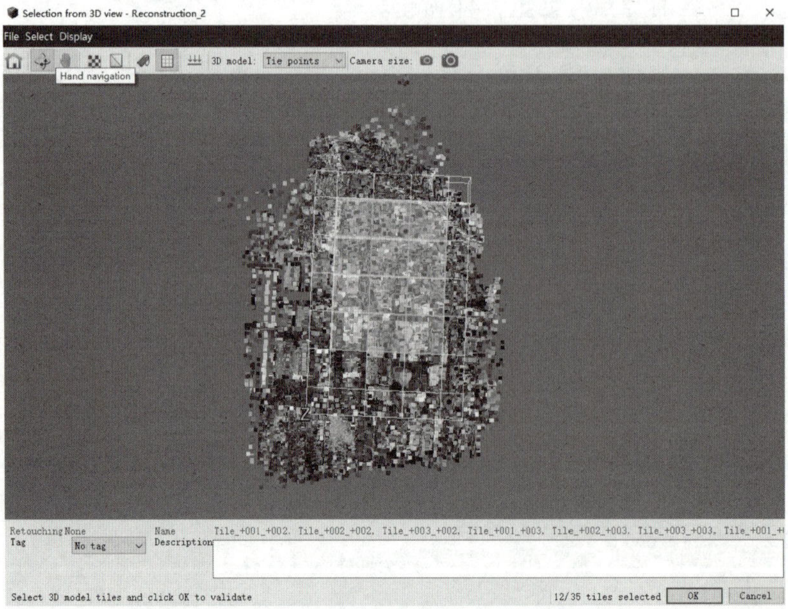

图 3-43　生成产品范围的 3D 浏览窗口选择

（6）提交并运行。

以上所有的工作完成后，方可进入提交产品阶段。进入提交产品窗口，对所生成产品进行重命名，如果选择默认产品名称，则可直接选择提交，如图 3-44 和图 3-45 所示。

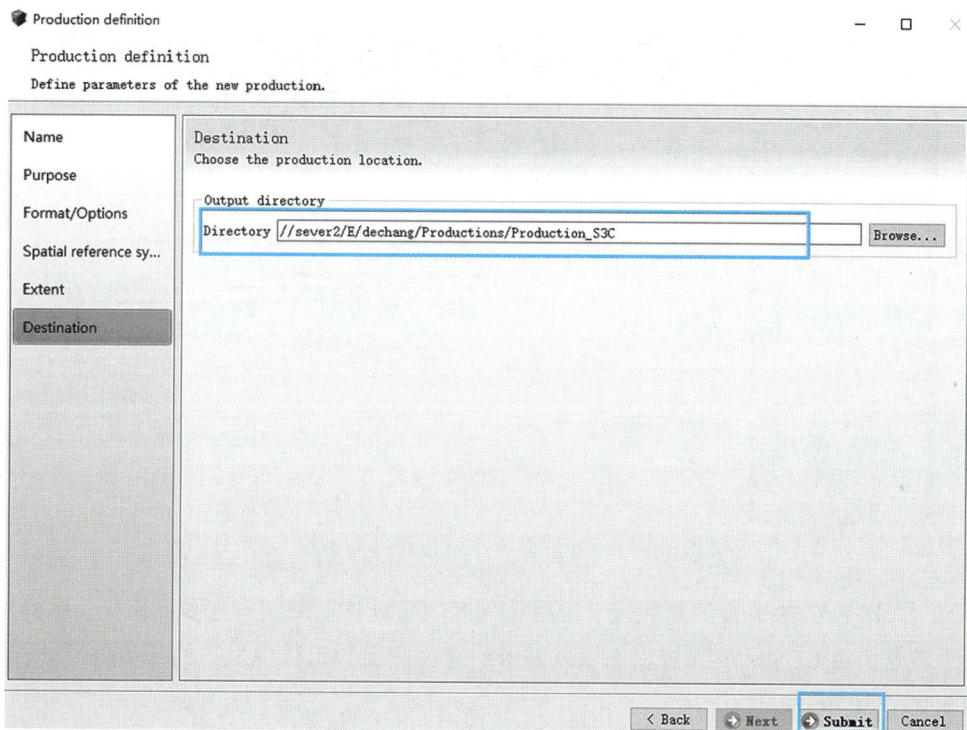

图 3-44　产品命名窗口及产品提交

图 3-45　产品提交成功后的状态

3. 开启引擎

（1）首先查看工程中配置的发布任务路径，该路径可以修改，如图 3-46 所示，但是必须记住任务路径，其目的是便于各节点到修改路径下读取任务，在下一步工程中配置 Engine 工作路径。

图 3-46　工程配置中查看或修改任务路径

（2）打开 CCSeting 设置路径，该路径代表的是软件引擎执行任务的路径，需确保每个节点使用 CCSeting 设置引擎读取任务的路径需要和工程中发布的任务路径一样，如图 3-47 所示。

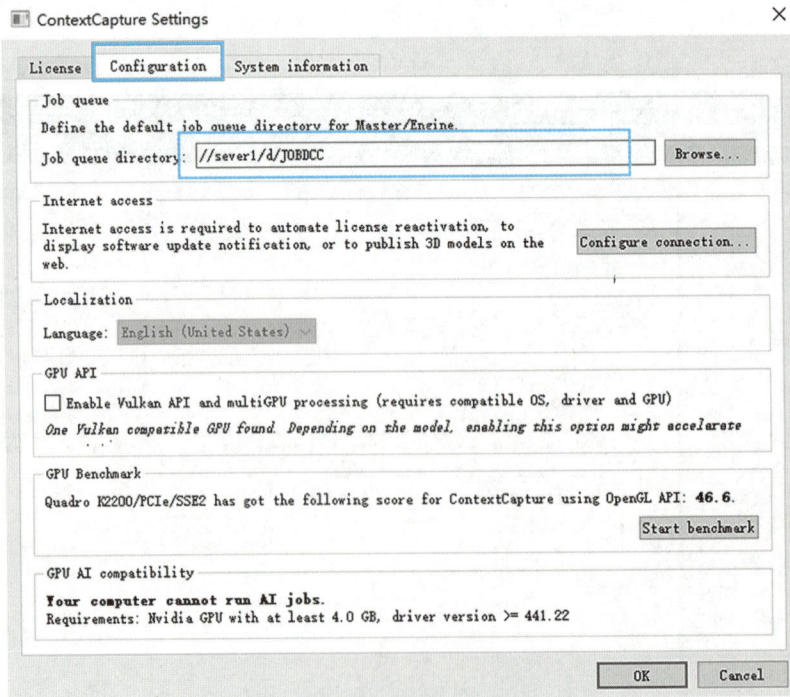

图 3-47　CCSeting 路径设置

（3）打开引擎（ContextCapture Center Eengine），引擎最终的执行任务角色会根据本节点计算机中 CCSeting 设置的路径，到该路径下领取任务并执行，如图 3-48 所示。

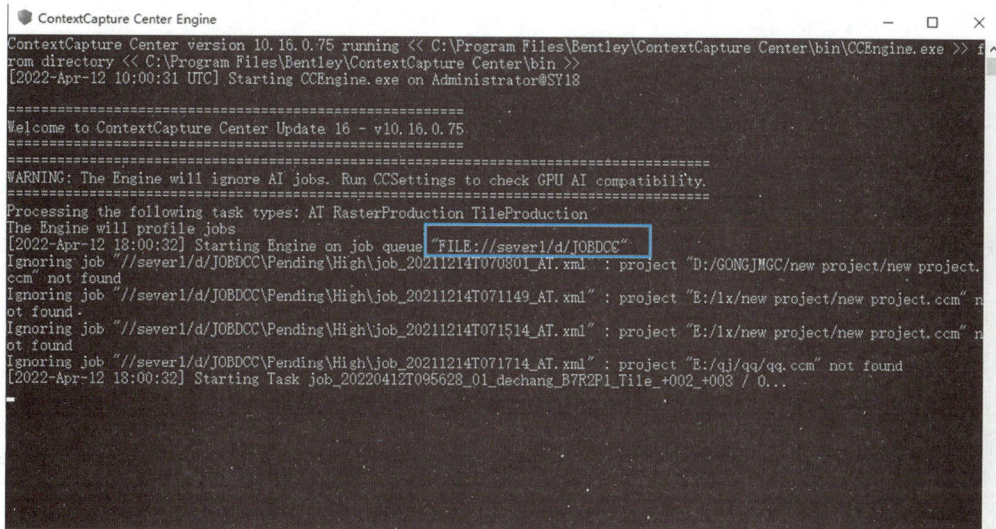

图 3-48　打开引擎执行任务

（4）任务运行。

打开引擎后，引擎会在该路径下领取任务并执行，回到工程窗口后区块建模工作开始运行，代表着整个建模环节产品提交并开始运行，如图 3-49 所示。

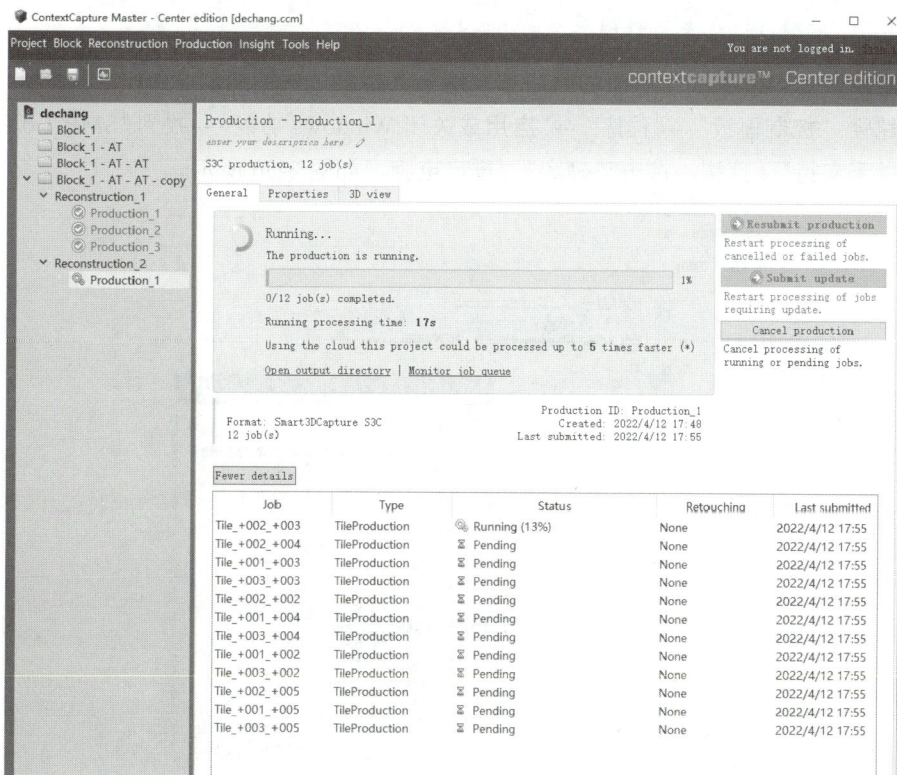

图 3-49　任务执行情况界面

3.4 集群配置

3.4.1 集群处理的目的、要求及思路

1. 集群处理的目的

当建模的照片量较大时，由于单台电脑处理能力有限，建模时间较长。而 ContextCapture 提供的集群处理方式可将多台电脑连接起来，共同处理同一个任务，大大提升了建模效率。

2. 集群处理的要求

（1）所有集群中电脑安装的 ContextCapture 版本必须一致。
（2）集群中主机（1 台）的性能相对于副机要好，副机数量若干。
（3）集群中的所有电脑需处在同一局域网下。

3. 集群处理的思路

主机 A 为所有集群电脑组中的"首领"，负责建立工程，映射网络驱动器和共享磁盘（待处理数据位置以及处理结果存放的文件位置）；副机 B、C、D 等通过设置引擎位置，对主机 A 建立的工程进行处理。

3.4.2 计算机配置步骤

1. 检查 SMB 1.0 是否启用

启用 SMB 1.0 主要为后面的网络共享能够互相发现作铺垫。

路径："控制面板"→"程序"→"启用或关闭 Windows 功能"→找到"SMB 1.0/CIFS 文件共享支持"，打钩，点击"确定"，重启电脑，如图 3-50 所示。

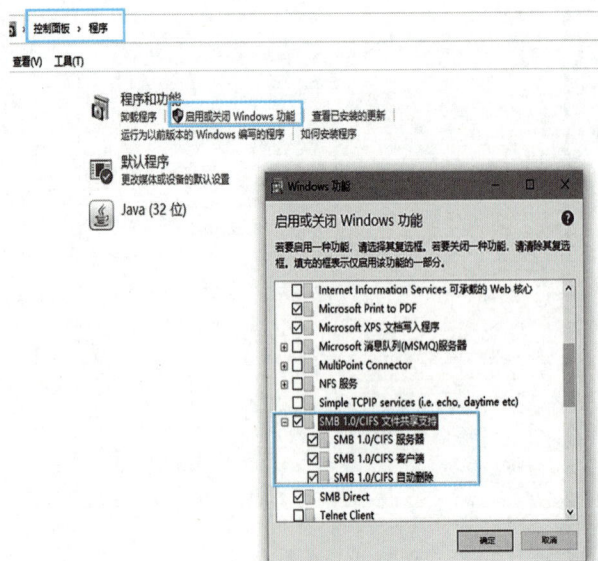

图 3-50 启用 SMB 1.0

2. 设置共享网络

"控制面板"→"网络和 Internet"→"网络和共享中心"→"高级共享设置"（启用文件共享），参考图 3-51 所示界面修改，保存更改即可。

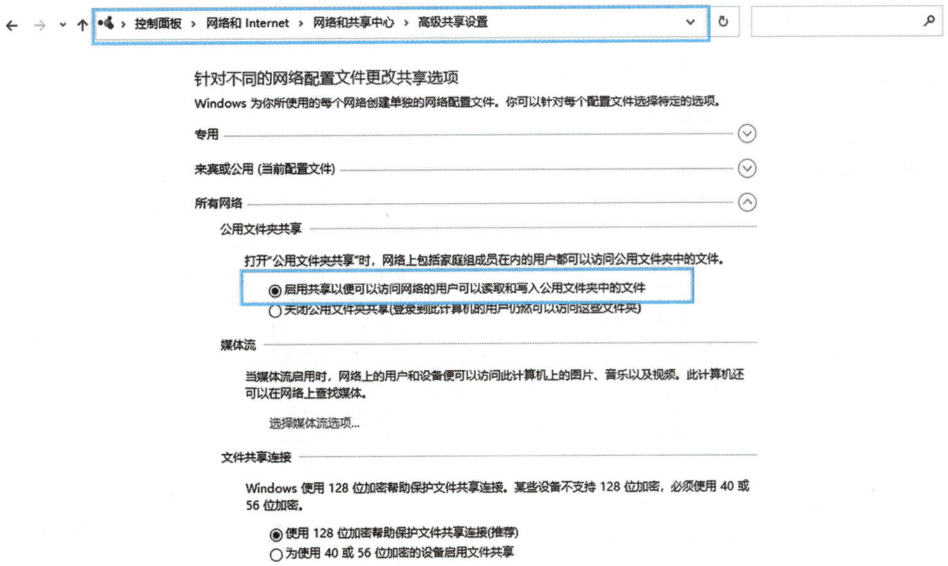

图 3-51　共享网络设置

3. 设置磁盘共享

打开电脑，选择你要共享的磁盘（就是当前 CC 项目的盘符），点击鼠标右键→"属性"→"共享"→"高级共享设置"→"权限"→"添加 everyone 用户"，并打钩所有权限，最后点击"应用"→点击"确定"，如图 3-52 所示。

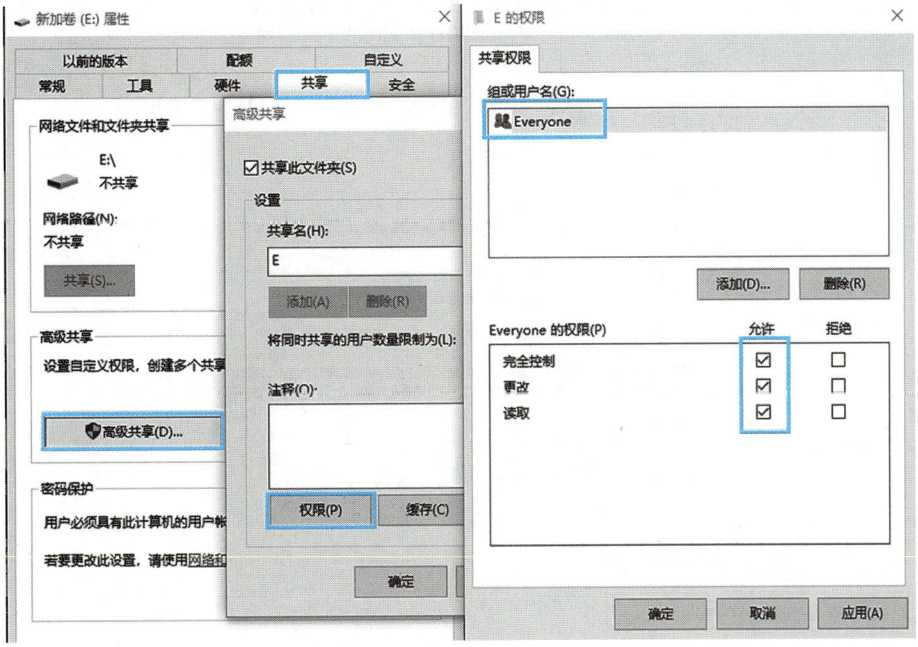

图 3-52　共享磁盘设置

共享文件的密码保护设置：共享文件夹后，其他机器访问时仍需要密码，可通过图 3-53 所示方式修改。

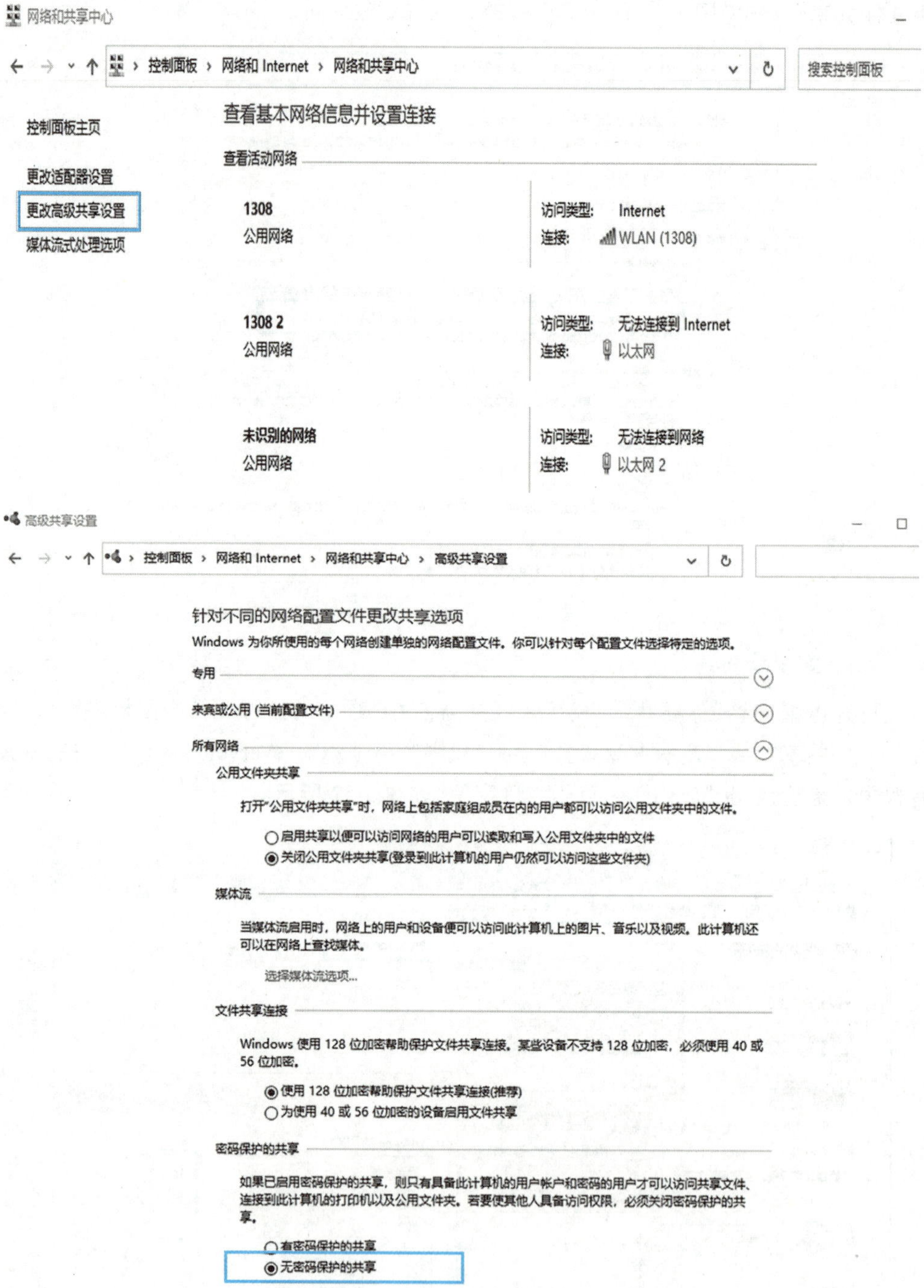

图 3-53　共享文件密码设置

4. 工程设置

（1）照片路径设置。

设置照片路径时，一定要导入共享路径下的照片，保证照片来自网络路径。导入网络路径照片设置如图 3-54 所示。

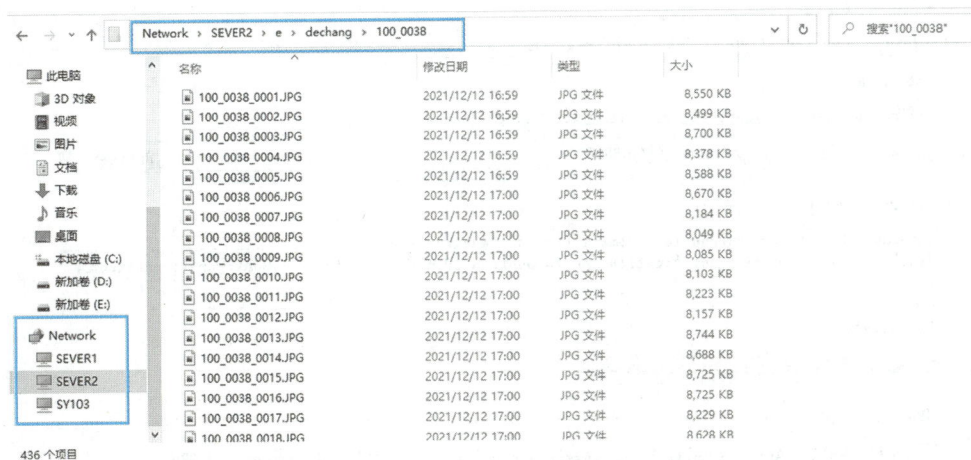

图 3-54　照片网络路径设置

（2）使用工程发布新建和设置工程，以及发布任务（Jobs）。

工程设置路径必须保证为网络路径，同时该界面上任务发布位置也需要设置网络路径，确保下一步 CCseting 设置中的路径与该项设置中任务发布位置路径相同，如图 3-55 所示。

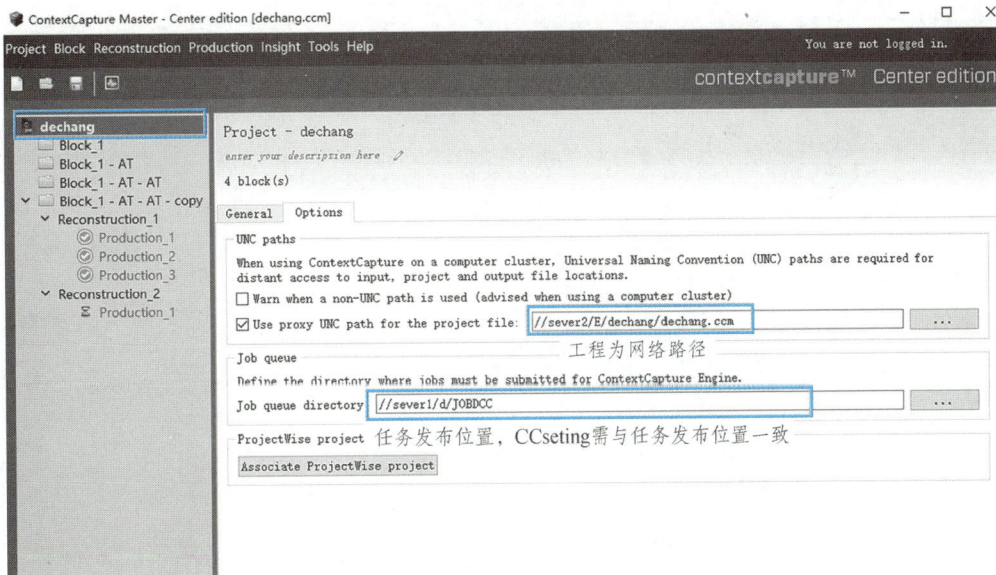

图 3-55　工程网络路径设置

（3）各节点机器中通过 CCSeting 设置本机执行任务（Jobs）的位置，然后开启各节点的机器将根据此路径接收并执行任务，所有该路径必须与工程中任务发布位置路径相同，如图 3-56 所示。

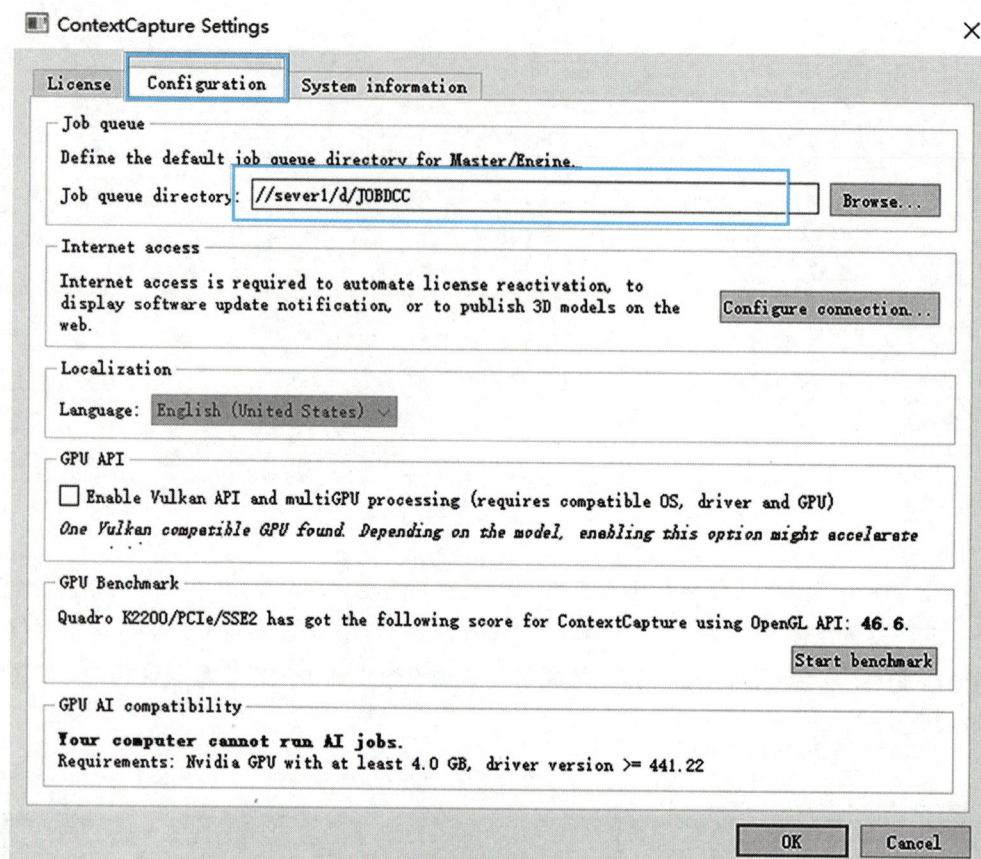

图 3-56　CCSeting 网络路径设置

3.5　提高空三成功率及模型效果

3.5.1　提升空三成功率方法

1. 软件版本的选择

不同版本的空三成功率排序为 4.0 > 4.2 > 4.4.0 > 4.1 > 4.3，4.4.6 以后版本在空三中引入了集群处理方式，但初步测试效果弱于 4.4.0，其优点是新版本速度快。

2. 修改空三参数

（1）空三参数设置中，关于"Component construction mode"参数的应用，"One-pass"和"Multi-pass"具有不同的空三效果，如图 3-57 ~ 图 3-59 所示。该功能主要针对某些架次之间空三不好和部分照片未入网的情况。

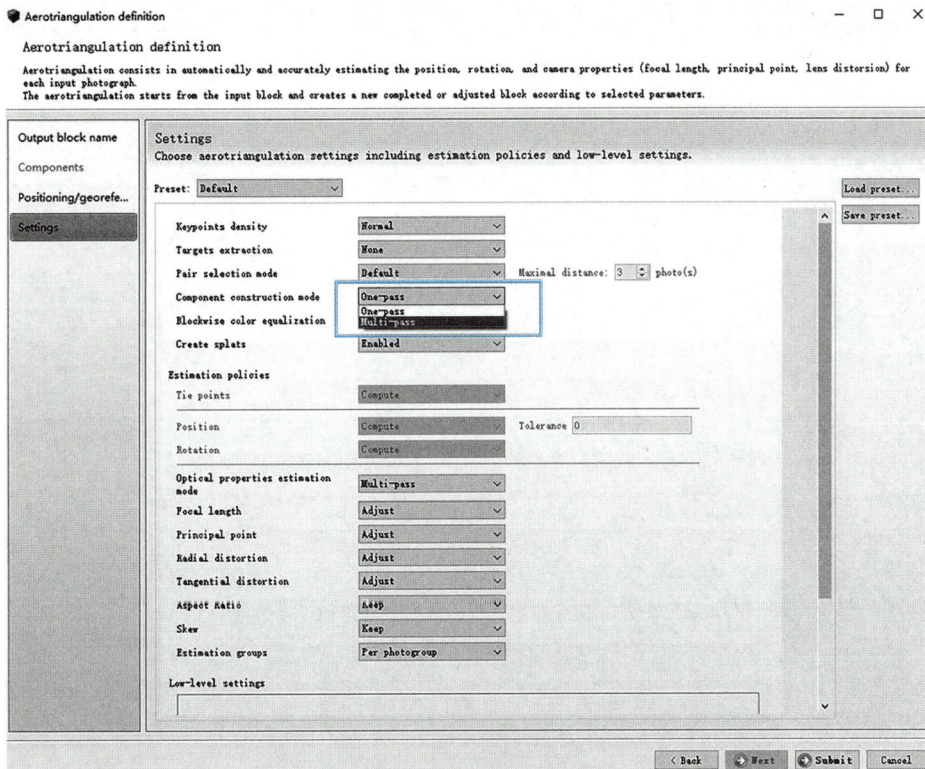

图 3-57　空三参数详细设置

图 3-58 使用"One-pass"进行空三后的结果

图 3-59 使用"Multi-pass"进行空三后的结果

（2）导入相机参数：不同款式、类型的相机具有不同的镜头参数，为确保空三的稳定性和成功率，应为每组照片分别导入相机检校参数，如图 3-60 所示。如果已经进行过相机检校，则直接输入或导入相机参数；如果已经进行过空三，则可以导入软件子检校的相机参数，此法在无相机检校参数空三失败时有效，最好在空三前导入相机参数，而后也可以导出空三结果良好架次的相机检校参数用于其他架次。

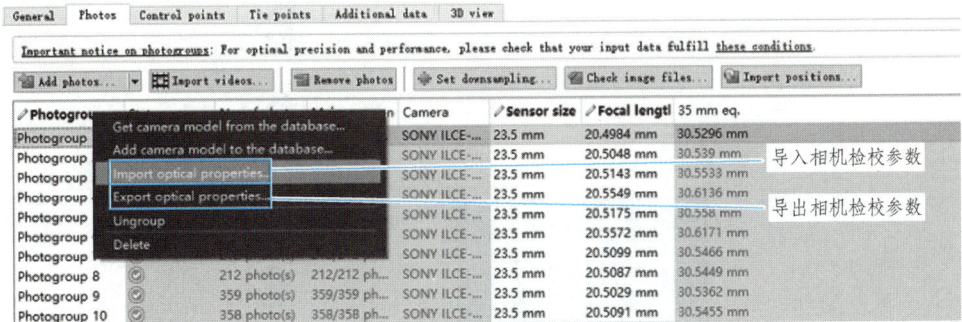

图 3-60　导入导出相机参数

（3）修改位置和姿态参数：修改位置和姿态参数通常对空三效果不好，或空三结果分层现象突出具有较好的效果。在 4.3 以后的版本中，如果空三结果不好，则可在已有空三结果的基础上将图 3-61 中两个参数设置为"Compute"，然后再次提交空三。

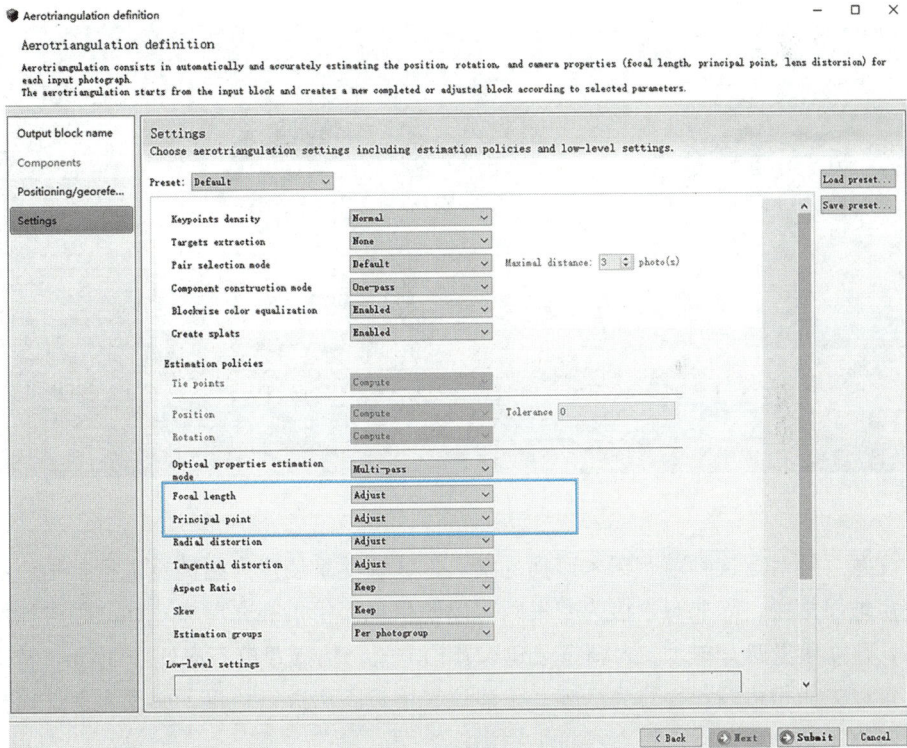

图 3-61　修改位置和姿态参数

3.5.2　模型效果提升

1. 改进拍摄方式

建议在采用空中+地面拍摄的方式建模时，在使用地面照片拍照的上方使用大疆精灵补充拍摄一层镜头倾斜。具体拍摄方式如图 3-62 所示。如果条件允许，建议使用多层渐近拍摄方式拍照，如图 3-63 所示。

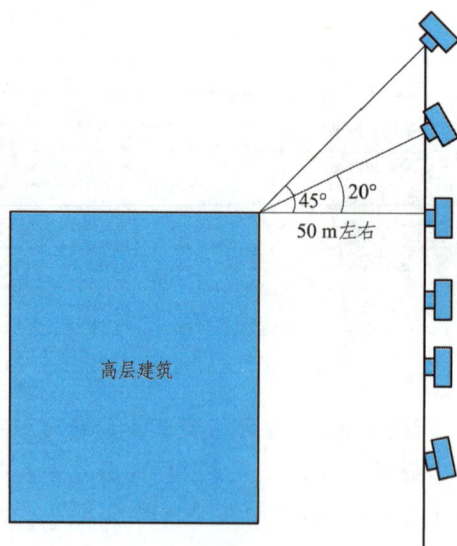

图 3-62 精灵补充倾斜拍照

图 3-63 多层渐近拍摄

注意：针对建筑物前有树木遮挡的情况，建议尽量使用大疆精灵进行补拍，不建议使用地面拍摄，除非树木极为密集则可以使用地面相机补充屋檐；如必须进行地面补拍，则需尽量避开树木。大疆精灵建议补拍方式：拍摄距离不应低于 30 m，特殊情况下可以先让相机倾斜得较为厉害，不建议直接近距离进行拍摄，必须先保证精灵将屋顶和侧面完全覆盖以后再考虑拉近拍摄。

2. 调整航片

如果利用原始航片进行建模得到的三维模型效果一直不佳，则可以在建模之前对原片进行调整，可使建模后获得的模型效果得到部分提升。以下为使用到的一些参数。

使用 Camera Raw 工具（快捷键 Ctrl+Shift+A）下"fx"选项卡中的去雾工具对照片进行去雾，调整对比度，其特点是去雾效果很好；然后再使用阴影/高光（图像→调整→阴影/高光）可以加亮暗部，压缩亮部。

初步形成的经验参数见表 3-1。使用 Camera Raw 调整效果对比如图 3-64 所示。

081

表 3-1 初步形成的经验参数

项目	不严重	严重
去雾	30%～50%	70%～80%
锐化	15～20	
对比度	15～25	
清晰度	15～25	
色温	5～10	
色调	-5～-15	

图 3-64 使用 Camera Raw 调整效果对比

3. 建模参数

（1）几何精度参数（图 3-65）。

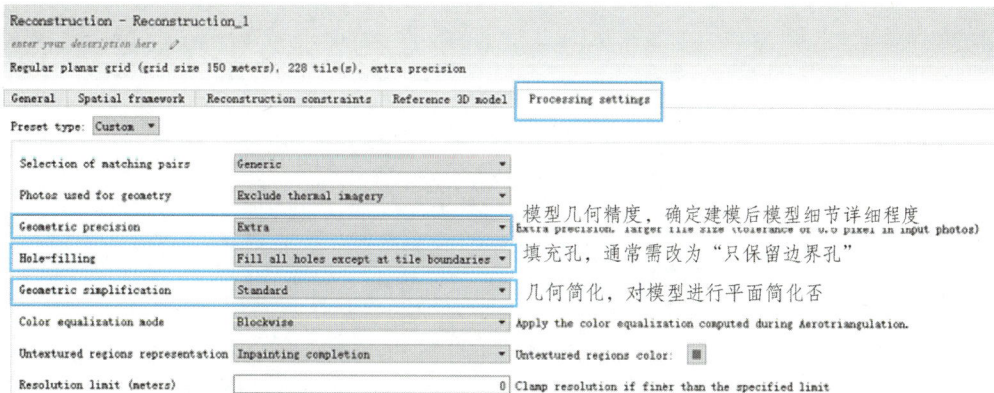

图 3-65 设置几何精度参数

在建模过程中对"Procesing settings"进行几何精度设置，不同的几何精度设置有着不同的模型效果：

Extra/High：模型细节好，数据量大（4 倍左右），建模时间长（2 倍以上），建议大型或超大型项目使用；

Middle：模型细节差，数据量小，建模时间短，建议中小型项目使用。

（2）补洞参数。

Fill all holes except at tile boundries：每个瓦片模型除了边缘的孔外，没有内部孔。

Fill small holes only：每个瓦片模型中出来极小的孔被软件自动填充后，会留下部分孔。

（3）平面简化参数。

在 Reconstruction 参数设置中，将最后一个选项卡"Processing settings"中的"Geometric simplification"的参数设置为"Planer"，表示对生成的模型进行平面简化。此参数使路面更平（但造成阶梯路面）、建筑物形成直角，但是同时又导致模型的三角面比较破碎，对某些模型会严重降低显示效果。因此慎用该参数，使用时建议小于默认参数。

（4）修改模型和纹理。

导入三维模型或者 KML 文件，或使用三维 OBJ 模型，导入约束后选择更新模型即可。如果是 KML 注意导入路径必须为英文路径，且该 KML 文件中的多边形的每个节点必须有高程。

3.6 利用 CC Viewer 查看 osgb 数据

CC Viewer 数据浏览软件是 CC 软件自带的一款软件，它主要用于 osgb 数据格式模型的浏览，下面简要介绍该软件的操作流程。

首先提交一个.s3c 格式的模型。注意：不用执行，只需要利用其生成的.s3c 索引文件即可，如图 3-66 和图 3-67 所示。

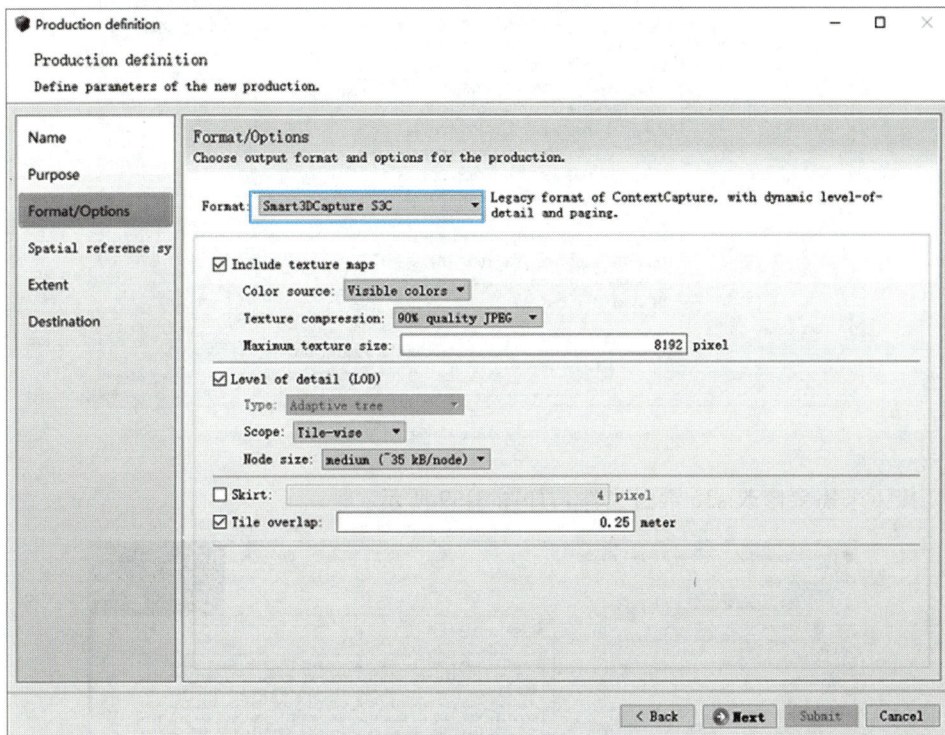

图 3-66　选择.s3c 格式模型并提交产品

图 3-67　生成的.s3c 索引文件

然后通过 CC 软件自带的 CC_S3CComposer 工具（软件安装目录下）打开.s3c 索引文件。

注意：如果打开失败，则将该索引文件复制到桌面，然后再打开。

打开后的窗口显示如图 3-68 所示。

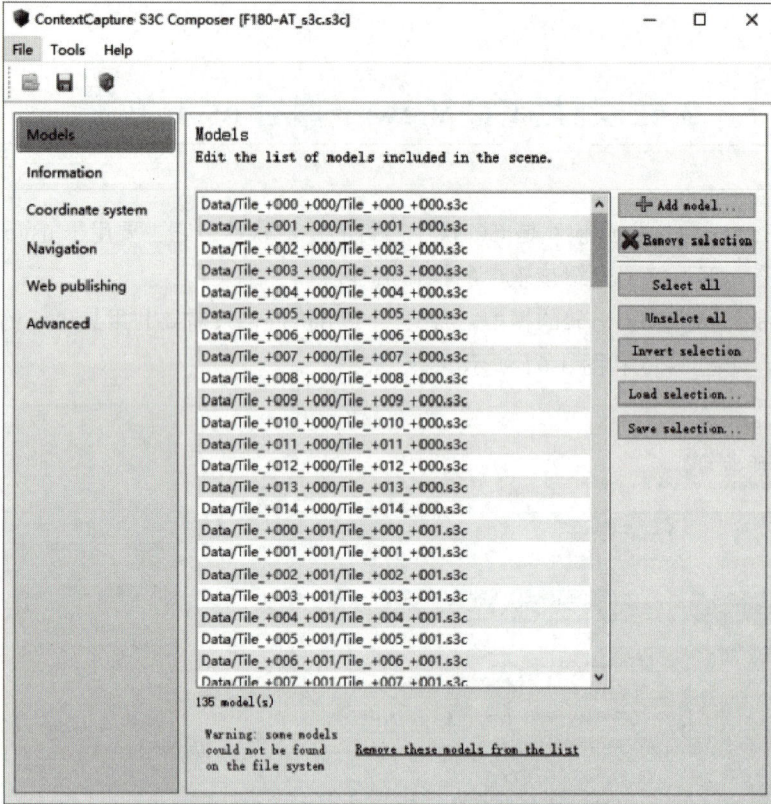

图 3-68　打开.s3c 索引文件

接下来需要修改.s3c 索引文件，如图 3-69 所示。

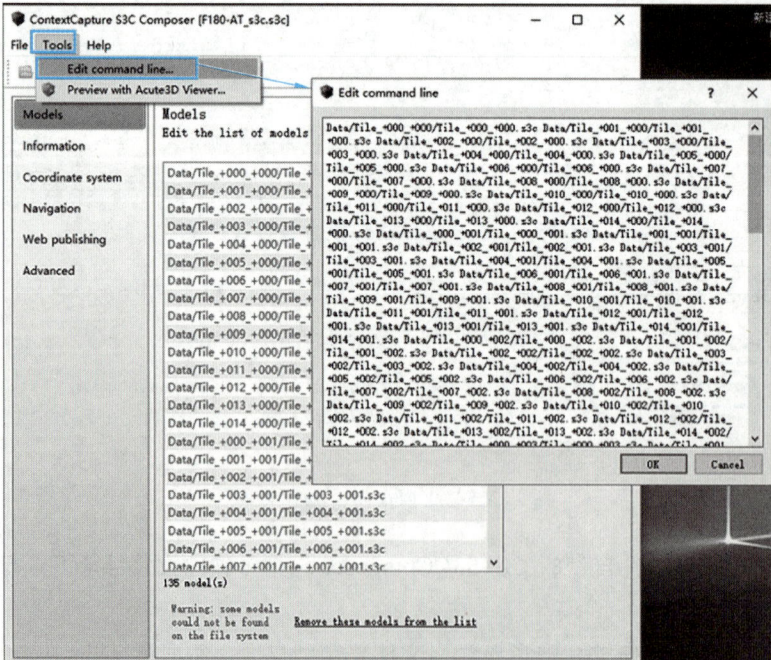

图 3-69　打开的"Edit command line"面板

将图 3-69 中打开的"Edit command line"面板中的内容复制到 .txt 文档中（在桌面上新建一个 .txt 文档），操作如图 3-70 所示。

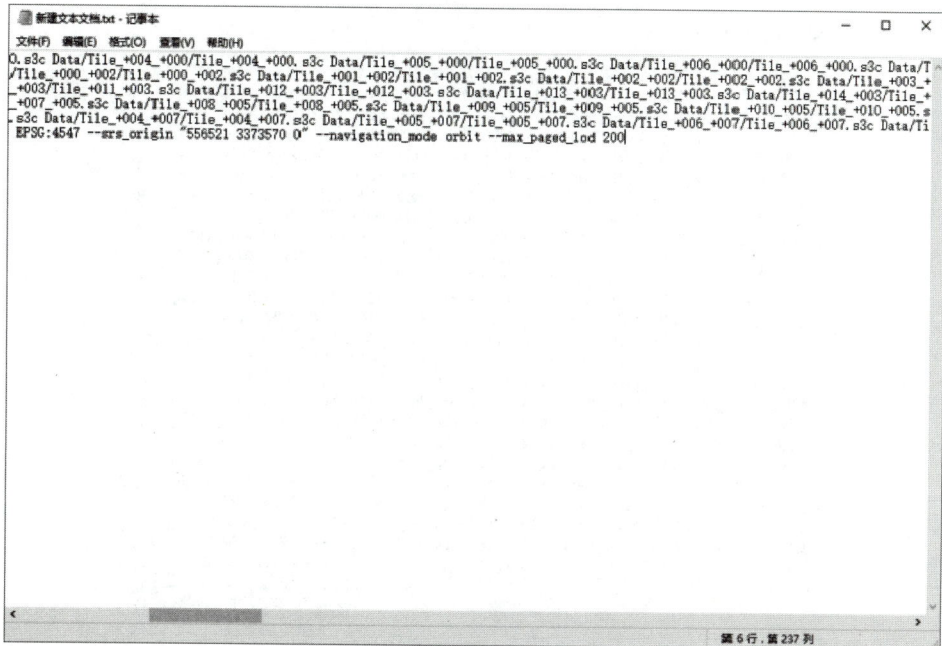

图 3-70　将内容复制到 txt 文档

将 .txt 文档中的".s3c"全部替换为".osgb"，如图 3-71 所示。

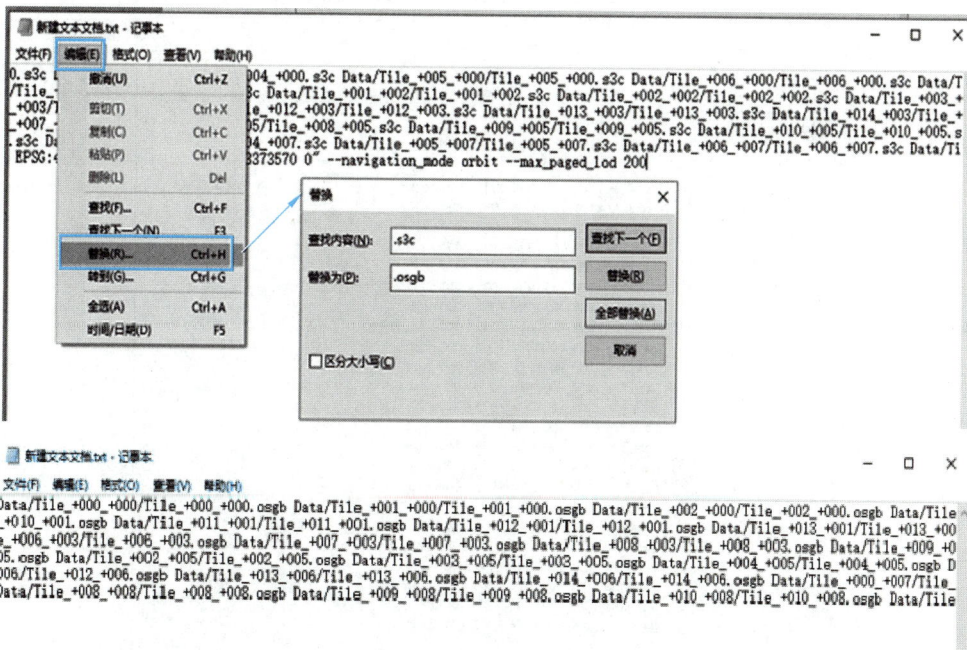

图 3-71　在文档中进行格式替换

注意：此处的索引是包含"Data"路径的，如果想联合多个 osgb 模型，也可以改变文件夹名称，前提是这几个 osgb 模型的坐标原点是一致的。

接下来将替换了".s3c"的文档内容全部复制到前面的"Edit command line"中，如图 3-72 所示。

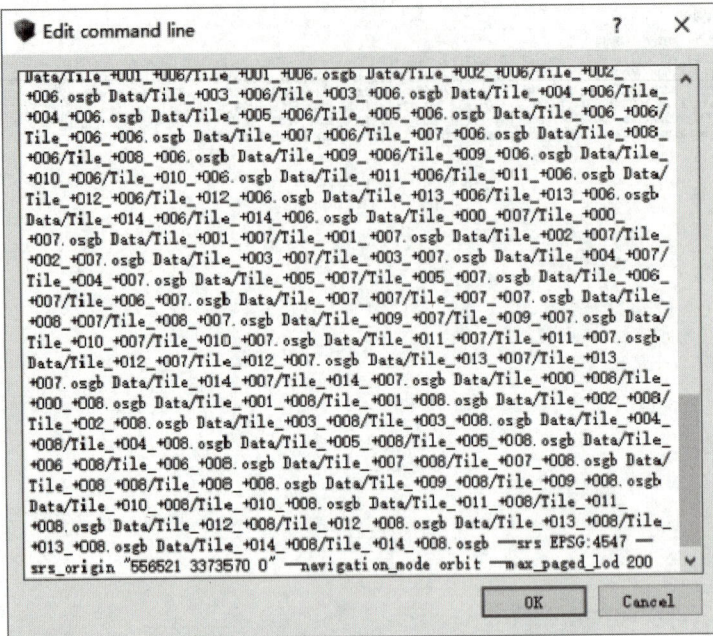

图 3-72　复制文档内容至"Edit command line"

替换修改后的.s3c 索引文件，如图 3-73 所示。

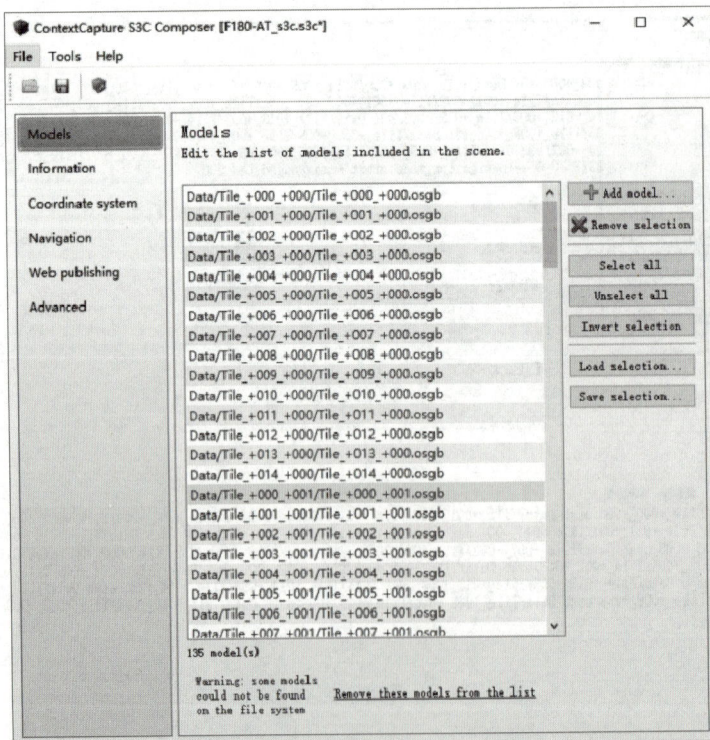

图 3-73　替换修改好的索引文件

保存修改后的.s3c 索引文件，如图 3-74 所示。

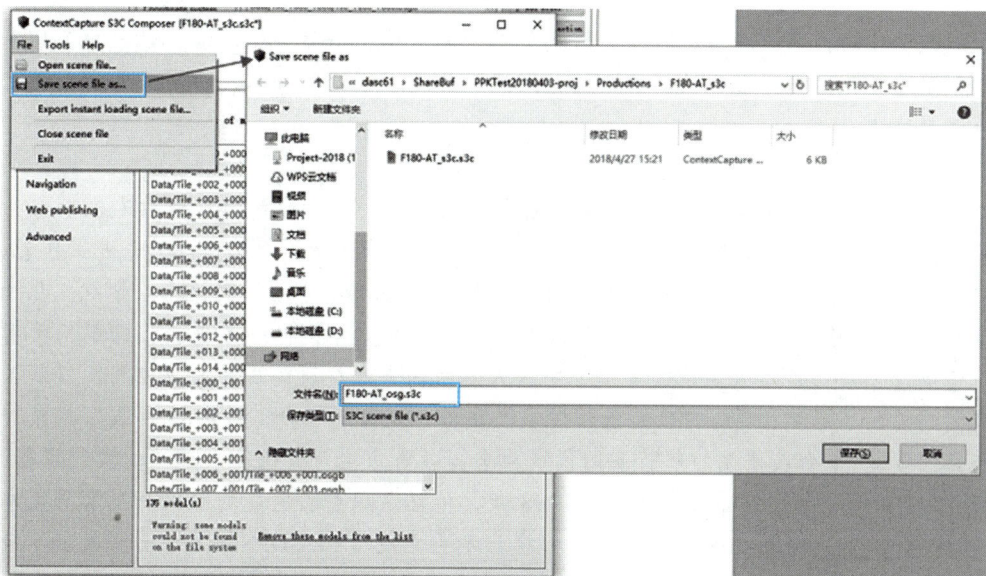

图 3-74　保存修改后的索引文件

　　最后将保存修改后的.s3c 索引文件复制到 osgb 模型所在位置，然后双击打开，即可浏览 osgb 格式的三维模型数据了。

【知识与技能训练】

1. 三维模型常应用于哪些领域？现代社会中它的优势是什么？
2. 传统的三维建模技术包括哪些？
3. 基于 CC 的倾斜摄影测量建模操作前期阶段需要做哪些数据准备？
4. 使用 CC 软件的倾斜摄影测量建模过程中怎样设置空三参数和生产模型参数？
5. 使用 CC 软件生产出的 osgb 格式模型怎样运用 CCViewer 查看？
6. 怎样设置计算机集群处理？
7. 提高模型质量的常规方法有哪些？

【思政课堂】

教学目的：通过对中国测绘界刘先林院士的认识，培养学生严谨、勤劳的工作态度和团结协作、爱岗敬业的职业道德，激励学生追求测绘新技术、不断探索创新研究的学习热情。

刘先林（1939-04-19—   ）摄影测量与遥感专家、享受政府特殊津贴专家、第六届全国人民代表大会代表、中国共产党第十四次全国代表大会代表、全国先进工作者、中国测绘科学研究院名誉院长，河北省无极县人，1962 年毕业于武汉测绘学院。几十年来，刘先林院士致力于摄影测量和航测仪器的研究工作：1963 年他提出的解析辐射三角测量方法，是写入规范的第一个中国人发明的方法；研制成功的数控测图仪获国家测绘总局一等奖；研制成功的正射投影仪及与之配套的程序，获 1985 年国家科技进步奖三等奖；他牵头研制的解析测图仪成为全国各省市生产大比例尺地图的主流仪器，获 1992 年国家科技进步奖一等奖；1998 年，他任课题组长完成的国家高技术研究发展计划（863 计划）-308 项目"全数字摄影测量系统 JX4A-DPS"通过国家鉴定，销往全国并出口国外，获 2001 年国家科技进步一等奖。以上科研成果均已产生了很大的经济和社会效益，为我国的航测事业做出了突出贡献。作为漫漫科研路上坚韧不拔的领跑者，刘先林把投身测绘科研比作是"进入了地狱的大门"，是"寻找到一条走出地狱的道路"。在许多人因此胆怯犹豫时，正是他本人最能吃苦、最能坚持之时。他长年累月奋战在测绘科研第一线，最终取得了一系列重大科研成果，写下了令人称羡的辉煌。

他特别注重加快科研成果的产业化进程。他坚持自主创新，更对发明成果的推广应用孜孜以求，由此不但结束了中国先进测绘仪器全部依赖进口的历史，产品还出口多个国家，为中国测绘行业实现从传统技术体系向数字化技术体系转变发挥了重要作用。求真务实的科学精神总与超凡脱俗的人格魅力相随，当刘先林舍弃了很多一般人难以舍弃的东西、创造出中国测绘界一个又一个奇迹时，他的甘于寂寞、不求闻达的品行，无疑是对急功近利的浮躁不实之风的莫大嘲讽。

他心系祖国、自觉奉献。曾有相当长一段时期，国外精密航空测量仪器在中国市场上"一统天下"。刘先林怀抱科学强国梦想，40 多年如一日地投身航空测量仪器的研制。刘先林从进口产品那里夺回了一片又一片市场，终于结束了中国先进测绘仪器高度依赖进口的历史，为经济社会可持续发展和保障国家经济安全做出了重大贡献。

他求真务实、勇于创新。测绘行业的技术日新月异，有人甚至用 10 年建一个新品博物馆来形容其技术更新速度之快。刘先林紧密结合测绘生产实际，坚定地走自主创新道路。他用很少的经费，取得了一系列重大科研成果，多项成果填补了国内空白，大大加快了中国传统测绘技术向数字化测绘技术体系的转变，有效地提高了中国测绘行业的技术装备水平。

他不畏艰险、勇攀高峰。刘先林曾两次荣获国家科技进步奖一等奖。在科研的道路上，刘先林经历了一个又一个不知疲惫、高速运转的日子，促使中国测绘科学技术跻身国际先进行列。

他团结协作、淡泊名利。刘先林像一块磁石，以虚怀若谷的人格魅力凝聚起一个坚如磐石的创新团队。

项目 4　DSM、DOM、DEM 数据生产

【项目描述】

本项目以 Pix 4D 和 CC 两款软件作为演示软件，分别对 DSM、DOM 和 DEM 的数据生产进行了详细的讲解，细化到操作的每一个步骤，从软件的"新建项目"开始，到像控点刺点，再到参数的具体设置，都进行图片、视频的展示。

【教学目标】

1. 知识目标

（1）了解 DSM、DOM 和 DEM 的生产流程。

（2）了解数据生产过程中对应参数的设置。

（3）了解 DSM、DOM 和 DEM 生产的对应软件。

2. 技能目标

（1）掌握 DSM、DOM 和 DEM 数据生产的软件操作。

（2）掌握不同数据的具体参数设置。

3. 思政目标

（1）培养学生严谨求真的工匠精神。

（2）培养学生爱岗敬业的职业道德。

（3）让学生感受到"细节决定成败"的工作真理。

4.1 DSM 和 DOM 数据生产

DSM 是在 DEM 的基础上，进一步涵盖了除地面以外的其他地表信息的模型；而 DOM 是最直观的可视化影像。因为 DEM 需要额外的人工编辑，所以在许多生产软件中，只能实现 DSM、DOM 的自动化生产，下面将先介绍 DOM 和 DSM 的自动化生产。

4.1.1 Pix 4D 生产 DOM 和 DSM

4.1.1.1 新建项目

DSM、DOM 生产
（Pix 4D）——数据导入

（1）新建一个项目，选择合适的保存路径存放项目，因为项目处理的结果是存放在此项目路径当中的，如图 4-1 所示。

图 4-1 新建项目

（2）选择图像。在此界面加载航摄影像，点击"添加图像"，全选加载项目所包括的全部航摄图片，如图 4-2 所示。

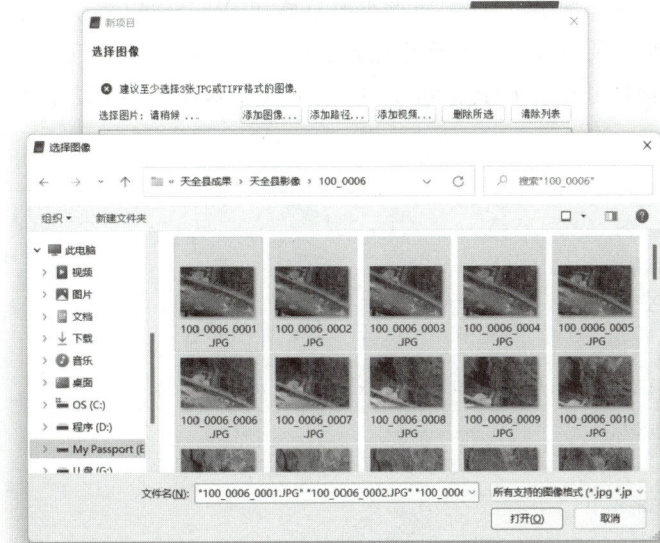

图 4-2　选择图像

（3）设置图片属性。图片属性中会显示图像地理位置和相机型号。图像的地理位置是从图像、POS 文件的地理位置信息中提取的，一般为 WGS-84 坐标。在相机型号选项中，需要选择对应相机的型号，通常软件会自动识别影像相机模型，若默认相机型号中没有相应的型号，则需要新建相机型号，并编辑相机参数，例如传感器尺寸、焦距、畸变等等。图 4-3 所示为大疆精灵 4 RTK 的设置参数。

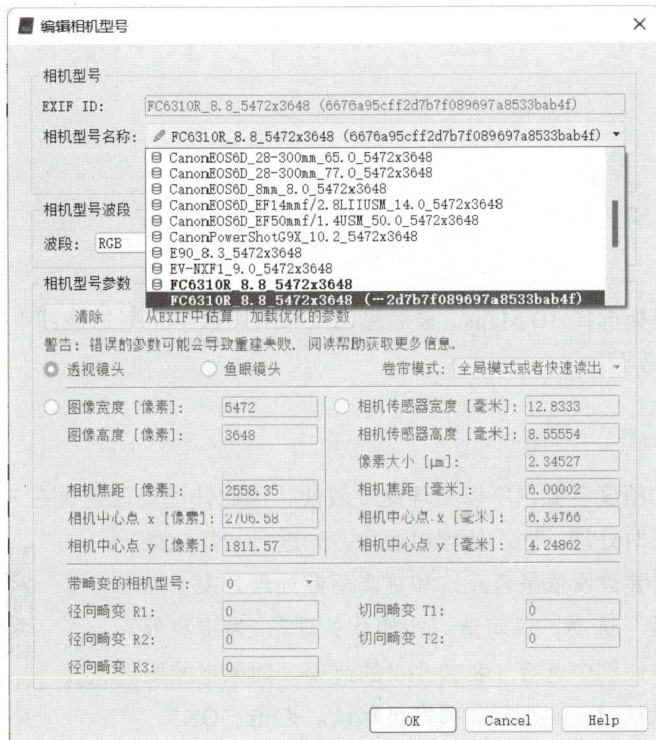

图 4-3　设置图片属性

（4）进入"选择输出坐标系"，此处默认输出 WGS-84 坐标，若需要最后成果为其他坐标系，则需要选择已知坐标或任意坐标，图 4-4 所示为 CGCS2000 3°带坐标系东经 102°，所以在此选择 CGCS2000 / 3-degree Gauss-Kruger CM 102E。

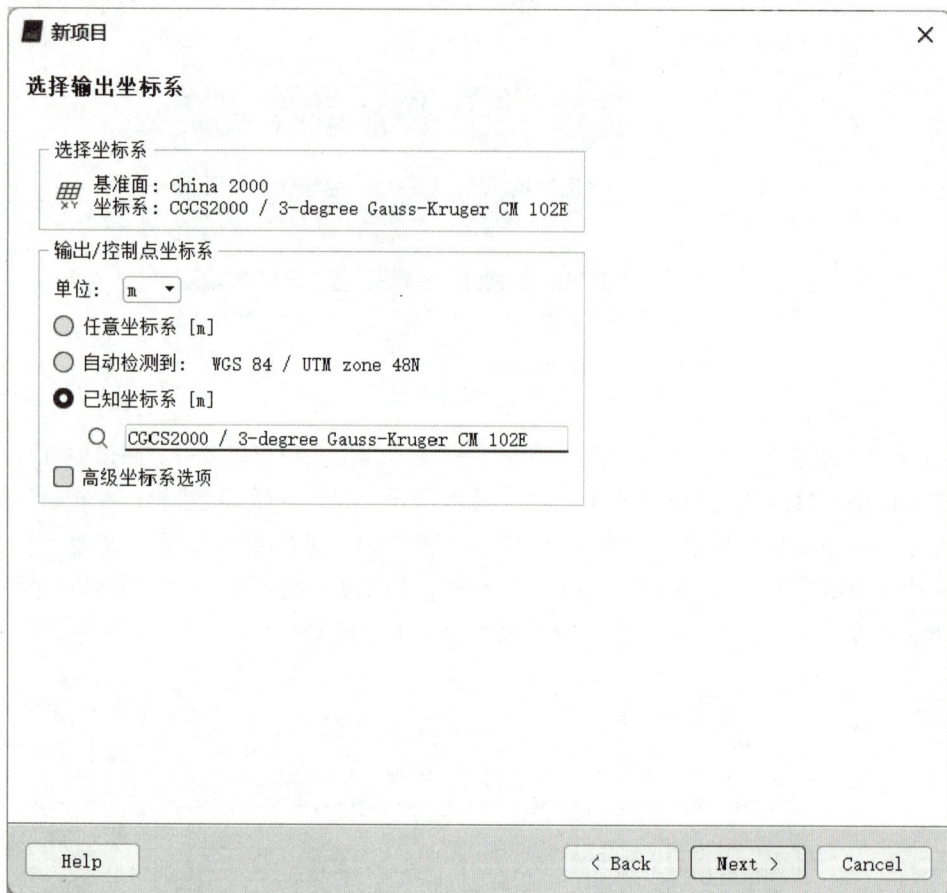

图 4-4　选择输出坐标

（5）处理模板选择 3D Maps。最后输出成果有：数字正射影像图（DOM）、DSM、3D 纹理和点云数据。

4.1.1.2　快速初始化处理

快速处理的精度较低，所以处理速度较快，因此快速处理建议在飞行现场进行，方便发现问题及时处理。进入处理界面后，先进行初始化处理，以检查处理参数设置是否正确和提高后期处理速度。点击左下角"处理"选项，仅勾选"初始化处理"，为提高处理速度，在图像比例中选择 1/8 或 1/4 的选项，如果电脑配置充足，也可默认 1/2，其余选项均可默认。点击"OK"，再点击主界面"开始"，进行处理，如图 4-5 所示。

DSM、DOM 生产（Pix 4D）
——初始化快速处理

图 4-5　快速初始化处理

　　在快速处理后，软件会生成精度报告，在报告中可查看影像的使用情况以及图像的点位精度。质量报告(图 4-6)中主要检查两个问题：Dataset 以及 Camera optimization quality。

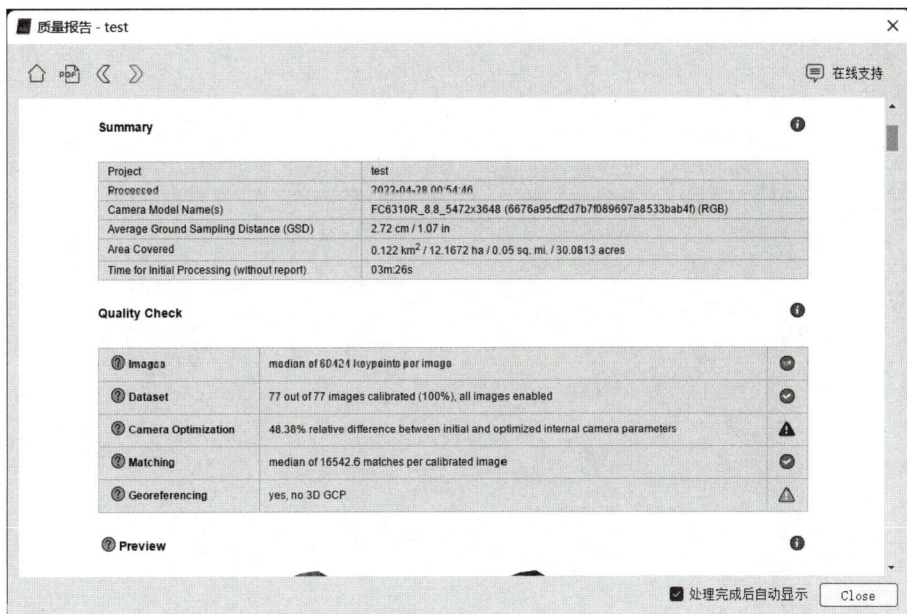

图 4-6　质量报告

Dataset（数据集）：在快速处理过程中所有的影像都会进行匹配，这里需要确定大部分或者所有的影像都进行了匹配。如果没有就表明飞行时像片间的重叠度不够或者像片质量太差。

Camera optimization quality（相机参数优化质量）：最初的相机焦距和计算得到的相机焦距相差不能超过 5%，否则会显示最初选择的相机模型有误，应重新设置。

若报告中存在超出限制值时，会出现红色感叹号，则此时需要对相机参数进行调整。在项目选项中的图像属性编辑器中，对相机参数进行调整，在相机型号下方点击"编辑"，在相机型号参数中选择加载优化的参数，然后点击"OK"保存，如图 4-7 所示。

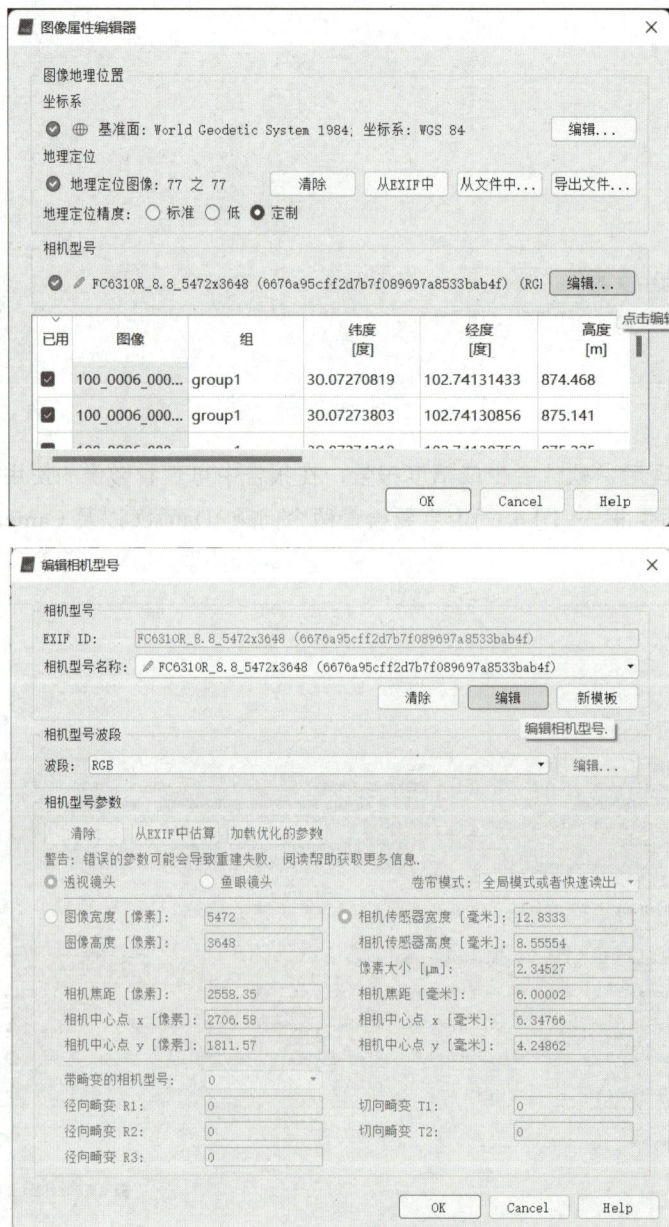

图 4-7　图像属性编辑器

若进行了相机参数的修改，则再进行一次快速初始化处理，直到质量报告中所有选项通过。

4.1.1.3　添加像控点

控制点必须在测区范围内合理分布，通常在测区四周以及中间都要有控制点。要完成模型的重建至少要有 3 个控制点。通常 100 张像片需要 6 个控制点左右，更多的控制点对精度也不会有明显的提升（在高程变化大的地方更多的控制点可以提高高程精度）。控制点不要选在太靠近测区边缘的位置，最好能够在 5 张影像上能同时找到（至少要两张）。

DSM、DOM 生产（Pix 4D）
——导入控制点

打开左上角 ⊕ GCP/MTP 管理界面，查看控制点坐标系是否正确，点击"导入控制点"，选择需要输入的坐标点格式，点击"浏览"进入文件选择界面，如图 4-8 所示。

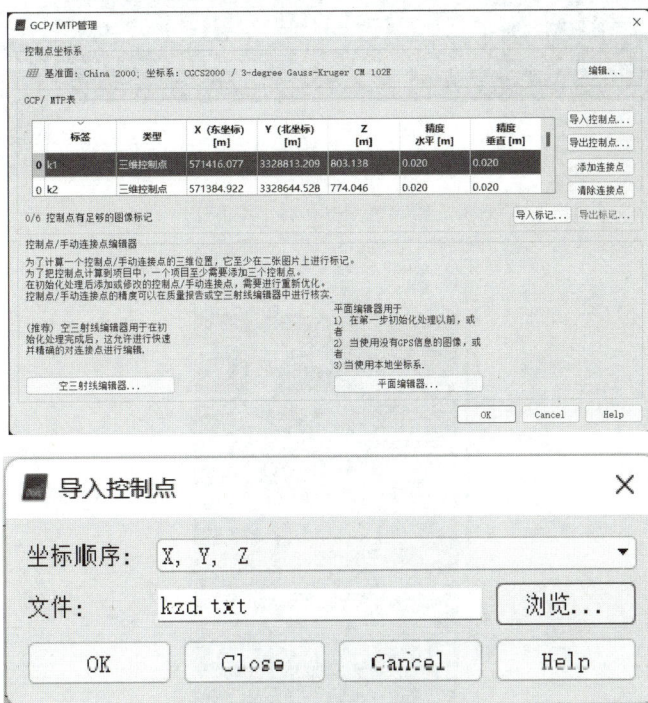

图 4-8　导入像控点

控制点文件需要按所选格式进行编辑，如图 4-9 所示。

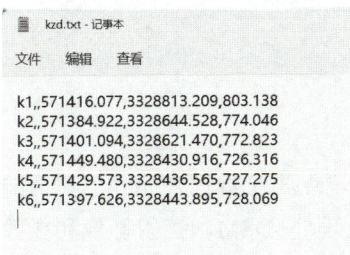

图 4-9　像控点文件格式

进行控制点的刺点：在左侧显示属性栏中，双击对应控制点，进行刺点。在右侧的上方是控制点的属性，在下方是刺点图像界面。在刺完 2 张以上的图像后，可选择"自动标记"，软件可对剩余图像进行自动刺点，自动标记完成后，再逐张进行检查和微调，最后点击"使用"，一个控制点的刺点就完成了，如图 4-10 所示。剩下的控制点按以上流程进行，直到所有控制点标记完成。

DSM、DOM 生产（ Pix 4D ）
——控制点刺点

图 4-10　像控点刺点

4.1.1.4　高精度处理

所有控制点标记完成后，点击主界面左下角"处理选项"，勾选"初始化处理""点云纹理""DSM，正射影像和指数"。

在"初始化处理"选项中选择"全面高精度处理"。

DSM、DOM 生产（ Pix 4D ）
——高精度处理

在"点云纹理"选项中，图像比例可选"1"，设置得越大生成的点越多，得到的细节越多，花的时间也越多。Multiscale 多重比例选上后会额外生成多的 3D 点，体现更多的细节；点云密度，越大越慢，越小越快；XYZ 是空间坐标文件，LAS 是 LiDAR 点云文件，LAZ 是 LAS 压缩文件。

在"DSM，正射影像和指数"选项中，可根据需要更改数字正射影像（DOM）的分辨率；使用点云平滑，一旦使用噪声过滤，那么根据点云会有一个表面生成，这个表面会有很多不正确的小疙瘩，使用点云平滑可以改善这些疙瘩。"GeoTiff"表示保存 DSM 为 GEOTIFF 文件；"合并瓦片"表示生成一个融合的大文件，没有选上的话生成的 DSM 是分块的；"谷歌地图瓦片"和"KML"这个选项表示生成 KML 文件和可以在 GoogleMaps 中显示生成的影像。点击"OK"保存设置，如图 4-11 所示。

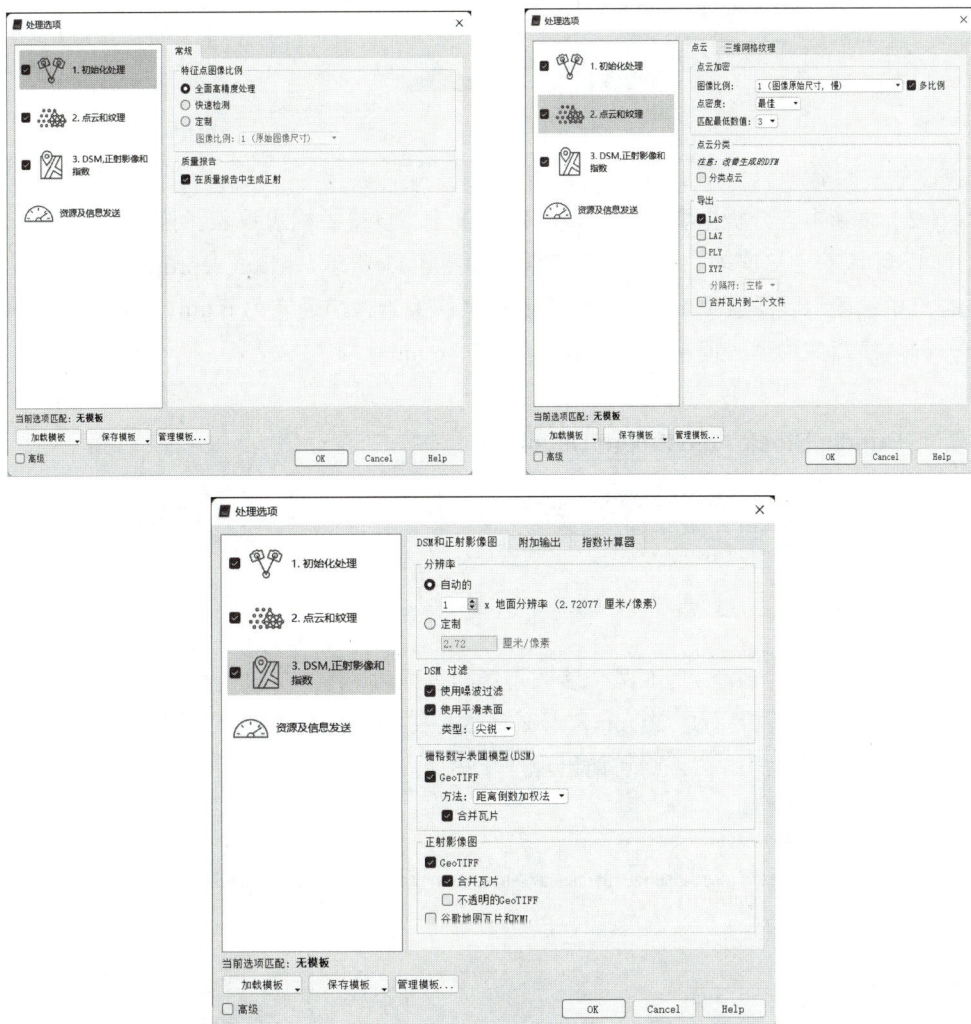

图 4-11　高精度处理

（1）点击"开始"，进行处理。过程中会生成"质量报告"，可查看相机参数、像片使用情况、控制点中误差等处理情况。超限的选项会有黄色或红色的感叹号提醒。质量报告中还可查看 DOM 与 DSM 预览图，如图 4-12 所示。

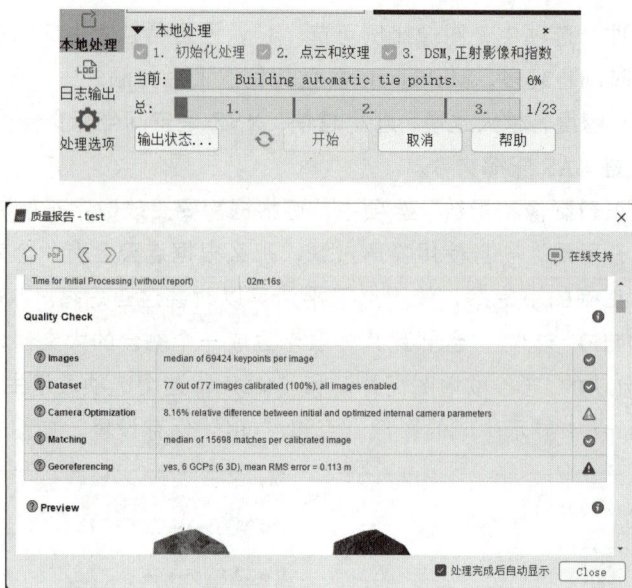

图 4-12　质量报告

（2）质量报告分析主要关注区域网空三误差、自检校相机误差、控制点误差。

① 区域网空三误差。区域网空三误差如图 4-13 所示，Mean reprojection error 就是空三中误差，以像素为单位。相机传感器上的像素大小通常为 6 μm，不同相机可能不一样。换算成物理长度单位就是 0.166 577×6 μm。

Bundle Block Adjustment Details

Number of 2D Keypoint Observations for Bundle Block Adjustment	1238136
Number of 3D Points for Bundle Block Adjustment	448954
Mean Reprojection Error [pixels]	0.234

图 4-13　空三误差

② 相机自检校误差。上下两个参数不能相差太大（例如在图 4-14 中，Focal Length 上面为 33.838 mm，下面是 20 mm，那么肯定是初始相机参数设置有问题）；R1、R2、R3 三个参数不能大于 1，否则可能出现严重扭曲。

Internal Camera Parameters

FC6310R_8.8_5472x3648 (6676a95cff2d7b7f089697a8533bab4f) (RGB). Sensor Dimensions: 12.833 [mm] x 8.556 [mm]

EXIF ID: FC6310R_8.8_5472x3648

	Focal Length	Principal Point x	Principal Point y	R1	R2	R3	T1	T2
Initial Values	3796.300 [pixel] 8.903 [mm]	2729.890 [pixel] 6.402 [mm]	1821.960 [pixel] 4.273 [mm]	0	0	0	0	0
Optimized Values	3486.361 [pixel] 8.176 [mm]	2723.334 [pixel] 6.387 [mm]	1817.227 [pixel] 4.262 [mm]	0	0	0	0	0
Uncertainties (Sigma)	3.854 [pixel] 0.009 [mm]	0.150 [pixel] 0.000 [mm]	0.120 [pixel] 0.000 [mm]					

图 4-14　相机自检

③ 控制点误差。Error X、Error Y、Error Z 为 3 个方向的误差，如图 4-15 所示。

Geolocation Details

Ground Control Points

GCP Name	Accuracy XY/Z [m]	Error X [m]	Error Y [m]	Error Z [m]	Projection Error [pixel]	Verified/Marked
k1 (3D)	0.020/0.020	0.007	-0.031	0.038	2.348	13/13
k2 (3D)	0.020/0.020	0.133	-0.050	-0.046	2.325	8/8
k3 (3D)	0.020/0.020	-0.086	0.152	-0.171	1.301	7/7
k4 (3D)	0.020/0.020	-0.017	0.096	-0.146	1.688	21/21
k5 (3D)	0.020/0.020	0.054	-0.154	0.304	0.329	21/21
k6 (3D)	0.020/0.020	0.033	-0.089	0.166	0.401	25/25
Mean [m]		0.020496	-0.012620	0.024205		
Sigma [m]		0.066924	0.105219	0.168778		
RMS Error [m]		0.069992	0.105973	0.170505		

Localisation accuracy per GCP and mean errors in the three coordinate directions. The last column counts the number of calibrated images where the GCP has been automatically verified vs. manually marked.

图 4-15　控制点误差

4.1.1.5　成果查看

在完成处理后，前往项目所在文件夹查看处理成果。在项目文件夹中，第一个文件夹为"初始处理"成果文件夹，第二个文件夹为点云成果文件夹，第三个文件夹为 DSM 和 DOM 文件夹，如图 4-16 所示。

此电脑 > 文档 > pix4d > test			
名称	修改日期	类型	大小
1_initial	2022/4/28 13:30	文件夹	
2_densification	2022/4/28 14:27	文件夹	
3_dsm_ortho	2022/4/28 14:28	文件夹	
temp	2022/4/28 15:17	文件夹	
test.log	2022/4/28 15:18	文本文档	1,248 KB

图 4-16　成果文件目录

（1）查看 DSM 和 DOM。打开 3_dsm_ortho 文件夹，里面第一个文件夹为 DSM 文件夹，第二个为 DOM 文件夹，其中的.tif、.twf 文件为成果文件，.prj 文件为工程文件，如图 4-17 所示。

此电脑 > 文档 > pix4d > test > 3_dsm_ortho			
名称	修改日期	类型	大小
1_dsm	2022/4/28 15:08	文件夹	
2_mosaic	2022/4/28 15:17	文件夹	
project_data	2022/4/28 14:28	文件夹	

图 4-17　DSM、DOM 文件夹

（2）查看 DOM、DSM。打开 globle mapper 软件，打开 DOM 与 DSM 的.tif 文件，即可查看成果数据，如图 4-18 和图 4-19 所示。

图 4-18　DOM 成果

图 4-19　DSM 成果

4.1.2　ContextCapture（CC）生产 DSM 和 DOM

CC 建模软件除了可以生成三维模型以外，还能够生产 DOM（数字正射影像图）和 DSM（数字表面模型）。这里值得注意的是：想要生成正射影像图和数字表面模型，必须先生成三维模型，然后基于三维模型生成正射影像图和数字表面模型；然而生成的成果是分块的，这与生成的三维模型是否分块处理无关，所以还需要对正射影像图和数字表面模型进行拼接，这里需要 ArcGIS 的镶嵌功能来帮助实现。

4.1.2.1 生成模型

因生成三维模型在项目 3 中有详细的介绍，所以本节介绍简要步骤及要点如下：

（1）导入照片。检查一下照片，检查结果无误后，在 3D view 中能看到分布正常。

（2）导入像控点。在"测量"中导入像控点，选择像控点文件格式，根据控制点文件的格式，选择逗号分隔符进行控制点的提取，并选择对应的坐标系名称。这里示例数据是 CGCS2000 坐标系，采用 3°带，中央经线为 102°，如图 4-20 所示。

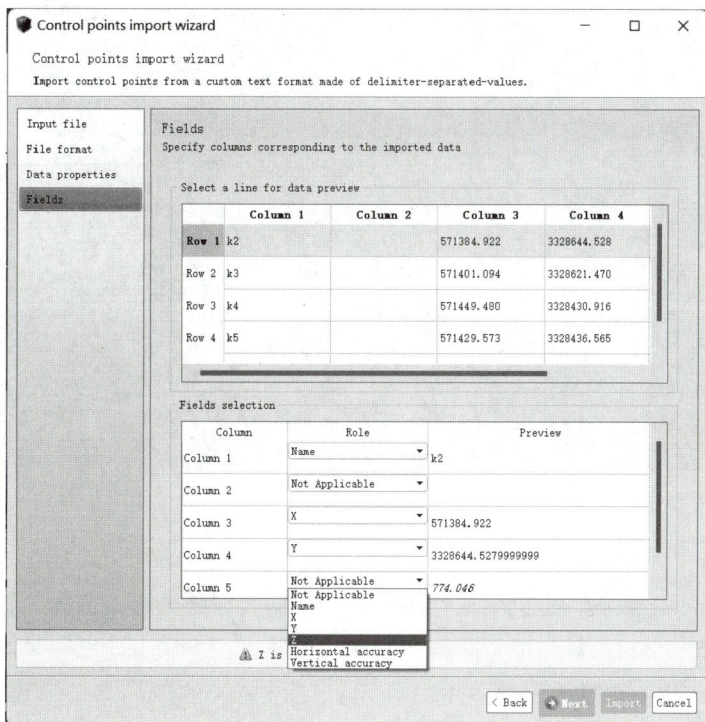

图 4-20　导入像控点

将对应的数据赋予正确的属性，点名：X、Y、Z。

对每一个控制点进行刺点，每张照片刺完点，点击 accept position，如图 4-21 所示。

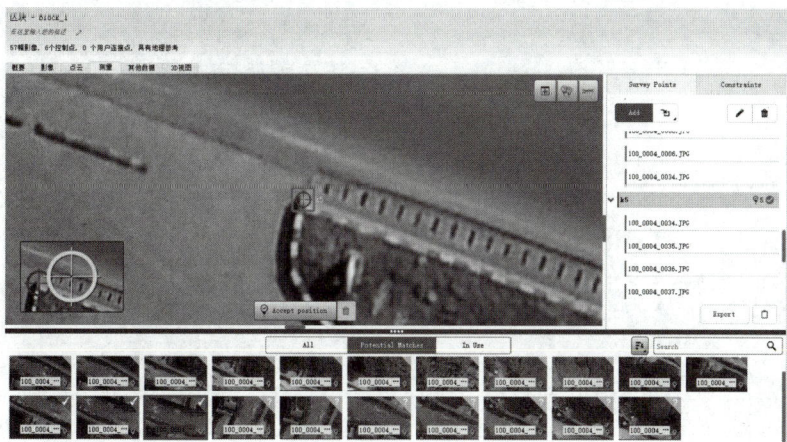

图 4-21　像控点刺点

（3）空三计算。像控点导入完毕后，提交空三运算。后面参数按照默认值，一键往下开始处理，打开 Engine，进行运算。

检查 3D view 中的照片与模型是否对应，是否有模型、像片位置错乱的情况，如图 4-22 所示。若有则应重新检查、计算。

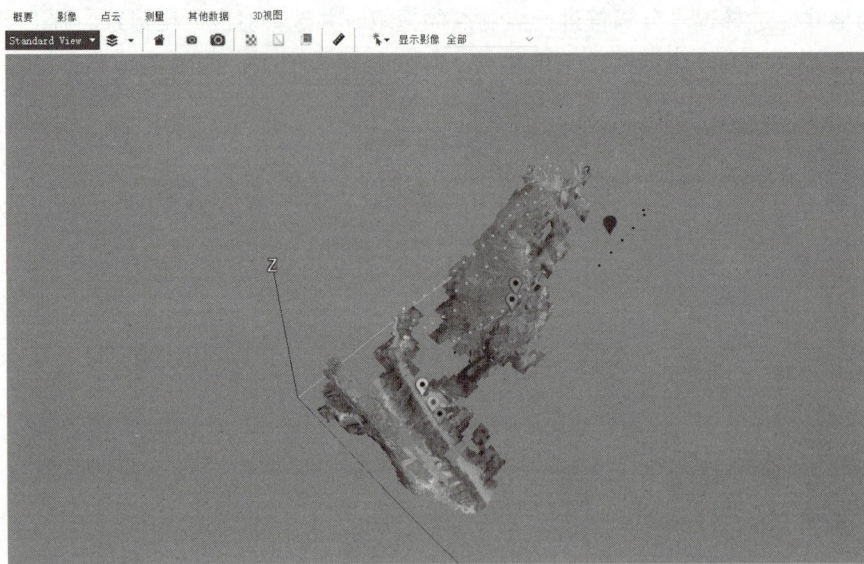

图 4-22　3D view

（4）生成三维模型。

回到 General 版块，提交生成产品，进行数据类型的选择。选择三维模型，格式可以随意选择一个，运算完成，三维模型成功生成。

3D viewer 中的预览画面如图 4-23 所示。

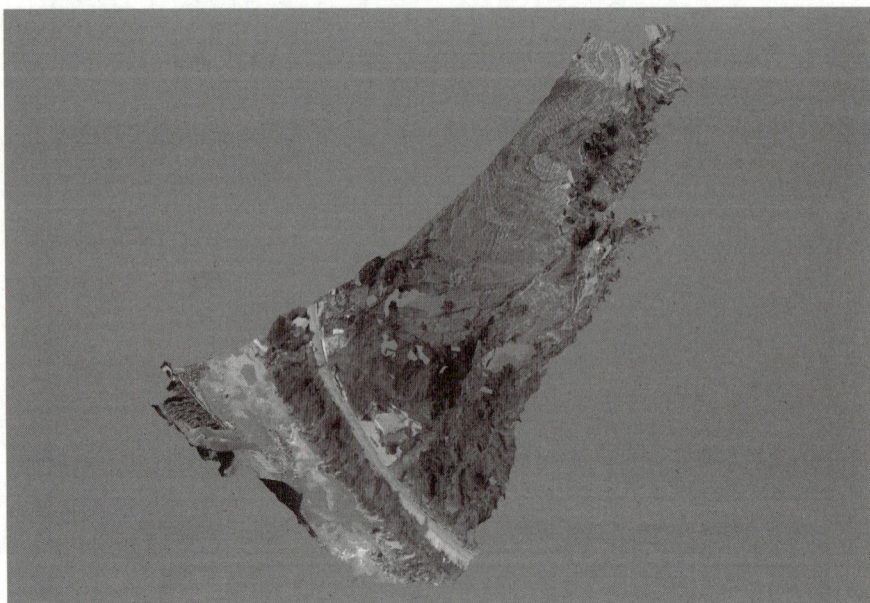

图 4-23　3D viewer 中的预览

4.1.2.2　生成正射影像图和 DSM

三维模型成功生成后，在重建区块再次提交生成产品，产品类型选择 Orthophoto/DSM，产品的格式选择 TIFF 格式，如图 4-24 所示。

DSM、DOM 生产（CC）

图 4-24　参数设置界面

其他的参考坐标系、生成范围及保存路径都是按默认参数设置。打开 Engine，一段时间后，处理完毕。在 Properties 板块中，可以看到数据的一些参数配置，如图 4-25 所示。

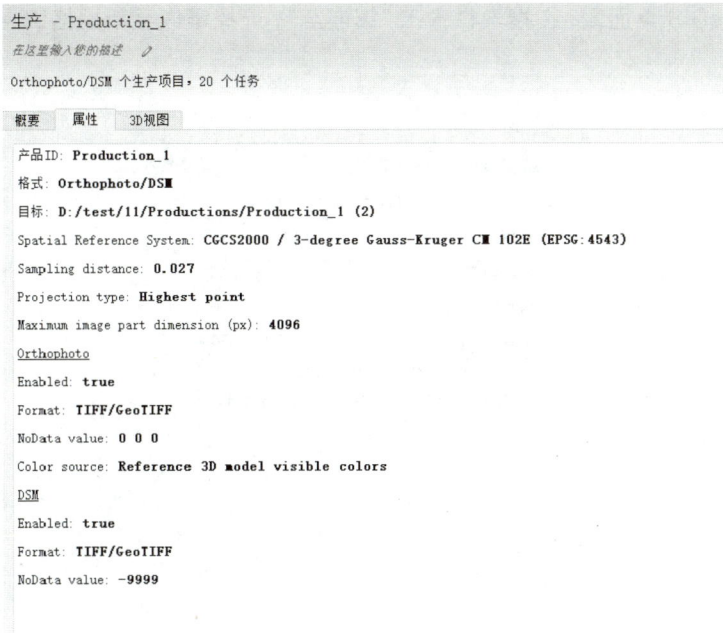

图 4-25　属性窗口

找到存储文件夹，看到处理完的成果如图 4-26 所示。

Production_1 (2)_DSM_part_1_1.tfw	2022/5/1 1:08	TFW 文件	1 KB
Production_1 (2)_DSM_part_1_1.tif	2022/5/1 1:08	TIF 文件	65,569 KB
Production_1 (2)_DSM_part_1_2.tfw	2022/5/1 1:08	TFW 文件	1 KB
Production_1 (2)_DSM_part_1_2.tif	2022/5/1 1:08	TIF 文件	65,569 KB
Production_1 (2)_DSM_part_1_3.tfw	2022/5/1 1:08	TFW 文件	1 KB
Production_1 (2)_DSM_part_1_3.tif	2022/5/1 1:08	TIF 文件	65,569 KB
Production_1 (2)_DSM_part_1_4.tfw	2022/5/1 1:08	TFW 文件	1 KB
Production_1 (2)_DSM_part_1_4.tif	2022/5/1 1:08	TIF 文件	15,025 KB
Production_1 (2)_DSM_part_2_1.tfw	2022/5/1 1:08	TFW 文件	1 KB
Production_1 (2)_DSM_part_2_1.tif	2022/5/1 1:08	TIF 文件	65,569 KB
Production_1 (2)_DSM_part_2_2.tfw	2022/5/1 1:08	TFW 文件	1 KB
Production_1 (2)_DSM_part_2_2.tif	2022/5/1 1:08	TIF 文件	65,569 KB
Production_1 (2)_DSM_part_2_3.tfw	2022/5/1 1:08	TFW 文件	1 KB
Production_1 (2)_DSM_part_2_3.tif	2022/5/1 1:08	TIF 文件	65,569 KB
Production_1 (2)_DSM_part_2_4.tfw	2022/5/1 1:08	TFW 文件	1 KB
Production_1 (2)_DSM_part_2_4.tif	2022/5/1 1:08	TIF 文件	15,025 KB
Production_1 (2)_DSM_part_3_1.tfw	2022/5/1 1:08	TFW 文件	1 KB
Production_1 (2)_DSM_part_3_1.tif	2022/5/1 1:08	TIF 文件	65,569 KB

图 4-26　成果文件

4.1.2.3　TIFF 影像拼接

这些成果中包含 DSM 和 DOM 的 TIFF 影像，并且是以分片式存储的。因此，如果需要得到整个三维模型的 DOM 和 DSM，就必须将它们拼接成一整个影像图。选用 ArcGIS 帮助实现这个结果。

打开 ArcGIS 桌面端，在搜索栏输入"镶嵌至"，选择镶嵌至新栅格工具，如图 4-27 所示。

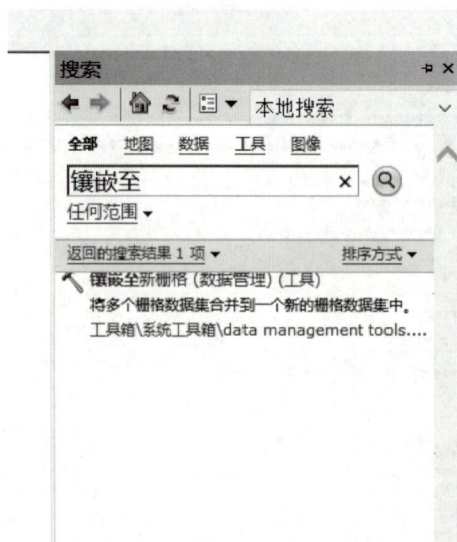

图 4-27　栅格工具

1. DSM 拼接

找到需要拼接的 DSM 的.tif 文件添加进去；定义输出位置；确定输出的成果名称；选择空间参考；波段数需要输入文件与输出文件一致，因此 DSM 拼接输出的波段数是"1"，其他可选的参数可默认当前参数。具体配置如图 4-28 所示。

图 4-28　拼接参数设置

确定之后，镶嵌开始。镶嵌完毕后，可在 ArcMap 中预览拼接结果，如图 4-29 所示。

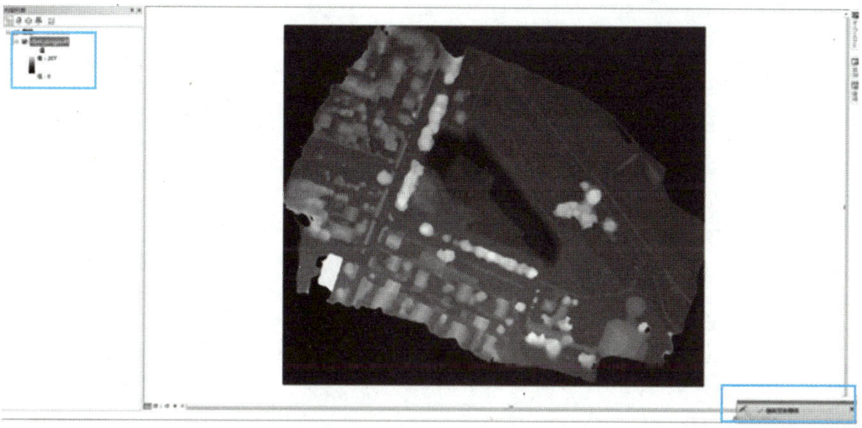

图 4-29　DSM 拼接结果

2. 正射影像图拼接

正射影像图拼接和上面的拼接步骤一致，但要注意的是正射影像图的.tif 文件添加之后，这里的波段数应该是 3，这是因为正射影像图的波段是由 RGB 的 3 个波段构成的。拼接完的正射影像图可在 ArcMap 中预览，如图 4-30 所示。

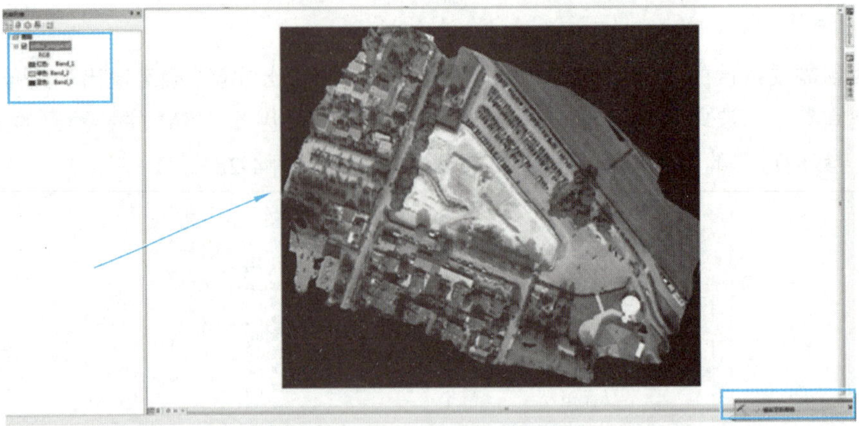

图 4-30　DOM 拼接结果

　　DSM、DOM 的生产在不同的生产软件中操作各有不同，但基本流程及原理是相同的，都需要进行控制点刺点、空三解算等操作，可在生产项目中选择适宜的软件与方法进行数据生产。

4.2　DEM 数据生产

  DEM 的生产，基本都是在 DSM 的基础上对地物及地面覆盖物进行编辑，消除地物的高程，从而得到真实地面的高程，也就是 DEM，所以本书编排的顺序为在 DSM 的生产之后再介绍 DEM 的生产。DEM 的生产通常需要人工进行编辑，其操作有一定难度，需要操作者有较为丰富的经验及测绘知识。

  生产 DEM 首先要用 CC 生成正射影像和 DSM，在此之前先要生成.3mx 格式的数据，如图 4-31 所示。

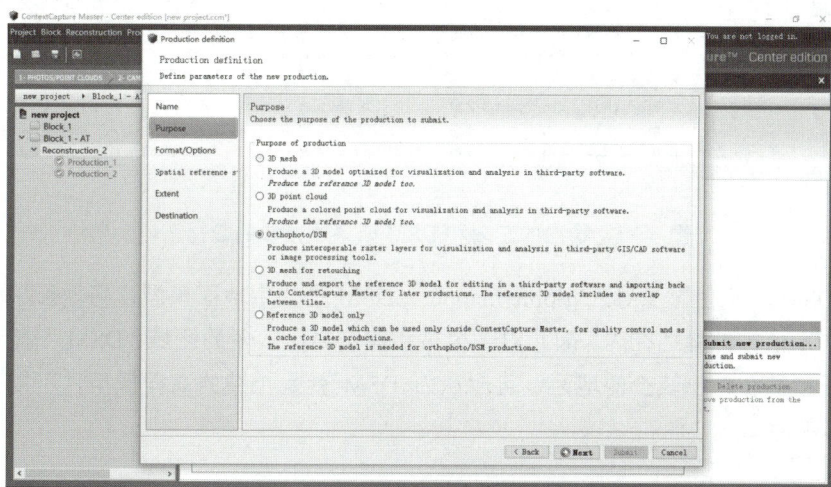

图 4-31　设置输出为正射影像和 DSM

  影像最大分辨率是 4096，这样会把 DSM 和正射影像分成几块，不方便，所以可将分辨率改得足够大，以便合成一张图，如图 4-32 所示。

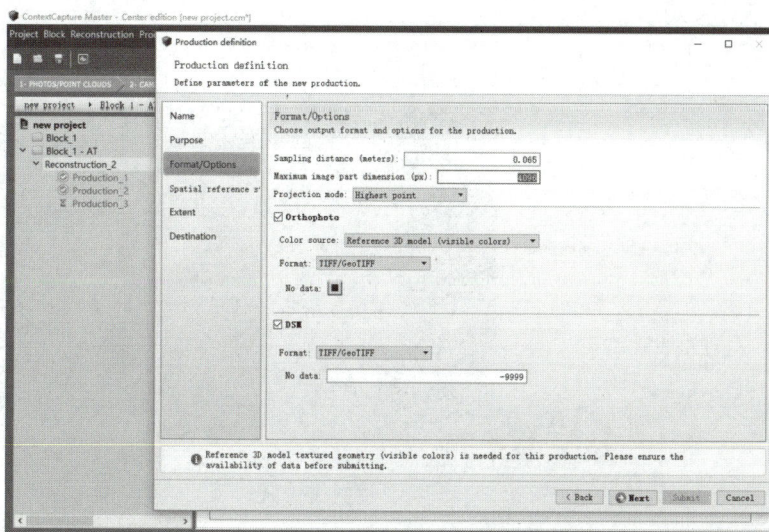

图 4-32　设置输出影像的分辨率

图 4-33 所示是没有设置的结果，一般情况需设置分辨率。

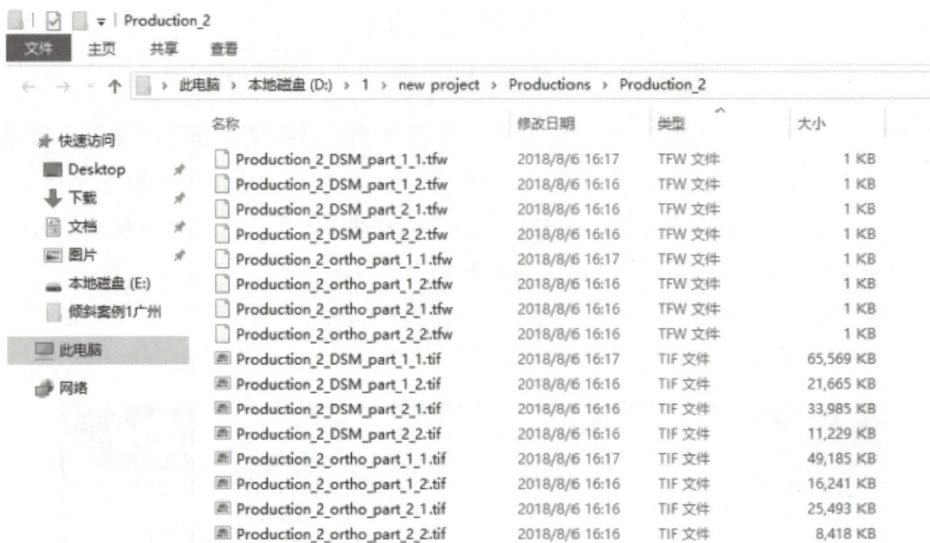

图 4-33　输出的正射和 DSM 成果（分块的数据）

　　将 DSM 和正射影像导入 globle mapper，DSM 是数字地面模型，将地形、地物包括房屋树木植被都囊括在内，因此对于植被和建筑物比较多的区域，DSM 不能直接使用。对于植被和地物较少的地区，可以认为 DSM 就是单纯的高程模型，可以直接用来生成等高线。

4.2.1　植被很少的区域

　　选中 DSM，点击分析，生成等高线。根据需要设置等高线的间距、分辨率大小、重采样方式，然后就可以点击"确认"生成等高线，如图 4-34～图 4-36 所示。

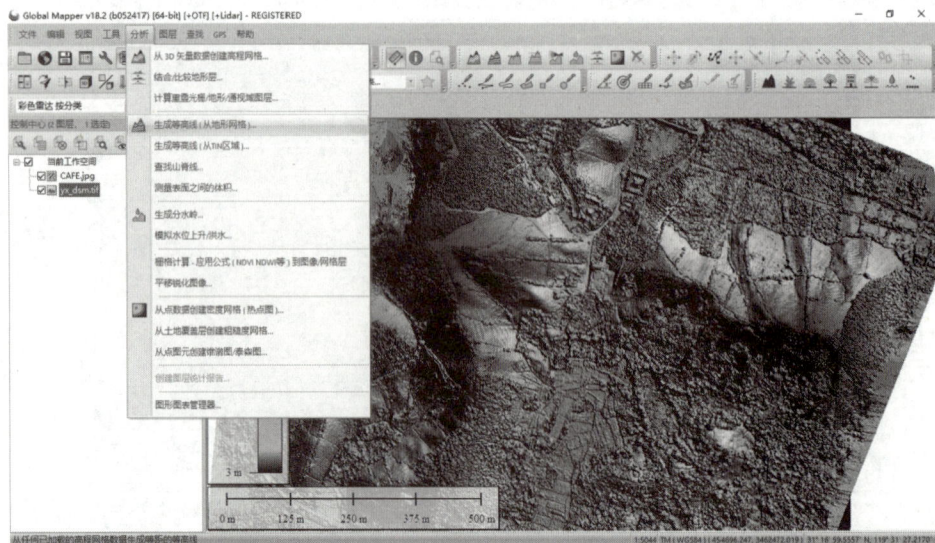

图 4-34　选中 DSM 数据，生成等高线

图 4-35　设置等高距、分辨率、重采样方式

图 4-36　生成的等高线

4.2.2　植被比较多的区域

植被比较多的区域需要进行滤波，可以采用的方法很多，本节只介绍一种，也是基于 globle mapper。

先将 DSM 转换输出成 LAS 格式，然后对 LAS 文件进行分层滤波。先确定地面层，再确定低矮植被层，其他的就可以删除了。低矮植被层可以估计一个高度，将选择出来的数据的高程统一去掉一个数值。这样地面层和低矮植被层合成一个数据，生成 TIN 网格，输出等高线就可以认为是误差可以接受的正常等高线，如图 4-37～图 4-43 所示。

这种方法还需要自己根据实际情况来设置。不同的人操作，结果可能不一样，而且点云的分类相对复杂，需要经常练习。

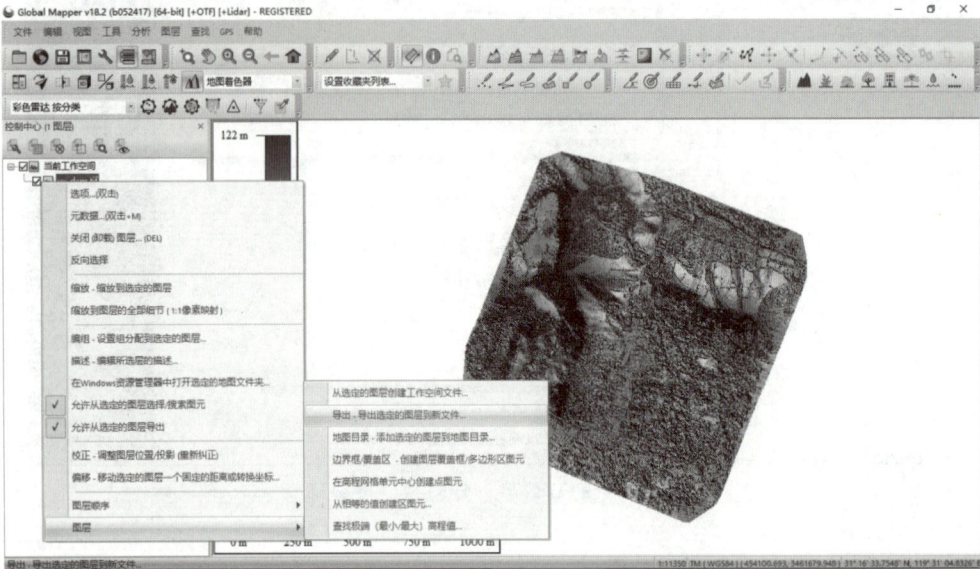

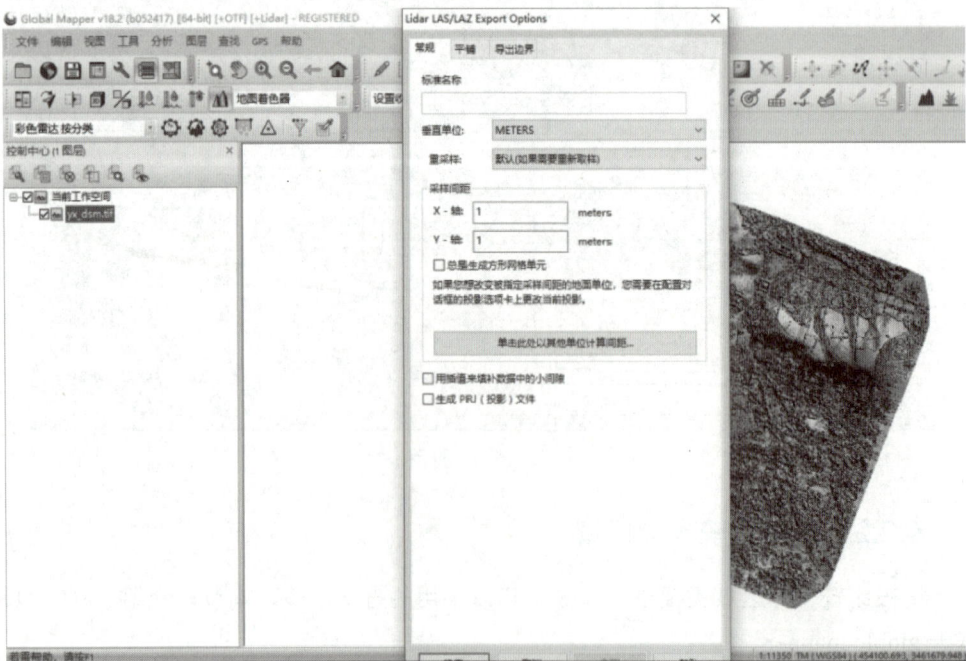

图 4-37　导出 LAS 格式

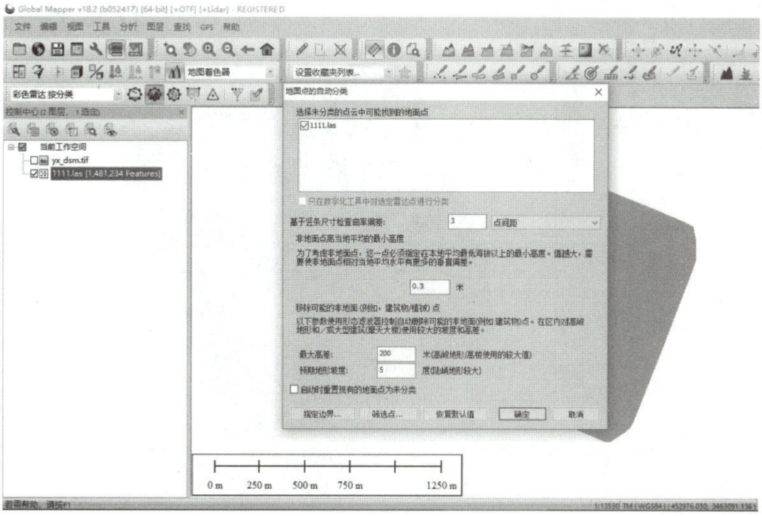

图 4-38　对 LAS 文件进行滤波

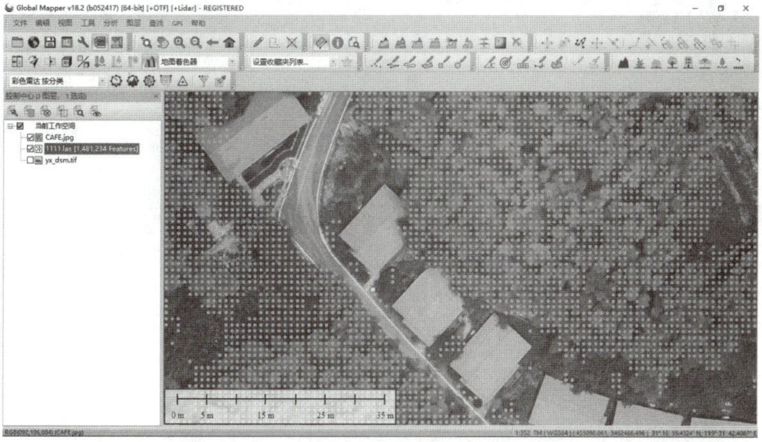

图 4-39　滤波后的数据

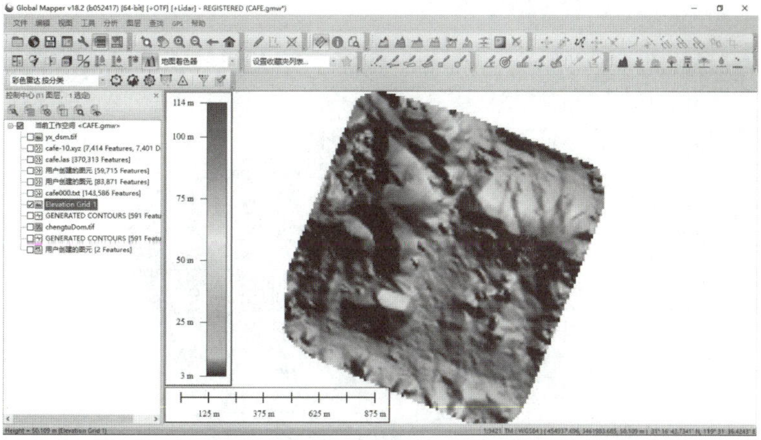

图 4-40　修改后的 DOM 图像

图 4-41　修改前的 DSM 图像

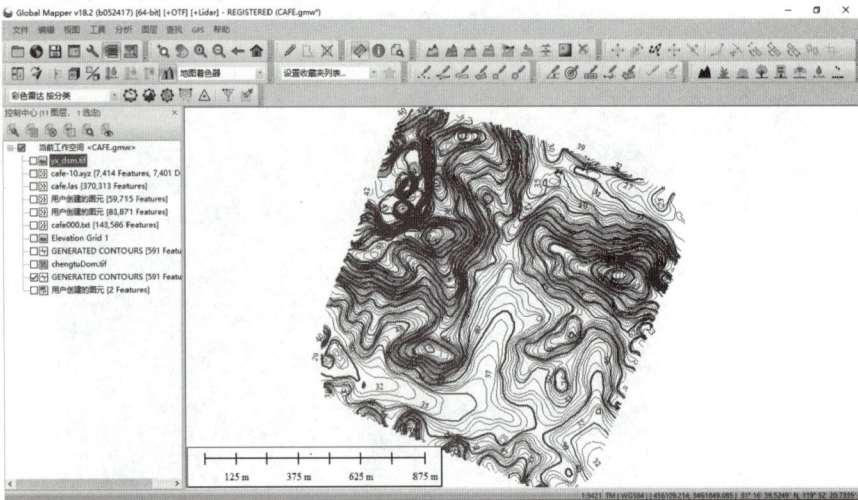

图 4-42　修改后的等高线

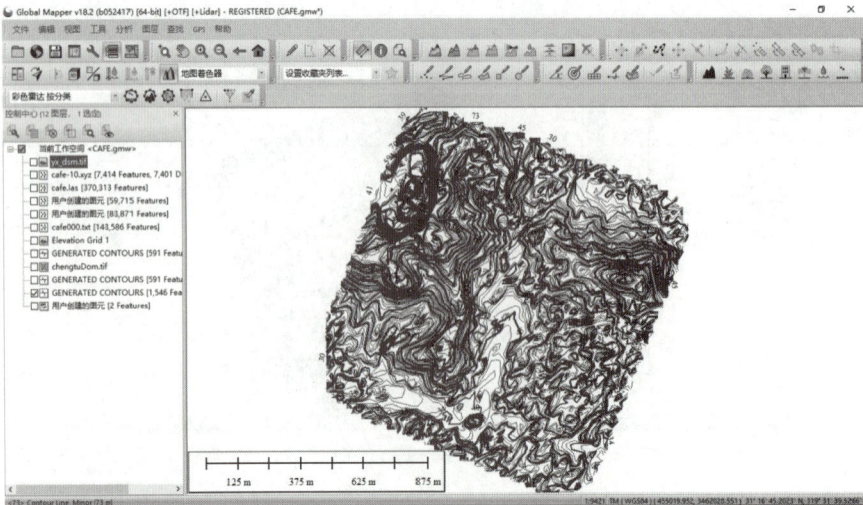

图 4-43　修改前的等高线

高程数据的采样密度是 DEM 质量的关键问题。任何一种生产 DEM 的方法，均是基于采样数据进行的，无法弥补采样密度设置不当所造成的信息损失，数据点太稀会降低 DEM 的精度，数据点过密又会增大数据量、处理的工作量和储存量。这需要在 DEM 数据采集之前，按照成果精度要求来确定合理的采样密度，在 DEM 数据采集过程中可根据地形复杂程度动态调整采样点密度。

【知识与技能训练】

1. 利用 Pix 4D 生产 DSM、DOM 的主要流程是什么？
2. 利用 CC 生产 DSM、DOM 的主要流程是什么？
3. DSM 在什么样的区域可以默认为 DEM？

【思政课堂】

教学目的：通过苏联联盟一号宇宙飞船坠毁的案例，让学生感受到"细节决定成败"的工作真理。

1967 年 8 月 23 日，苏联的联盟一号宇宙飞船在返回大气层时，突然发生了恶性事故——减速降落伞无法打开。苏联中央领导研究后决定：向全国实况转播这次事故。当电视台的播音员用沉重的语调宣布宇宙飞船将在两小时后坠毁，观众将目睹宇航员弗拉迪米·科马洛夫殉难的消息后，举国上下顿时被震撼了，人们都沉浸在巨大的悲痛之中。

在电视上，观众们看到了宇航员科马洛夫镇定自若的形象。他面带微笑叮嘱女儿说："你学习时，要认真对待每一个小数点。联盟一号今天发生的一切，就是因为地面检查时忽略了一个小数点……"

即使是一个小数点的错误，也会导致永远无法弥补的悲壮告别。古罗马的恺撒大帝有句名言："在战争中，重大事件常常就是小事所造成的后果。"换成我们中国的警句大概就是"失之毫厘，谬以千里"吧。

苏联联盟一号宇宙飞船坠毁的案例，就是因为一个小数点的错误，"失之毫厘，谬以千里"。同学们应当警醒，在工程项目中要注意细节，工作中的一个小失误就可能造成工程项目的失败。

项目 5　倾斜模型生产大比例尺数字地形图

【项目描述】

　　本项目介绍了：地形图的基础知识；行业运用比较广泛的三维采集平台（包括 EPS、CASS 3D 及 SV365）的功能；以 EPS 三维测图软件为例，详细讲述了交通要素、水系要素、居民地及设施要素、管线要素、地貌要素、植被与土质要素的采集标准和采集方法，以及注记添加的规范等；数据检查的方法，包括三维模型数据检查和 DLG 数据检查。

【教学目标】

1. 知识目标

（1）了解地形图的基础知识。
（2）了解行业主流三维采集平台的基础功能。
（3）掌握交通要素、水系要素、居民地及设施要素、管线要素、地貌要素、植被与土质要素的采集标准和采集方法，以及注记添加的规范。
（4）掌握成果数据的检查方法。

2. 技能目标

（1）熟练掌握在三维模型上识别各类要素的方法。
（2）熟练掌握对各种要素的采集。
（3）掌握三维模型数据检查、DLG 数据检查的方法。

3. 思政目标

（1）培养学生严谨、求是和勤奋的工匠精神。
（2）培养学生团结协作，爱岗敬业的职业道德。
（3）培养学生独立分析解决任务的能力。

5.1   大比例尺测图基础

5.1.1   地   图

5.1.1.1   地图的定义

在地面上进行测量，可以得到一系列数据，如点的平面坐标、高程等，根据不同目的可将这些数据绘制成各种表示地面情况的图形。按内容和成图方法不同，这些图形可分为地图、地形图、平面图、专题图及断面图等。

地图是依据特定的数学法则，通过科学的概括，并运用符号系统将地理信息表示在一定载体上的图形，以传递客观现象的数量、质量特征在空间和时间上的分布规律和发展变化。

5.1.1.2   地图的基本特征

地图具有如下三个特性：

（1）地图因采用了特殊的数学法则而具有可量测性。地球是一个表面极其不规则的椭球体，其表面有高山、河流、峡谷、各式人工建筑物等等，为了在平面的地图上正确地展示不规则的球体地表，必须通过一定的数学法则把地表定位在平面上（即地图投影），并按一定的比例缩小，这样，球体地表上任意一个点的地理坐标就和地图上的点坐标建立了严格的映射函数关系。正是有了这样的函数关系，地图才具有可量测性，人们才可以量测两点间的距离、某区域的面积，乃至某两点的高差、河流的长度和曲率等等。

（2）地图因经过科学的制图概括而具有一览性。地球表面事物千奇百怪，数量繁多，所以无法将地表的所有景物都表现在地图上。地图所表现的地面景物，从数量上看是少了，从图形上看是小了、简化了，这是因为地图上所表现的内容都是经过取舍和化简的，以突显主题，这就是地图概括，也称为地图综合。这可以让人们清晰地了解区域的地理特征或相关内容。

（3）地图因使用了特定的符号系统而具有直观性。地球表面事物的特性，有质和量的差异。地图制图者必须依据地理资料，首先作定性或定量的归类分析，然后运用适当的符号或色彩，即地图语言，将其精巧地配置在地图上，形成科学性与艺术性集成的地图。地图符号系统不仅能表示制图对象的地理位置、范围、质量特征、数量指标和动态变化，而且还能够直观地显示各制图对象的空间分布规律及其相互联系，从而使人们可以通过地图语言来理解地图上各种复杂的自然与人文事物。

5.1.1.3   地图比例尺

要把地球上各种要素描绘在二维有限的平面图纸上，必然遇到大和小的矛盾。解决矛盾的办法就是按照一定的数学法则，运用符号系统，经过制图综合，将有用的信息缩小表示。

地面上各种要素不可能按其真实的大小描绘在有限面积的图纸上，必须缩小。地图上经缩小后的任一线段的长度与地面上相应线段的实际水平长度之比，称为该地图的比例尺。

根据表示方法的不同，比例尺一般可分为数字比例尺和图示比例尺两种。

1. 数字比例尺

数字比例尺一般用分子为 1 的分数形式表示。设图上某一直线的长度为 l，地面上相应线段的水平长度为 L，则地形图的比例尺为：

$$\frac{l}{L} = \frac{1}{M} \qquad\qquad (5\text{-}1)$$

式中：M 为比例尺分母，也表示缩绘的倍数，一般为整数。如 $1:500$、$1:1\,000$ 或 $\frac{1}{500}$、$\frac{1}{1\,000}$。比例尺的大小是以比例尺的比值来衡量的，分数值越大（分母 M 越小），比例尺越大。

2. 图示比例尺

为了在测图或用图时减少数字换算上的麻烦及减弱由于图纸伸缩而引起的误差，在绘制地形图时，常在图上绘制图示比例尺。直线比例尺是最常见的图示比例尺。图 5-1 所示为 $1:500$ 的图示比例尺，在两条平行线上分成若干 2 cm 长的线段，称为比例尺的基本单位，每一基本单位相当于实地 10 m，左端一段基本单位细分成 10 等份，每等份相当于实地 1 m。图示比例尺标注在图纸的下方，便于用分规直接在图上量取直线段的水平距离，可以基本消除由于图纸伸缩而产生的误差影响。

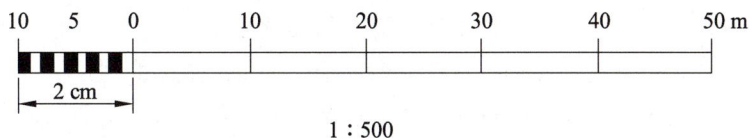

1:500

图 5-1　直线比例尺

3. 比例尺精度及测图比例尺的确定

正常人眼能分辨的最短距离一般为 0.1 mm，再短的距离就无法辨认了。因此，在地形图上 0.1 mm 所代表的地面上的实地距离称为比例尺精度。即：比例尺精度等于 $0.1M$（mm），M 为比例尺分母。表 5-1 为几种比例尺的比例尺精度。

表 5-1　比例尺精度

比　例　尺	1:500	1:1\,000	1:2\,000	1:5\,000
比例尺精度/m	0.05	0.1	0.2	0.5

根据比例尺精度，人们不但可以按已定的比例尺知道测图时量距的精度和对景物

图形的概括程度，也可以按用图的要求来考虑多大的地物需在图上表示出来，进而决定测图的比例尺。例如：测绘 1∶1 000 比例尺地形图时，实地距离的测量精度只需精确到 0.1 m；如果要求在图上能反映出实地 0.2 m 的距离，则所选用的地形图比例尺不应小于 1∶2 000。采用的测图比例尺越大，地物和地貌反映得就越详细，但测图工作量和投入就会成倍地增加。因此，在测量地形图时究竟选用多大的比例尺，应从工作需要出发来考虑。

5.1.1.4　坐标系统

为了确定地面点位的空间位置，需要建立各种坐标系。点的位置须用三维坐标来表示，在测量工作中，一般将点的空间位置用球面或平面位置（二维）和高程（一维）来表示，它们分别属于大地坐标系、平面直角坐标系和高程系统。

1. 大地坐标系

用大地经度 L 和大地纬度 B 表示地面点在参考椭球面上投影位置的坐标，称为大地坐标。

大地经纬度 L、B 是地面点在地球椭球面上的二维坐标，另外一维为点的"大地高"（H）。大地经度 L，即通过参考椭球面上某点的子午面与起始子午面的夹角。由起始子午面起，向东 0°～180°称为东经，向西 0°～180°称为西经。同一子午线上各点的大地经度相同。大地纬度 B，即参考椭球面上某点的法线与赤道面的夹角。从赤道面起，向北 0°～90°称为北纬，向南 0°～90°称为南纬。纬度相同的点的连线称为纬线，它平行于赤道。大地高（H）以地面点所在椭球面的法线方向为基础，点位在椭球面之上为正，点位在椭球面之下为负。大地坐标 L、B、H 可用于确定地面点在大地坐标系中的空间位置。

2. 高斯平面直角坐标系

大地坐标是球面坐标，用它来表示地面点的位置形象直观，对于整个地球有一个统一的坐标系统，但它的观测和计算都比较复杂，实用上更多的则是需要把它投影到某个平面上来。我国大面积的地形图测绘，采用高斯投影方法，地面点的位置用高斯平面直角坐标来表示。

为了将长度变形限制在允许的范围内，通常采用分带投影方法，即以经差 6°或 3°来限制投影带的宽度。以分带投影后的中央子午线为 x 轴、赤道为 y 轴建立的平面直角坐标系，称为高斯平面直角坐标系。

3. 地区平面直角坐标系

对于小范围测区，以水平面作为投影面，地面点在水平面上的投影位置用平面直角坐标表示。在水平面上选定一点 O 作为坐标原点，建立平面直角坐标系。纵轴为 x 轴，与南北方向一致，向北为正，向南为负；横轴为 y 轴，与东西方向一致，向东为正，向西为负。

我国于 20 世纪 50 年代和 70 年代分别建立了 1954 北京坐标系和 1980 西安坐标系，

测制了各种比例尺地形图。1954 北京坐标系采用的是克拉索夫斯基椭球体；1980 西安坐标系则是采用 1975 年国际大地测量学与地球物理学联合会（IUGG）推荐的地球椭球，利用多点定位方法建立的国家大地坐标系统。

社会的进步对国家大地坐标系提出了新的要求，迫切需要采用原点位于地球质量中心的坐标系统（以下简称地心坐标系）作为国家大地坐标系。采用地心坐标系，有利于采用现代空间技术对坐标系进行维护和快速更新，测定高精度大地控制点的三维坐标，并提高测图工作效率。WGS-84 坐标系是一种国际上采用的地心坐标系，坐标原点为地球质心，Y 轴、Z 轴与 X 轴垂直构成右手坐标系，称为 1984 世界大地测量系统。2000 国家大地坐标系（CGCS2000）是我国当前要求使用的国家大地坐标系，属于地心大地坐标系统。

5.1.1.5 高程系统

高程系统（height system）是指相对于不同性质的起算面（如：大地水准面、似大地水准面、椭球面等）所定义的高程体系。

根据起算面不同，高程分为两大类：绝对高程和相对高程。地面点沿铅垂线方向至大地水准面的距离称为绝对高程，亦称为海拔。在图 5-2 中，地面点 A 和 B 的绝对高程分别为 H_A 和 H_B。

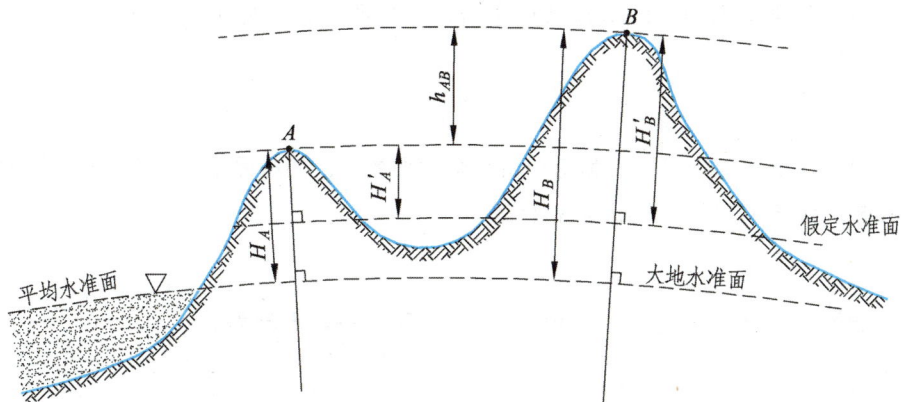

图 5-2 绝对高程和相对高程

我国规定以黄海平均海水面作为大地水准面。黄海平均海水面的位置，是通过对青岛验潮站潮汐观测井的水位进行长期观测确定的。由于平均海水面不便于随时联测使用，故在青岛观象山建立了"中华人民共和国水准原点"，作为全国推算高程的依据。1956 年，验潮站根据连续 7 年（1950—1956 年）的潮汐水位观测资料，第一次确定了黄海平均海水面的位置，测得水准原点的高程为 72.289 m。按这个原点高程为基准去推算全国的高程，称为"1956 年黄海高程系"。由于该高程系存在验潮时间过短、准确性较差的问题，后来验潮站又根据连续 28 年（1952—1979 年）的潮汐水位观测资料，进一步确定了黄海平均海水面的精确位置，再次测得水准原点的高程为 72.2604 m。1985 年国家决定启用这一新的原点高程作为全国推算高程的基准，并命名为"1985 国家高程基准"。

5.1.2 地形图

5.1.2.1 地形图的定义

把地面上的房屋、道路、河流、耕地、植被等一系列固定物体及地面上各种高低起伏的形态，经过综合取舍，按一定比例尺缩小，以专门的图式符号加注记描绘在图纸上的正射投影（投影线与投影面垂直相交的正投影）图，都可称为地形图。地形是地物和地貌的总称。地物是指地面天然或人工形成的各种固定物体，如河流、森林、房屋、道路、农田等；地貌是指地表面的高低起伏形态，如高山、丘陵、平原、洼地等。地形图上一般以图式符号加注记表示地物，用等高线表示地貌。

5.1.2.2 地形图的基本要素

无论哪种比例尺的地形图，图上均包括以下基本内容：

1. 数学要素

数学要素即图的数学基础，诸如坐标格网、投影关系、比例尺和控制点等，以保证地形图具有必要的精度。

2. 自然地理要素

自然地理要素即表示地球自然形态所包含的要素，诸如水系、地貌、土壤、植被等。

3. 社会经济要素

社会经济要素即地面上人类活动所包含的要素，诸如居民地、道路网、通信设备、工业设施、经济文化和行政标志等。

4. 注　记

注记即对地物与地貌加以说明的文字、数字或特定符号等。

5. 整饰要素

整饰要素包括图名、图号、测图日期、测绘单位、成图方法、坐标系统和高程系统等。

5.1.2.3 地形图的图式

地面上各种地物和地貌都可以用不同颜色、不同大小的点、线和各种图形表示在地图上，这些点、线和图形统称为地形图符号。

地形图符号是目前表示地图内容的主要形式。就单个地形图符号而言，它具有两个基本功能：第一，能指出目标的种类及其数量和质量的特征；第二，能确定对象的空间位置和现象的分布。而一幅地形图中地形图符号的总和，能表达这个地区的物体和现象的分布规律、空间组合和相互联系；它不仅可以描述实际存在的目标，还能够表达一些抽象的概念，从而在地图平面上建立起一个具有客观和思维意义的地理环境形象。

地形图符号的形成过程是一个约定的过程，即被地形图的作者和读者逐渐熟悉、承认和遵守的过程。为了交流和使用方便，国家测绘部门制定了各种比例尺地形图的图式，在图式中对地形图符号的图形、大小、颜色及注记均作了统一的规定，以此作为我国地形图内容表示的标准和规范。随着测绘技术的不断进步，地形图图式也经过了多次更新和修订，其内容更加完善和成熟，逐渐形成了目前的地形图符号系统。我国目前使用的大比例尺地形图图式是 2018 年 5 月 1 日实施的《国家基本比例尺地图图式　第 1 部分：1∶500、1∶1 000、1∶2 000 地形图图式》（GB/T 20257.1—2017）。

5.1.2.4　地物在图上的表示方法

按所表示的地形图内容来划分，地形图符号分为地物符号、地貌符号和注记符号三大类。

按其与地物的比例关系来划分，地物符号可分为比例符号、非比例符号和半比例符号。

能将地物按地形图比例尺缩绘到图上以表达其轮廓特征的符号称为比例符号或真形符号。实地上有些线状和狭长的带状地物，按地形图比例尺缩小后，其长度能按比例缩绘，而宽度或粗度无法按比例表示的符号称为半比例符号，如铁路、管道、通信线、单线河等。实地较小的重要地物或目标显著的物体，按地形图比例尺缩小后的轮廓形状太小，无法绘制在图上，只能用具有一定象征意义的记号性符号来表示，这种符号称为非比例符号，例如三角点、水准点、烟囱、塔、井等。

对于地物的表示，究竟是采用比例、非比例还是半比例符号，不是绝对的，而是随地物本身大小的差异和地形图比例尺大小的变化而变化的。同类地物由于大小相差悬殊，因此在同一幅图上就有可能存在着比例符号、非比例符号和半比例符号。例如：同一条河流，上游河床较窄，只能用半比例符号（单线河）表示；而下游河床较宽，可采用比例符号（双线河）表示。同时，随着地形图比例尺的缩小，对同一地物的表示，也会出现比例符号向半比例符号或非比例符号转化的情况，如道路、居民地、桥梁等。

5.1.2.5　地貌在图上的表示方法

地貌的表现形态主要包括山头、洼地、山脊、山谷和鞍部，在地形图上，地貌的基本形态一般用等高线表示。在一些地区还有一些特殊的地貌形态，如陡崖、冲沟、溶洞等，在地形图上，当这些特殊地貌形态不能用等高线表示时，可用特殊地貌符号来表示（图 5-3）。因此，地貌符号包括等高线和各种特殊地貌符号。等高线是地面上高程相同的相邻各点连成的闭合曲线，等高线的高程从大地水准面起算。

在地形图上，相邻两条等高线的高程之差称为等高距。在同一幅地形图中，等高距应相同，等高距的大小决定着所表示地貌形态的精度，同时也影响着地形图的负载量。所以，等高距的大小应根据测区内大部分地面坡度的大小以及地形图的比例尺和用途来确定。如表 5-2 所列是各种大比例尺地形图的等高距参考值。

图 5-3　综合地貌及其等高线表示

表 5-2　大比例尺地形图的基本等高距

比 例 尺	地 形 类 别			
	平原/m	丘陵/m	山地/m	高山地/m
1∶500	0.5	0.5	0.5、1	1
1∶1 000	0.5	0.5、1	1	1、2
1∶2 000	0.5、1	1	2	2

　　图上两条相邻等高线之间的水平距离称为等高线平距，由于同一幅地形图中的等高距相同，所以等高线平距的大小与地面坡度有关。等高线平距越小，地面坡度越大；平距越大，坡度越小；坡度相等，则平距相等。因此，由地形图上等高线的疏密可判定地面坡度的陡缓。

　　示坡线是加绘在等高线上指示斜坡降落方向的小短线，它能帮助读者判读地势的走向。在地形图中表示山头、洼地、鞍部和图幅边缘地势走向不易辨别的等高线上，均应加绘示坡线。

　　由于特殊的地质和气候条件或因地壳变动、人工改造而形成的局部地区特殊的地表形态有陡崖、冲沟等。陡崖是指坡度在 70°以上的陡壁，有土质和石质两种；冲沟是由暂时性流水侵蚀而成的壁陡底窄的沟壑，我国黄土地区最为常见；梯田坎是依山坡由人工修成的阶梯状农田陡坎，坎高 0.5 m 以上的在大比例尺图上应用陡坎符号表示，并注出坎高；陡石山是岩石裸露的陡峻山岭，表面很少有土壤覆盖，坡度大于 70°的石山；石灰岩溶斗是石灰岩地区受水的溶蚀或岩层崩塌作用形成的洞穴，面积小的用相应符号表示，面积大的按实际情况用陡崖符号和等高线配合表示。

5.1.2.6　注记符号的表示方法

地物和地貌符号只能表示各类地物和地貌的位置、大小及形态，但不能反映其名称、属性、高度等特征，因此必须用文字和数字对这些特征加以说明。这些在地形图上起补充和说明作用的文字和数字称为地形图注记，如居民地名称、道路名称、植被种类、河流流速、等高线高程等。各种比例尺的地形图图式对各种地形图注记的字体、字号大小及其使用均作了明确的规定。

在绘制线划图过程中，或者在完成线划图绘制后，需要对地物进行相应的注记。注记包括地理名称注记、说明注记和各种数字注记等。以下为注记的一般规定：

（1）地图中所使用的汉语文字应符合国家通用语言文字的法律和标准规定。图内使用的地方字应在附注内注明其汉语拼音。

（2）注记字以毫米（mm）为单位，字级级差为 0.25 mm；数字字高在 2.0 mm 以下者其级差为 0.2 mm。

（3）注记列有二级以上字号或字号区间的，按地物的重要性和该地物在图上范围的大小选择字号。

（4）注记字列分水平字列、垂直字列、雁行字列和屈曲字列。

水平字列——由左至右，各字中心的连线成一直线，且平行于南图廓。

垂直字列——由上至下，各字中心的连线成一直线，且垂直于南图廓。

雁行字列——各字中心的连线斜交于南图廓，与被注地物走向平行，但字向垂直于南图廓，如山脉名称、河流名称等。当地物延伸方向与南图廓成 45°及以下倾斜时，由左至右注记；成 45°以上倾斜时，由上至下注记，字序如图 5-4 所示。

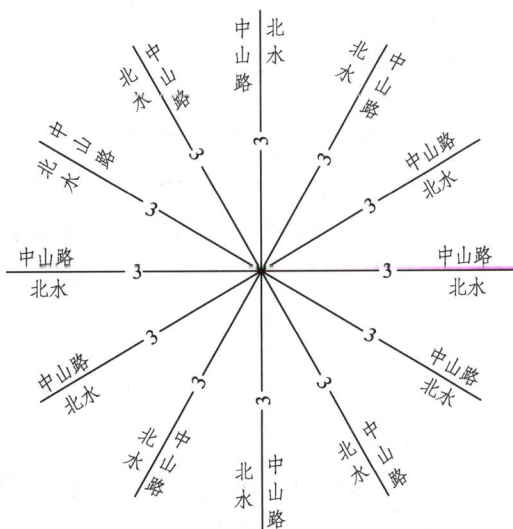

图 5-4　注记规则示意图

屈曲字列——各字字边垂直或平行于线状地物，依线状的弯曲排成字列，如街道名称注记、说明注记等。

（5）注记字隔是一列注记各字间的间隔，分下列 3 种：

① 接近字隔：各字间间隔为 0 ~ 0.5 mm。

② 普通字隔：各字间间隔为 1.0 ~ 3.0 mm。

③ 隔离字隔：各字间间隔为字号的 2 ~ 5 倍。

注记字隔按该注记所指地物的面积或长度大小而定，各种字隔在同一注记的各字中均应相等，为便于读图，一般最大字隔不超过字号的 5 倍，地物延伸较长时，在图上可重复注记名称。

（6）注记字向一般为字头朝北图廓直立，但街道名称、公路等级其字向按图 5-4 所示表示。

在地形图的图框外标绘有许多注记和图表，它们也是地形图上必不可少的内容，主要包括图名、图号、接图表、比例尺、坐标系统、高程系统等。

5.1.2.7　地形图的分幅与编号

为了地形图生产、管理和使用上的方便，必须对各种比例尺地形图进行统一的分幅和编号，大比例尺地形图采用平面直角坐标的纵、横坐标线为界线来分幅，图幅的大小通常为 50 cm×50 cm、40 cm×50 cm、40 cm×40 cm，每幅图中以 10 cm×10 cm 为基本方格。一般规定：对 1：5 000 的地形图，采用纵、横各 40 cm 的图幅；对 1：2 000、1：1 000 和 1：500 的地形图，采用纵、横各 50 cm 的图幅。也可以采用纵距 40 cm、横距 50 cm 的分幅，称为矩形分幅。矩形图幅的分幅及面积具体见表 5-3。

表 5-3　矩形图幅的分幅及面积

比　例　尺	图幅大小 / (cm×cm)	实地面积 /km^2	格网线间隔/cm	1 km^2 所含图幅数
1：5 000	40×40	4	10	1/4
1：2 000	50×50	1	10	1
1：1 000	50×50	0.25	10	4
1：500	50×50	0.062 5	10	16
1：200	50×50	0.01	10	100

分幅后，需对图幅进行编号，矩形图幅按坐标编号方法编号。常见的编号方法有坐标编号法、数字顺序编号法、基本图号逐次编号法 3 种。

5.1.3　数字测图

5.1.3.1　数字测图的定义

前些年的数字测图以全站仪、RTK 及其他电子数据终端构成的数据采集系统与计算机辅助制图系统相结合，形成了一套从野外数据采集到内业制图全过程数字化和自动化的测量制图系统、方法,其成果是数字地形图。这种测图方式通常称为数字化测图,简称数字测图。近年来,随着无人机应用的快速发展,无人机测绘技术成为数字测图主要的工作方式。无人机高效迅速,能降低测绘外业作业难度,而且能保证较高的精度,因此数字测图方式正在由全野外数字测图向 DOM 正射影像、三维倾斜模型、激光点云等内业采集转变。

广义地讲,凡是制作数字地图的方法和过程就是数字测图,包括全野外数字化测图(也叫地面数字测图)、地图数字化成图、数字摄影测量、遥感数字测图、激光点云数字测图等。

5.1.3.2　数字测图的基本思想及方法

数字测图的作业过程根据使用的设备和软件、数据源及图形输出目的不同而有所区别,但无论是测绘地形图、地籍图,还是制作种类繁多的专题图、行业管理用图,只要是采用数字测图,都包括数据采集、数据处理、图形输出 3 个基本过程。数字测图方法较多,目前我国数字测图方法主要有以下几种:

(1)全野外数字测图:通过 RTK 接收机、全站仪、测距仪等测量仪器采集野外碎部点的信息数据。

(2)地图数字化:对已有地图上采集的信息数据进行矢量化。

(3)遥感影像解译:通过遥感手段采集地形点的信息数据。

(4)无人机航空影像采集:通过 DOM 影像或三维倾斜模型进行数据的内业采集。

5.2 基于倾斜模型生产大比例尺数字地形图的方法

5.2.1 采集平台介绍

5.2.1.1 EPS 采集平台

1. EPS 系统特点

EPS 三维测图系统是北京山维科技股份有限公司基于 EPS 地理信息工作站研发的自主版权产品，是一款较好用的航测成图软件，支持垂直摄影测图、倾斜摄影测图和激光点云测图 3 种测图方式。其地形要素编码支持导出 CASS 图式，是软件本身的一大优势。系统支持大数据浏览以及高效采编库一体化的三维测图，直接对接不动产、地理国情等专业应用解决方案。

EPS 三维测图系统由 4 部分组成：垂直摄影三维测图、倾斜摄影三维测图、点云三维测图、虚拟现实立体测图。本书主要介绍三维测图模块中的倾斜摄影三维测图，它的特点如下：

（1）支持直接调用倾斜摄影生成的模型。

（2）支持海量数据快速浏览。

（3）支持多窗口同步测图、二三维联动。

（4）支持二三维采编建库一体化，实现信息化与动态符号化。

（5）三维采、编、质检与平台二维功能一致，并提供直观的三维专用功能。

（6）提供所采地物根据指定位置快速升降的高程信息。

（7）支持透视投影与正射投影切换。

（8）支持模型裁剪去除植物与高楼。

（9）支持轮廓线自动提取。

（10）支持剖面与投影方式采集立面图。

（11）支持立面图输出。

（12）支持模型文件切割。

（13）支持三维场景输出打印。

（14）支持网络化生态，数据统一管理。

其成果直接对接不动产、常规测绘、管网测量、智慧城市等专业应用解决方案。

2. 软件运行

（1）启动方法。

桌面快捷启动：通过鼠标左键双击桌面的 EPS 三维测图系统图标。

开始菜单启动：用鼠标左键单击"开始"→"程序"→"EPS 地理信息工作站"→"EPS 三维测图系统"。

启动后的第一个界面称为起始页。图 5-5 所示为 EPS 三维测图系统起始页，此页面下可进行软件注册、工作台面定制、选择等项操作。

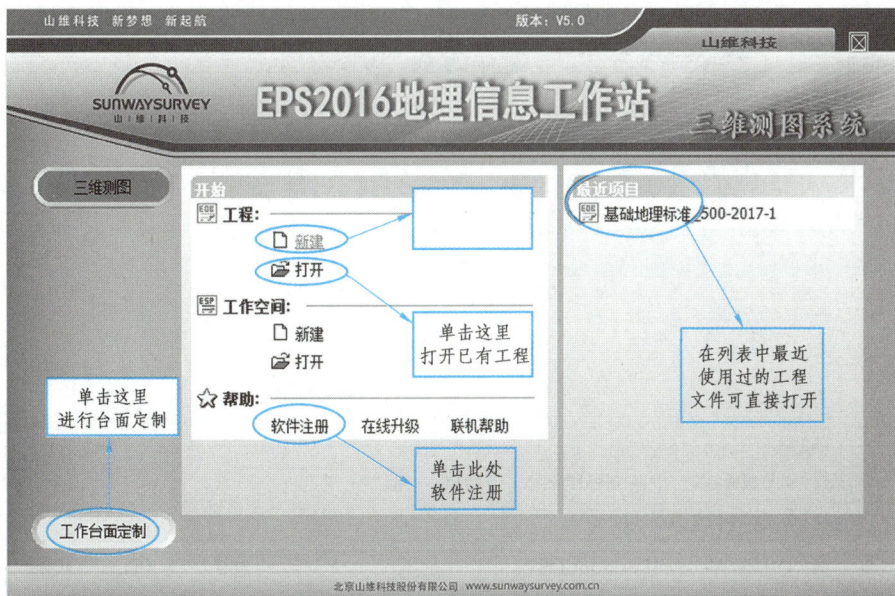

图 5-5　EPS 三维测图系统起始页

（2）工作台面定制。

工作台面中勾选对应的使用模块，编辑平台、脚本、三维浏览、倾斜摄影三维测图必须勾选，如图 5-6 所示。

图 5-6　工作台面定制

（3）新建工程。

鼠标点击工程目录下的"新建"，弹出新建工程窗口，如图 5-7 所示：选择对应模板，工程名称按要求命名，目录选择储存在桌面工程文件夹里，点击"确定"。

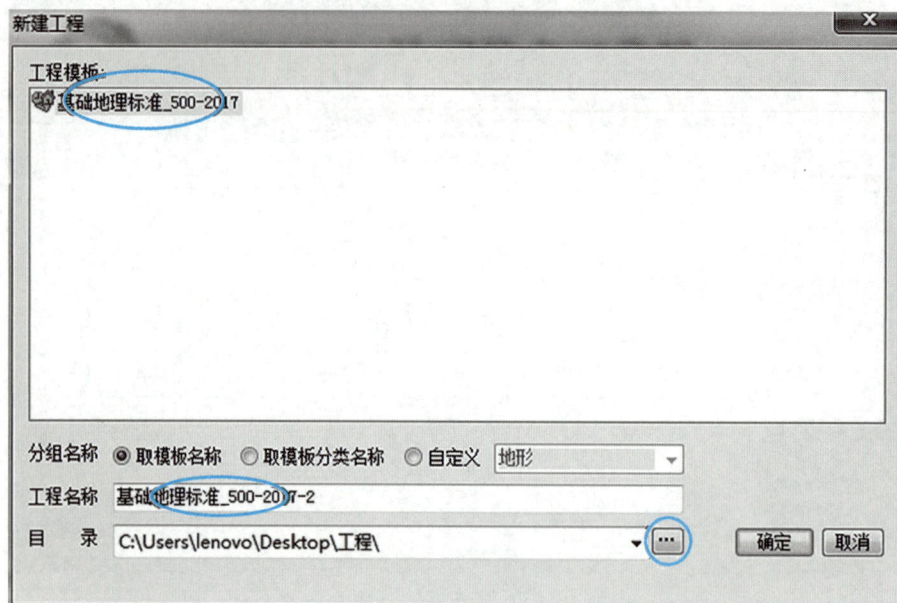

图 5-7　新建工程

（4）打开工程。

鼠标点击工程目录下打开，弹出打开窗口，如图 5-8 所示：选择.edb 文件，点击"打开"。

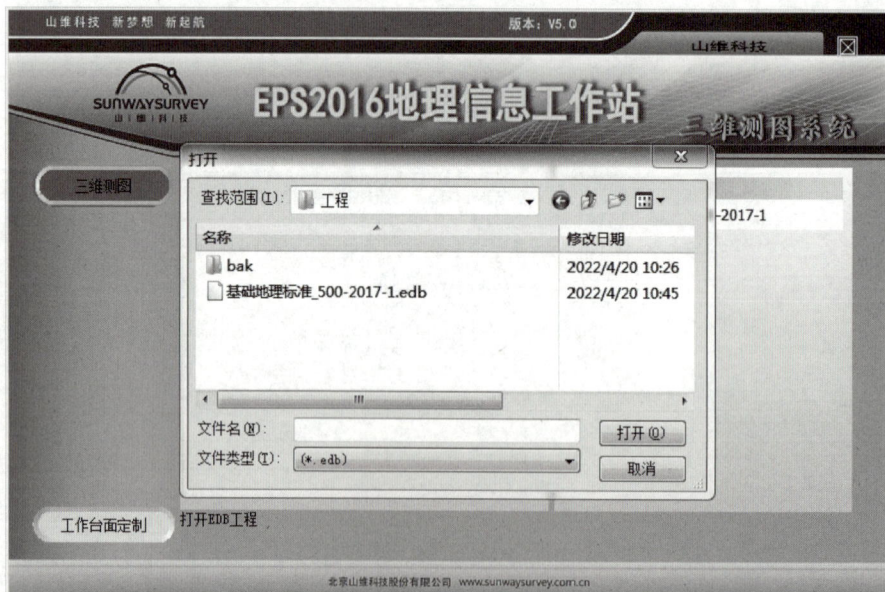

图 5-8　打开工程

3. 倾斜模型生产大比例尺数字地形图流程（图 5-9）

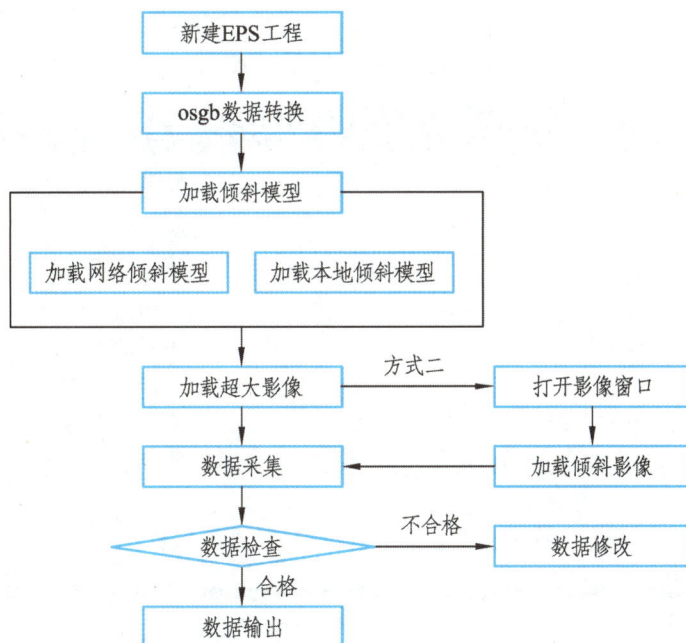

图 5-9　倾斜模型生产大比例尺数字地形图流程

4. 模型数据检查与加载

　　首先对模型数据进行检查，确认数据无误后，在 EPS 三维测图系统主界面进行 osgb 数据转换，如图 5-10 所示。新建工程后，将瓦片数据通过主窗口中"三维测图"→"osgb 数据转换"生成 DSM 实景倾斜模型。

EPS 采集平台
——模型加载

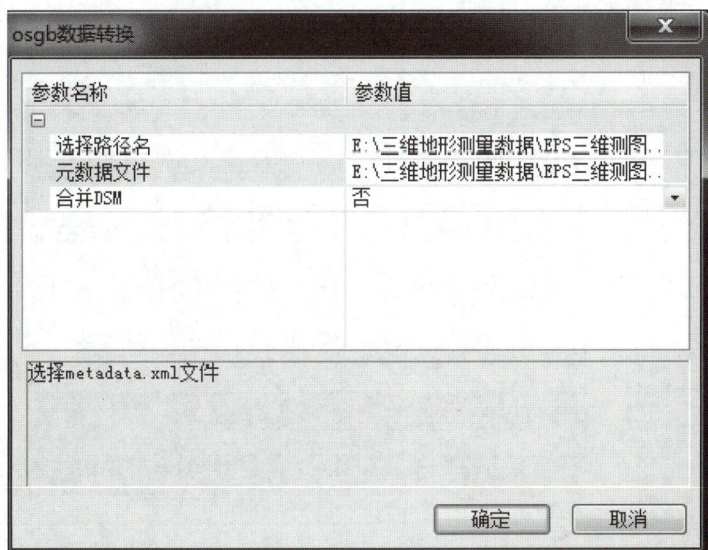

图 5-10　osgb 数据转换

加载本地倾斜模型或网络倾斜模型，通过主窗口中的"三维测图"→"本地倾斜模型"，在三维窗口加载 DSM 实景表面模型，选择 Data 目录下生成的.dsm 文件，如图 5-11 所示，并导入控制点，检查模型精度是否合格。

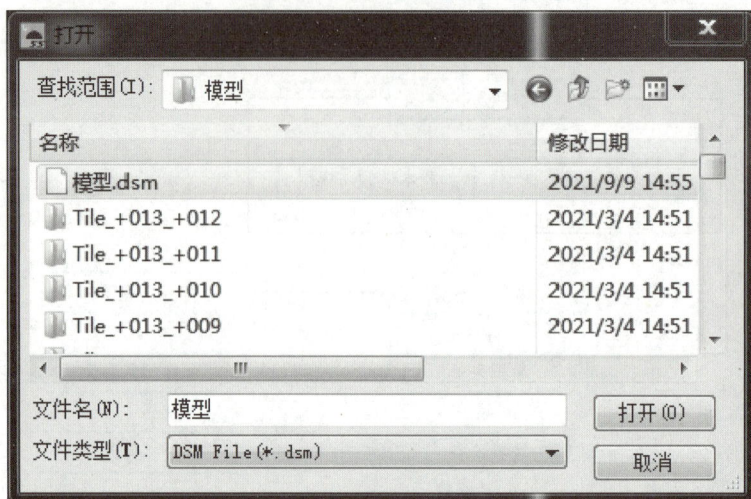

图 5-11　加载表面模型

5. 基本绘图编辑

（1）调用编码。

EPS 绘制的所有地物和注记，对象的表达以要素类型为基础，用不同的要素编码表达，绘制地物需选择相应的编码。常用编码的调用方式有以下三种：

① 通过"设置"→"编码查询窗口"调出编码查询窗口，此窗口编码类型全面、可视，如图 5-12 所示。

图 5-12　利用编码查询窗口调用编码

② 通过设置对象属性条，调用编码，可输入编码或汉字或首字母进行查询，如图 5-13 所示。

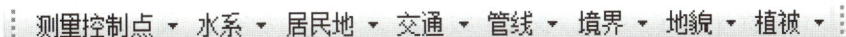

图 5-13　利用对象属性条调用编码

③ EPS 三维测图系统在界面工具条上设置有常用编码工具条，如图 5-14 所示。菜单下列出了绘图常用的编码，包括测量控制点、水系、居民地、交通、管线、境界、地貌、植被共 8 个大类。

图 5-14　常用编码工具条

（2）点、线、面绘制。

① 点地物绘制。

使用加点功能，绘制以点状表示的地物，如高程点、路灯、独立树等。

操作步骤:

点击工具条上的"加点" ✚ ，启动功能，在"编码栏"输入代码，鼠标在绘图界面点击即可。

② 线/面地物绘制。

使用画线功能，绘制以线状或面状表示的地物，包括房屋、道路、地类界、斜坡等。在绘制时，地物宽度不同的分段绘制，使用捕捉以避免悬挂。

EPS 基本操作
——点线面注记绘制

操作步骤：

点击工具条上的"加线" ⟋ 或"加面" ⬡ 启动功能，在"编码栏"输入代码，鼠标依次点击模型的各节点，点击右键确认或按 C 键闭合。

（3）基本编辑工具介绍。

在进行三维采集时，需要掌握较常用的基本编辑工具，能在采集过程中灵活运用，以提高采集效率和质量。

① 选择集操作 📖。

点击"选择集"操作后，可采用点选或框选的方式选择所需目标。如需全部取消选择则按下键盘的 Esc 键；如需选择同一属性或特征的全部地物地貌，则可通过操作窗口中的过滤功能批量选择目标，如图 5-15 所示。

图 5-15　选择过滤窗口

② 捕捉。

捕捉有捕捉最近点、中点、交点、线上任意一点、网格点、圆心、圆上四等分点、圆上切点与最近点、垂足与反向垂足、定向延伸与求交、正交点等，如图 5-16 所示为常用捕捉工具条，可根据实际情况选择合适的捕捉要素，对地物地貌进行捕捉。

图 5-16　捕捉工具条

③ 平移 ⊞。

点击"平移"按键后，弹出操作窗口，可选择复制或移动，选择对象输入偏量后点击"确定"或直接用鼠标在视窗中拖动。

④ 旋转 ⊡。

点击"旋转"按键后，弹出操作窗口，可选择复制或移动，选择对象输入基点坐标和转角后点击"确定"或直接用鼠标在视窗中拖动。（建议选择已有矢量点作为旋转基点。）

⑤ 裁剪 ✦。

点击"裁剪"按键后，弹出操作窗口，可选择直接裁剪或按距离裁剪。直接裁剪可点选、框选或线选；按距离裁剪首先指定要裁剪地物的起点和终点，闭合时从起点沿线方向到终点，其次输入数字表示从起点开始的裁剪距离，数字后加"L"表示从终点裁剪后的剩余距离。

⑥ 延伸 ✦。

点击"延伸"按键后，弹出操作窗口，可选择直接延伸或按距离延伸。直接延伸可点选、框选或线选；按距离延伸可选择将线段朝指定方向增（正数）减（负数）指定距离、将线段延伸到离边界指定距离的位置或将线段朝指定方向延伸（或缩短）成指定长度。

⑦ 打断 ✦。

点击"打断"按键后，弹出操作窗口，可选择直接打断或先选择对象再打断。直接打断可直接在目标对象上左击一点后右击或左击二点打断。

⑧ 距离（过点）平行线 ✦。

点击"距离（过点）平行线"按键后，弹出操作窗口，方法可选择复制或移动，范围可选择全线或线段，选择对象后可平移或复制线段。

⑨ 线延伸相交。

点击"线延伸相交"按键后，弹出操作窗口，可选择保留原节点或编码相同时合并成一个对象，点击两条边后延伸。对于圆弧，点击位置确定延伸端点，右键取消选择。

（4）快捷键的使用。

① 二维窗口快捷键的使用。

常用快捷键有 A、C、X、W、E、Z、S、D、F、V、G，其功能如下：

A：加点，将光标位置点加入当前点列。

C：闭合（打开），使打开的当前线闭合，闭合的当前线打开。

X：回退一点，从当前点列的末端删除一点。

W：抹点，从当前点列中删除光标指向点，不分解当前对象。

E：任意插点，将光标位置点就近插入当前点列。

Z：点列反转，若需要从当前线的另一端加点时单击此键。

D：线上捕点，将鼠标滑动线与某一最近矢量线的交点加入当前点列。

F：接线，拾取光标指向的某一线对象与当前线就近连接。

V：捕捉多点，加线状态将光标位置点与当前线末点所截取的在某一线上的一段加入当前线上，采点方向符合顺向原则。

G：快捷面填充，默认上次填充的面编码，否则填充 2 面。

② 三维窗口快捷键的使用。

Shift+A：采集地物，升降当前节点高程。

A：升降整体高程。按 A 键建白模时，增加了虚线房屋编码；在绘制房屋时，可

EPS 基本操作
——快捷键设置

以在房底画，结束后在房顶按 A 键，生成白模。可无数次建白模和取消白模。

CTRL+鼠标左键组合：新版本中使用左 Ctrl 开启 Ctrl+鼠标左键组合模式测图，无须再按键盘，只需要绘制前点击一次左 Ctrl。

Ctrl+A：锁定高程。

双击滚轮：快速定视点。

右 Ctrl：房屋绘制，面面相交得顶点（右 Ctrl），精度更高。

Shift+C：快速闭合房屋，房屋绘制结束后不用回到最后一条边，可直接在房屋的倒数第二个面上使用 Shift+C 闭合房屋。

Q：修改地物三维坐标 X、Y、Z 值，选中地物按 Q 键，移动点，确定点位后，点击右键结束。

Tab：二三维同步。

Ctrl+数字：透视投影 Ctrl+1、俯视（正射）Ctrl+2、平视（正射）Ctrl+3、任意（正射）Ctrl+4、自由（正射）Ctrl+5。

5.2.1.2　CASS 3D 采集平台

CASS 3D（南方三维立体数据采集软件）是由广东南方数码科技有限公司自主研发的挂接式安装至 CASS（南方地形地籍成图软件）下的插件式软件。CASS 3D 支持 CASS 环境下倾斜三维模型的加载与浏览，支持三维模型直接采集、补测 DLG 数据。

1. CASS 3D 软件界面

CASS 3D 软件界面如图 5-17 所示。

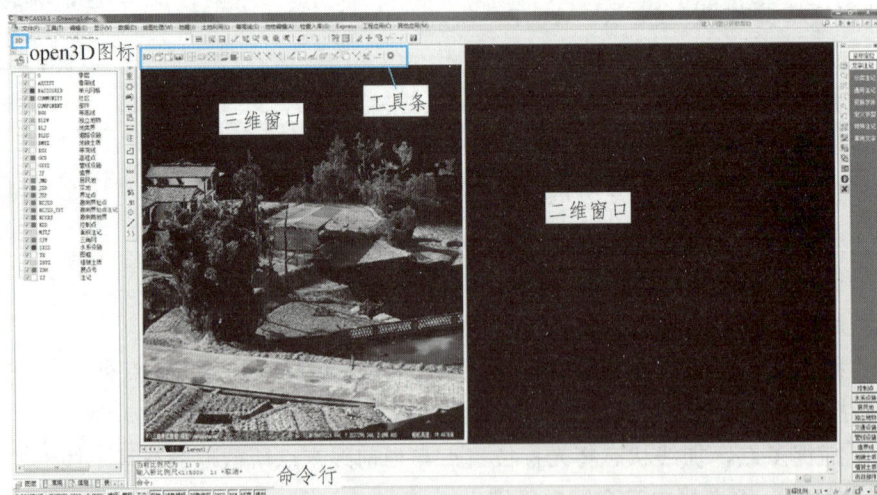

图 5-17　CASS 3D 软件界面

2. CASS 3D 工具条常用功能介绍

CASS 3D 三维窗口工具条图标及其功能见表 5-4。

CASS 3D 采集平台
——功能介绍

表 5-4　CASS 3D 三维窗口工具条图标及其功能

图　标	功能介绍
3D	二三维绘图模式切换
	打开三维模型
	关闭三维模型
	插入影像
	俯视角度
	侧视角度
	视口内实体同步显示：将二维窗口中的实体同步显示到三维窗口
	实体插入点：选中实体，选择该图标，在加点位置单击鼠标左键
	实体删除点：选中实体，选择该图标，在删除节点位置单击鼠标左键
	移动实体点：选中实体，选择该图标，选择待移动节点，单击鼠标左键选择目标位置
	绘制等高线
	闭合区域提取高程点
	线上提取高程点

3. CASS 3D 基本绘图编辑

（1）加载数据。

① 启动 CASS，如图 5-18 所示，在顶部菜单中选择"文件/打开已有图形"加载 dwg 底图数据（若无底图数据，可跳过此步骤）；点击工具条的"3D"图标（或命令窗口执行"dsmload"命令），加载数据（支持.osgb、.obj、.xml、.s3c 格式）至三维窗口。

CASS 3D 采集平台
——CASS 3D 数据加载

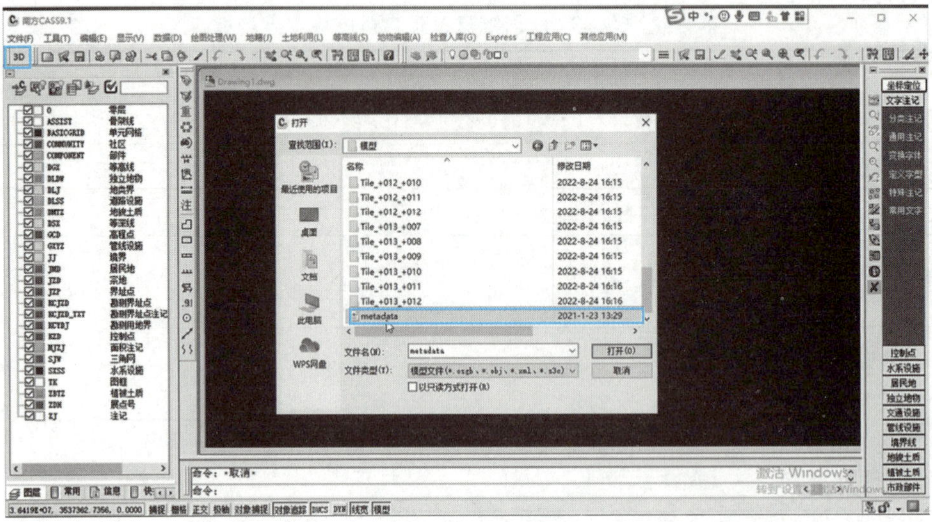

图 5-18　加载三维模型

② 点击三维窗口工具条中的"视口内实体同步显示"图标，如图 5-19 所示，将二维实体同步至三维窗口中。

图 5-19　视口内实体同步显示

（2）三维浏览。

CASS 3D 中二、三维窗口为联动操作，将鼠标定位于三维窗口中，可按如下进行操作：

缩放窗口：滑动鼠标滚轮；

平移窗口：按住鼠标滚轮并拖动鼠标；

旋转视角：按住鼠标左键并拖动鼠标；

全图：双击滚轮。

三维窗口内只可点选要素，框选操作可由二维窗口完成；Esc 键/鼠标右键取消三维窗口选择状态。

（3）地形绘制。

CASS 3D 中地形绘制的方式与 CASS 大致相同，根据地物的类别、属性在地物绘制菜单中选择相应的符号进行采集。本节以房屋、道路为例介绍 CASS 3D 的三维采集方式。

CASS 3D 采集平台
——地形绘制

① 房屋（采房角）。

依次选择地物绘制菜单中的"居民地/一般房屋"，在弹出的界面中依据房屋属性选择"多点砼房屋"，点击"确定"按钮，如图 5-20 所示。

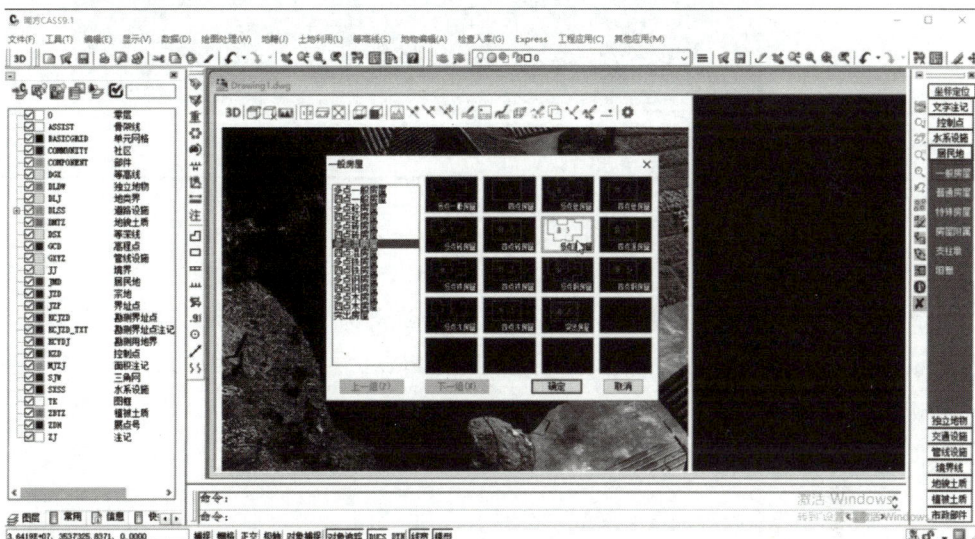

图 5-20 选择房屋属性

将模型旋转至合适位置，将光标放在房角处，点击鼠标左键开始采集，依次单击鼠标左键采集房屋的各个角点。采集至最后一个房角时，在命令行中输入"C"闭合，输入房屋层数，即可完成采集。

② 房屋（W 键直角绘图）。

如图 5-21 所示，依次选择地物绘制菜单中的"居民地/一般房屋"，在弹出的界面中依据房屋属性选择"多点砼房屋"，点击"确定"按钮，在命令行中输入"W"，进入直角绘图模式，选择一面清晰且较长的墙面作为起始面，在起始墙面上采集两点（任意两点）为首边定向。依次采集其他墙面任意一点，采集最后一面墙后，在命令行中输入"C"闭合，输入房屋层数，即可完成采集。

W 键直角绘图适用于相邻墙面垂直的房屋。直角绘图操作可连续进行，再按"W"键可退出直角绘图方式。

S 键重定向：在直角绘图过程中，若相邻墙面并非垂直，可按"S"键进行重定向，即每个墙面上需采集两点用作定向，自动与其他房屋边交会得到交点，从而完成房屋边线采集。重定向操作可连续进行，右击鼠标可退出重定向，继续直角绘图。

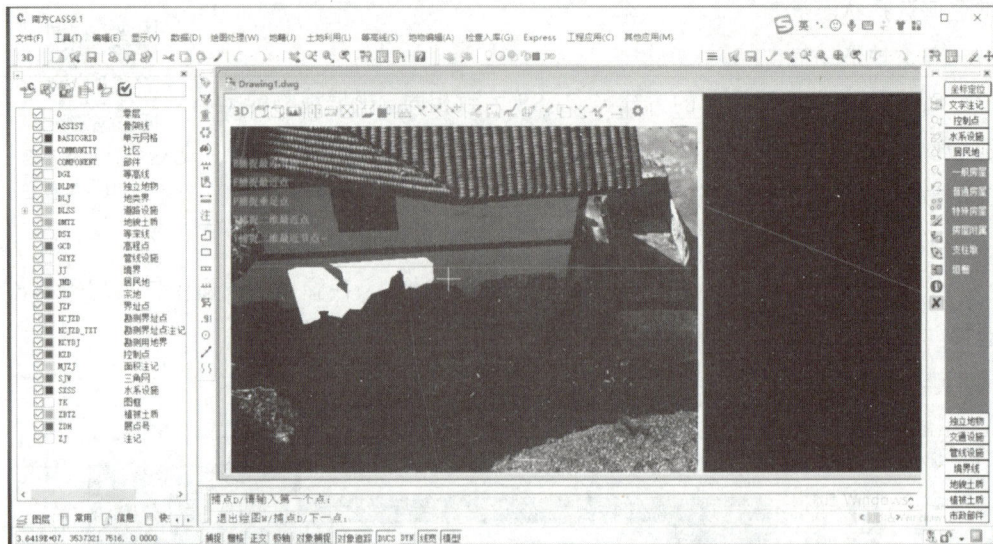

图 5-21　W 键直角绘图

③ 道路（小路）。

依次选择地物绘制菜单中的"交通设施/乡村道路/小路"，点击"确定"按钮，点击鼠标左键采集道路中心线，采集完成时，回车确认，在命令行中输入所需内容，即可完成绘制。

4. 地形图分幅输出

（1）标准图幅（以 50 cm×50 cm 为例）。

如图 5-22 所示，依次选择"绘图处理/标准图幅（50×50 cm）"，在图幅整饰对话框中依次设置图名、附注、接图表，点击"图面拾取"图标，拾取地形图左下角坐标，点击"确认"即可完成分幅。

CASS 3D 采集平台
——地形图输出

（2）批量分幅。

依次选择"绘图处理/批量分幅/建立格网"，依据命令行提示选择图幅尺寸；依次选择测区两个对角点，形成的矩形范围应将地形图全部包括在内，依据命令行提示选择图幅取整方式；得到分幅格网后，可修改格网名称，根据实际情况删除空白图幅；依次选择"绘图处理/批量分幅/批量输出到文件"，设置保存路径，依据命令行提示，依次在命令行中选择批量图幅取整方式、是否按格网内的图名输出，回车确认，即可完成批量分幅。

图 5-22　图幅整饰窗口

5.2.1.3　SV365 采集平台

"SV365 智能三维测绘系统"是在"SV360 智能三维测绘系统"基础上升级的三维测图系统。该系统是按照地理信息数据"采集、编辑和建库"一体化的生产流程，基于多版本 AutoCAD、国产 CAD 平台开发的新一代测绘系统。系统支持三维模型测图、照片测图、正射模型测图、点云测图、正射影像测图和全站仪测图等多种成图方式，集成了坐标系统、地形处理、立面图测绘、图像处理、数字地模、无人机辅助、不动产调查、农业普查、部件普查和数据转换等专业测绘模块。

SV365 基本操作
——365 常用工具

1. SV365 软件界面及其功能介绍

SV365 软件界面窗口中包含了菜单栏、三维窗口、二维窗口、工作空间、绘图面板等，如图 5-23 所示。

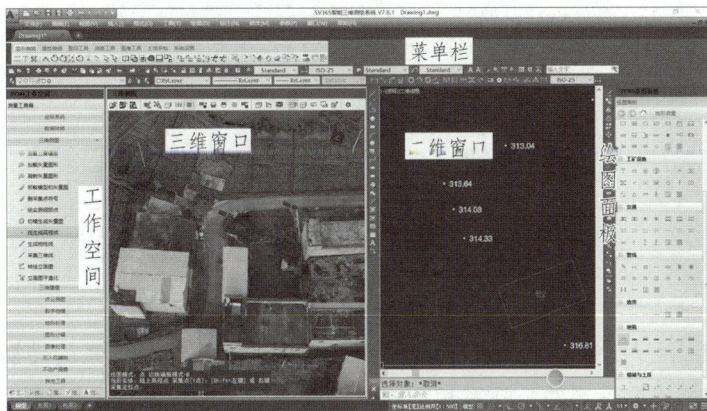

图 5-23　SV365 软件界面窗口

（1）菜单栏。

菜单栏包含了 CAD 的基础功能，同时集成了三维测图的基本工具条，其中包括工具箱、信息提示、属性编辑、质量检查、文字注记。

工具箱：包含了地形测量、管线测量、电力测量等不同测量专业的命令。

信息提示：信息提示将会记录在软件中操作的所有命令，包含测图时所使用的命令以及进行质量检查时所运行的所有命令。软件会将有问题的命令记录在信息提示窗口内，便于后期查看错误类型以及修改错误，同时为分析错误提供了有效的数据源。

属性编辑：利用 SV365 绘制的地物可使用属性编辑对其进行属性修改。

质量检查：可对所绘制地形图进行质量检查，如代码检查、重复点检查、相交检查等空间质量和属性数据质量检查功能。

文字注记：软件自动配置了符合地形图图式要求的常用文字，可根据需要直接进行注记。

（2）工作空间。

工作空间中包含了坐标系统、数据转换、地形处理、三维测图、图形分幅、数字地模、图像处理等测绘专业应用的相应功能，如图 5-24 所示。

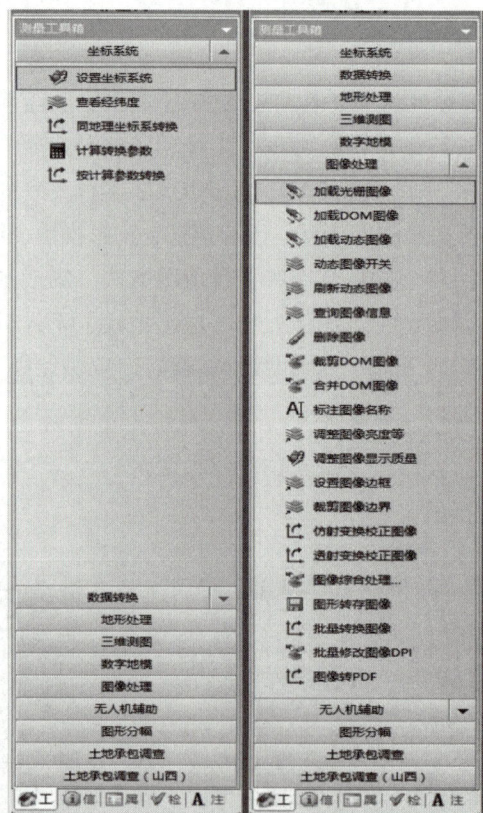

图 5-24　工作空间窗口

坐标系统：可对图形数据进行坐标系统的定义以及进行坐标系的转换。针对不同地理坐标系统、不同投影的坐标系和不同时期、同地理坐标系统，可利用 SV365 提供的四参数和七参数两种转换方法进行转换。

数据转换：数据转换是使用较频繁的工具，当数据生产完成后，需要利用数据转换工具将 SV365 格式的数据转换成所需格式的数据或者导入外部数据进行编辑修改。其提供了南方 CASS 转 SV365、SV365 转南方 CASS、远景 MapMatrix 转 SV365、导出三维 EPS、导入导出 Google KML、导入导出编辑 ArcGIS Shape 文件、编辑 Access MDB 数据库等功能。

地形处理：地形处理中有多种实用工具，如绘制道路中心线、封闭区自动构面、处理不合理线相交、单个区域构面、焊接同码线状地物、处理悬挂的多线段、按注记修改高程点、按注记修改房屋属性、按比例重绘全图等。在进行图幅修饰时有助于快速处理各现状地物的拓扑错误，可进行快速构面、检查悬挂点等。

三维测图：可用于地形测图、不动产测量、立面测量等。SV365 支持加载 osgb、3ds、obj、ive、dae 格式的三维模型，并且能够切割模型；支持三维测图、照片测图、三维编辑、矢量图编辑和图像编辑配合使用，从而高效率、高精度地测图。

图形分幅：可快速对测图区域进行分幅，生成接图表以及分幅 DOM 元数据文件。

数字地模：包含检查高程点、绘制地性线、构建 DTM、手动添加三角网、生成等高线、删除等高线、标注等高线、修改等高线、删除 DTM、土方计算等主要功能，为三维测图地形地貌的表示与编辑提供了简单快捷的实用工具。

图像处理：可加载普通图像和带有地理坐标的 DOM 图像，支持 tif、jpg、png、bmp、img 格式的图像文件，支持单通道的 DEM 图像的彩色显示；可查询图像信息，分割合并以及删除图像，调整图像的亮度、对比度和褪色度，进行图像去雾、图像校正，生成彩色 DEM，等。

（3）绘图面板。

绘图面板中包含了地形图测绘的所有要素并且创新性地加入了图表菜单，可图文并茂地展现地物属性，包括实体编码、编码转换、编码查询、同码绘图、测量控制点、水系、道路、居民地、独立地物、管线设施、境界线、土质地貌、植被土质等，如图 5-25 所示。

图 5-25 绘图面板

（4）三维窗口。

三维窗口主要用于显示三维模型以及可在三维窗口进行三维测图。

（5）二维窗口。

二维窗口与三维窗口联动，三维窗口所采集的地物都将显示在二维窗口中，可单独对二维窗口进行编辑。

2. SV365 基本绘图编辑工具

SV365 基本绘图编辑工具位于图形编辑工具条上，是三维测图时常用的工具，包含构造线、线编辑、面编辑、实体遮盖、符号旋转、边界裁剪、编码快选、实体隐藏、实体填充、重设比例、地物重构、重构实体编组等，如图 5-26 所示。

图 5-26   图形编辑工具

（1）构造线。

构造线主要用于辅助绘制房屋以及房屋附属，包含水平构造线、垂直构造线、删除构造线。

（2）线编辑。

线编辑主要用于辅助绘图，方便对图形进行修改，加快图形编辑速度，包含增加顶点、删除顶点、删除多个顶点、多线段点抽稀、线反向、线部分修改、统转折线、焊接编码线。

（3）面编辑。

面编辑广泛用于房屋绘制当中，可快速对房屋附属以及相关部件进行处理，包含面分割、面合并、面相交、边调整、面积调整。

（4）实体遮盖。

实体遮盖主要用于图幅整饰阶段，对于文字较多的区域可使用遮盖功能将部分不重要的文字进行遮盖，包括添加遮盖、删除遮盖、修复遮盖。

（5）符号旋转。

符号旋转可根据输入的角度对整个图块的符号进行批量旋转。

（6）边界裁剪。

边界裁剪可根据需求对任意区域进行裁剪，可快速保存或者删除任意区域，包括裁剪范围外地物、裁剪范围内地物。

（7）编码快选。

编码快选可选择多个不同编码的地物，自动筛选出同码实体，并将其设为选中状态。

（8）实体隐藏。

实体隐藏可隐藏或显示图层内同码实体。

（9）实体填充。

实体填充对实体进行填充便于检查面状地物拓扑及属性问题，包含面填色、同码面改色、面清色、同码实体改色、颜色随层。

（10）重设比例。

全图按给定比例重新绘制，对部分面状地物填写面积属性，对农田等非城市绿地的植被面批量赋绿地属性。

（11）地物重构。

对复合地物（如植被、桥梁等）进行重构，只需选择重构实体即可。

（12）重构实体编组。

图形合并等可能会造成实体编组失效，为了确保房屋等复合地物整体性，利用重构实体编组对其进行编组修复。

5.2.2 倾斜模型三维采集（以 EPS 为例）

5.2.2.1 测量控制点

定义：图上各测量控制点符号的几何中心，表示地面上测量控制点标志的中心位置；符号旁的高程注记，表示实地标志顶面或木桩顶面的高程。测量控制点要素包含导线点、埋石图根点、不埋石图根点、水准点等。在大比例尺测图中，需要埋设图根点，常用的分为埋石图根点和不埋石图根点。具体如图 5-27 所示。

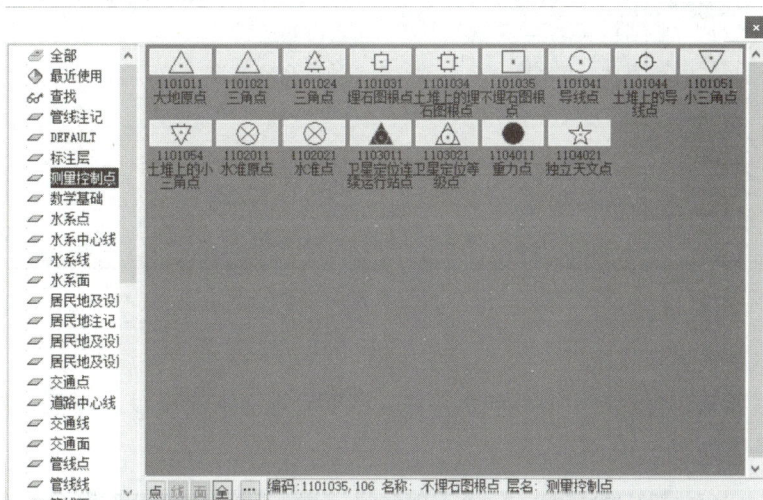

图 5-27 测量控制点

采集标准：标志完整的测量控制点，图上除表示控制点符号外，还应注出控制点的点名（或点号）和高程。点名和高程以分数形式表示，分子为点名（或点号），分母为高程。点名和高程一般注在符号右方（有比高时，比高注在符号的左方）。水准点和经水准点联测的三角点、小三角点，其高程一般注至 0.001 m，用三角高程测定的高程一般注至 0.01 m。

采集方法：以埋石图根点为例，在采集平台编码查询窗口测量控制点中选择"埋石图根点"，在采集过程中，在模型中精确地采集点位，并参考外业控制点点之记成果，准确注记点名和高程，如图 5-28 所示。

$$\frac{KZ2}{732.15}$$

图 5-28　埋石图根点

5.2.2.2　水　系

水系是江、河、湖、海、井、水库、池塘、沟渠等自然和人工水体及连通体系统的总称。水系及附属物，应根据规范要求合理选择水系点、线、面要素，按实际形状采集。

1. 水系要素类别

（1）水系点要素。

水系点要素包含河流流向点、涵洞点、水井等，具体如图 5-29 所示。

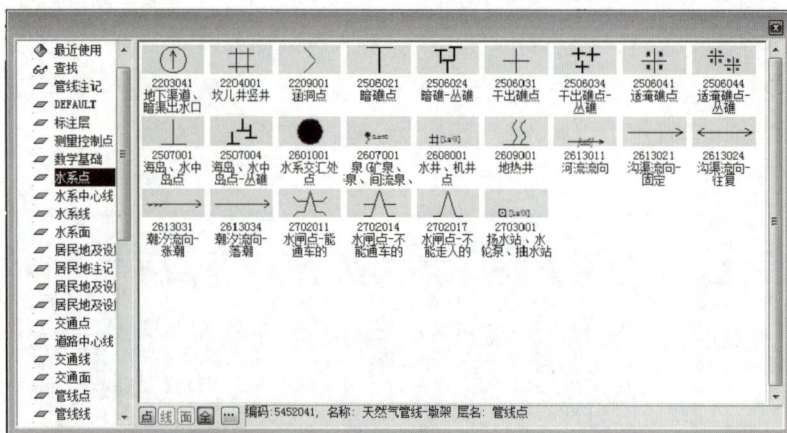

图 5-29　水系点要素

（2）水系线要素。

水系线要素包含水系中心线和水系线，主要有地面河流岸线、地面干渠单线、涵洞线等，具体如图 5-30 所示。

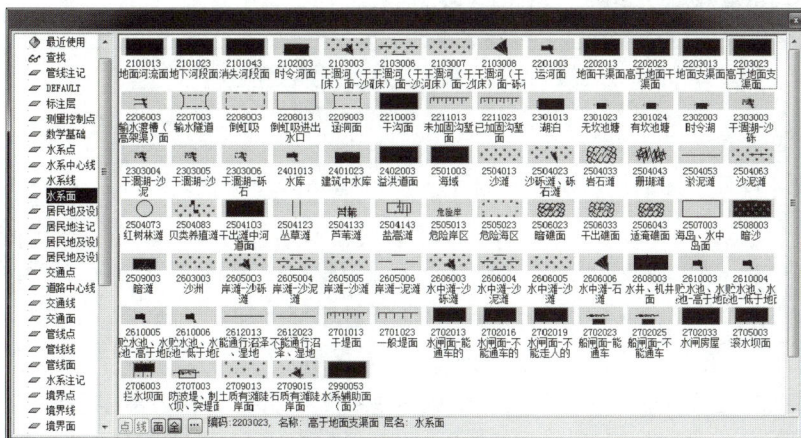

图 5-30　水系线要素

（3）水系面要素。

水系面要素包含地面河流面、湖泊、有坎池塘、水库、贮水池等，具体如图 5-31 所示。

图 5-31　水系面要素

2. 水系要素采集标准和采集方法

（1）地面河流。

定义：在地表呈线性分布并经常性或周期性为流水所占据的凹槽。岸线是水面与陆地的交界线，又称水涯线。

采集标准：

① 河流、湖泊和水库的岸线，航测成图一般按摄影时的水位测定，实地测图一般按测图时的水位测定，并加注航摄日期及测图日期。当摄影或测图时间为枯水或洪水期，所测定的水位与常水位（常年中大部分时间的平稳水位）相差很大时，应以常水位岸线测定。

② 当水涯线与陡坎线在图上的投影距离小于 1 mm 时以陡坎符号表示。

③ 高水位岸线系常年雨季的高水面与陆地的交界线，又称高水界，视用图需要表示。

④ 高水界与水涯线之间有岸滩的，用相应的岸滩符号表示。

⑤ 河流宽度在图上小于 0.5 mm 的用线粗为 0.1 ~ 0.5 mm 的单线渐变表示。

采集方法：在采集平台编码查询窗口水系线中选择"地面河流岸线"，根据模型的实际形状采集水边线，在采集过程中应贴合模型岸边，注意有草、树等遮挡情况时需要旋转模型尽量找到河岸，如河岸完全被遮挡则一般采集到草丛或树的中心位置。河流岸线走线既要贴合模型又要确保走线平滑，避免出现蚯蚓状情况。图 5-32 所示为地面河流岸线采集。

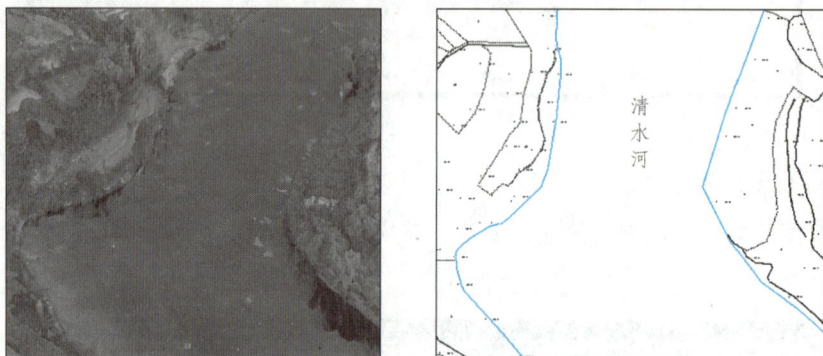

图 5-32　地面河流岸线采集示意图

（2）池塘。

定义：人工挖掘的积水水体或自然形成的面积较小的洼地积水水体。

采集标准：池塘的水涯线沿上边缘表示，用以人工养鱼或繁殖鱼苗的，需加注"鱼"字。单色表示时池塘水域部分加注"塘"字。池塘一般分有坎池塘和无坎池塘两类。

水系采集——池塘

EPS 采集方法：当水涯边线与岸边线平面距离较远时，在采集平台编码查询窗口水系面中选择"无坎池塘"，根据模型中池塘的实际形状采集水涯边线，结束时按"C"键闭合；当水涯边线与岸边线平面距离很近时，要用池塘陡边沿岸边线采出，并表示为"有坎池塘"，且注意坎齿朝向池塘里面。图 5-33 所示为有坎池塘采集。

图 5-33　有坎池塘采集示意图

（3）沟渠。

定义：人工修建的，供灌溉、引水、排水、航运的水道。

采集标准：

① 运河，沟渠应根据实地上边缘间的距离确定图上的表示。图上宽度大于 0.5 mm 时用双线表示，小于 0.5 mm 时用单线表示。

② 运河及干渠应注出名称注记。每条沟渠应加注流向符号。

③ 沟渠两边的堤岸用堤或加固岸表示。

采集方法：单线沟渠采集时，在采集平台编码查询窗口水系线中选择"地面干（支）渠单线"，根据模型中沟渠的实际形状沿沟渠底部中心线采集；双线沟渠采集时，在采集平台编码查询窗口水系线中选择"地面干（支）渠边线"，根据模型中沟渠的实际形状沿沟渠顶部边缘分别采集；规则的沟渠可用平行线采集的方法；在采集过程中遇到涵洞、桥梁等时应断在两侧。运河及干渠应加注名称注记，每条沟渠应加注流向符号。图 5-34 所示为单线沟渠采集，图 5-35 所示为双线沟渠采集。

水系采集——沟渠

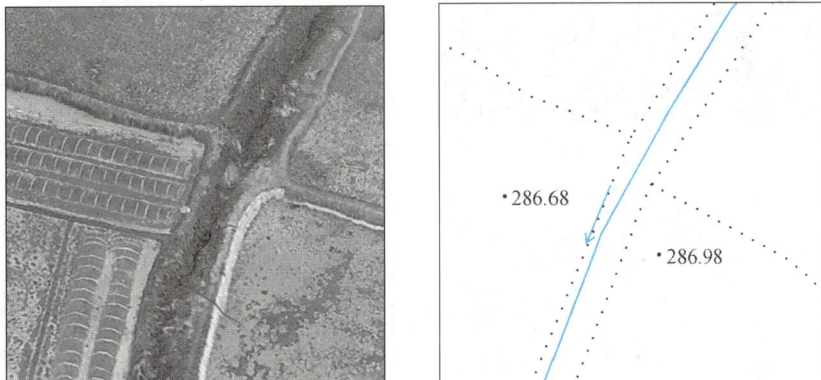

图 5-34 单线沟渠采集示意图

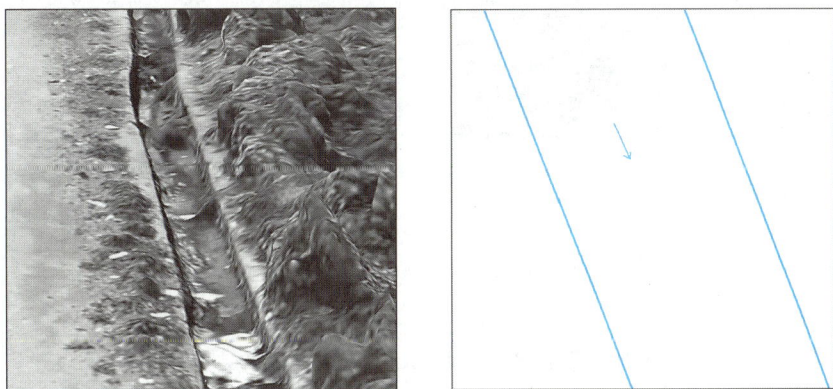

图 5-35 双线沟渠采集示意图

（4）涵洞。

定义：修建在道路、堤坝等构筑物下面的过水或通行通道。

采集标准：

① 当图上宽度小于 1 mm 时，用半依比例尺符号表示；当图上

水系采集——涵洞

宽度大于 1 mm 时，用依比例尺符号表示。

② 坝体上的出水孔也用此符号表示。

采集方法：半依比例尺涵洞采集时，在采集平台编码查询窗口水系线中选择"涵洞线"，根据模型中涵洞口两端的中心位置采集；依比例尺涵洞采集时，在采集平台编码查询窗口水系面中选择"涵洞面"，根据模型中涵洞口两端的实际位置依次采集 4点，结束时按"C"键闭合。在采集过程中，一般依比例尺的涵洞对应双线沟渠，半依比例尺的涵洞对应单线沟渠；涵洞与沟渠的连接处应注意开启捕捉。半依比例尺涵洞和依比例尺涵洞采集如图 5-36、图 5-37 所示。

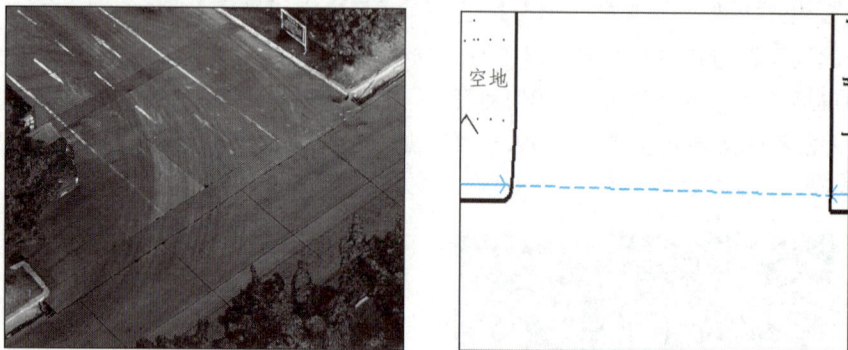

图 5-36　半依比例涵洞采集示意图

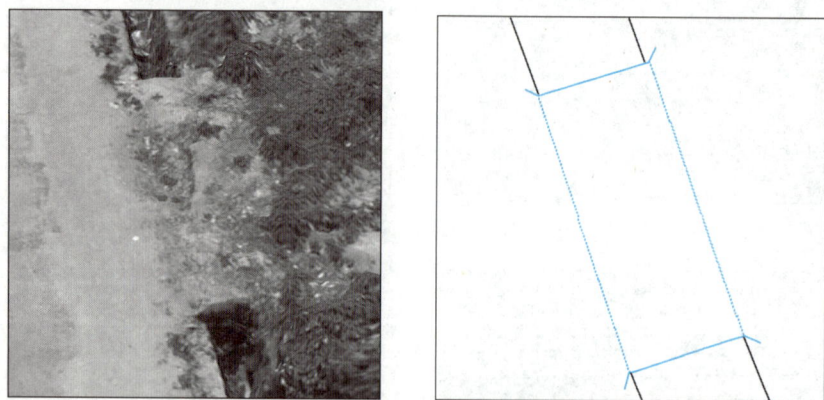

图 5-37　依比例尺涵洞采集示意图

（5）水池。

定义：用于贮水的人工池或水窖。

采集标准：

① 图上按实地形状依比例尺表示。贮水池在房屋内的，以房屋符号表示，旁边加注"水"字。单色图上的贮水池，水窖符号旁应加注"水"字。

② 净化池、污水池、洗煤池、废液池及开采地热资源的地热池也用此符号表示，并加注"净""污""洗煤""废液""地热"等字。

采集方法：在采集平台编码查询窗口水系面中选择"贮水池、水窖低于地面无盖的"，根据模型中贮水池的实际形状采集边线，结束时按"C"键闭合；当贮水池高于地面时，要用"贮水池、水窖高于地面无盖的"采集，并注意坎齿朝向水池里面，坎齿反向，用快捷键"Shift+Z"实现。加盖的水池应选择"贮水池、水窖低（高）于地面有盖的"符号采集。低于地面的水池、高于地面的水池、有盖水池采集如图 5-38～图 5-40 所示。

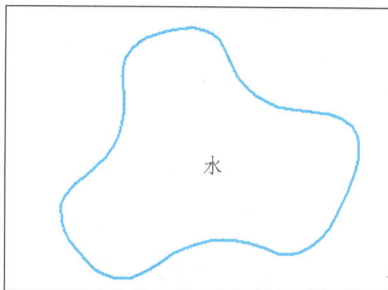

图 5-38　低于地面的水池采集示意图

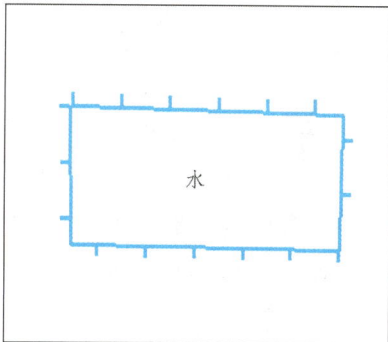

图 5-39　高于地面的水池采集示意图

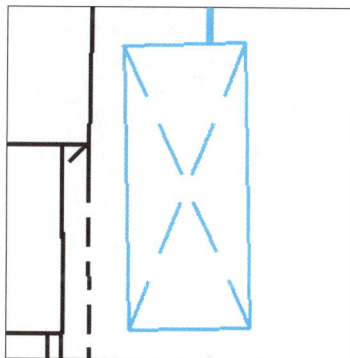

图 5-40　有盖水池采集示意图

（6）水库。

定义：因建造坝、闸、堤、堰等水利工程拦蓄河川径流而形成的水体及建筑物。溢洪道是水库的泄洪水道，用以排泄水库设计蓄水高度以上的洪水。泄洪洞口是水库坝体上修建的排水洞口。水库坝体是横截河流或围挡水体以提高水位的堤坝式构筑物。

水系采集——水库

采集标准：

① 水库岸线以常水位岸线表示，并需加注名称注记。

② 水库的溢洪道用干沟符号按其实际宽度依比例尺表示。溢洪道口底部要标注高

程，高程标在溢洪道底部的最高处。溢洪道的闸门用水闸符号表示。

③ 泄洪洞口符号按实际方向表示在洞口位置上。引水孔、取水孔、灌溉孔、排沙洞等出水口，也用此符号表示。

④ 水库坝体用拦水坝符号表示；简易修筑的挡水坝体用堤符号表示。水库坝体应注堤顶或坝顶高程、坝长和建筑材料。坝、堤内侧堤坡脚线与水涯线间的距离图上大于 0.5 mm 时，应表示水涯线；小于 0.5 mm 的，可不表示水涯线。

采集方法：

① 采集水库岸线时，在采集平台编码查询窗口水系面中选择"水库"（水库水涯线），根据模型中水库常水位岸线采集水边线，在采集过程中应贴合模型水库岸边，注意有草、树等遮挡情况时需要旋转模型尽量找到水库岸边。水库岸线走线既要贴合模型又要确保走线平滑，避免出现蚯蚓状情况。采集结束后，按"C"键闭合，并在水库面合适位置标注水库名称。水库岸线采集如图 5-41 所示。

② 采集水库坝体时，在采集平台编码查询窗口水系面中选择"拦水坝"，根据模型中坝体的实际位置采集，采集结束后，按"C"键闭合，并在坝顶合适位置注坝顶高程、坝长和建筑材料。水库坝体采集如图 5-42 所示。图中"311.75"表示坝顶高程，"78.5"表示坝长，"水泥"表示拦水坝的建筑材料。

③ 采集水库的溢洪道时，在采集平台编码查询窗口水系线中选择"溢洪道边线"（干沟），按其实际宽度依比例尺表示采集。采集时注意溢洪道边线坎齿方向，采集结束后，溢洪道口底部标注高程，高程标在溢洪道底部的最高处。溢洪道采集如图 5-43 所示。

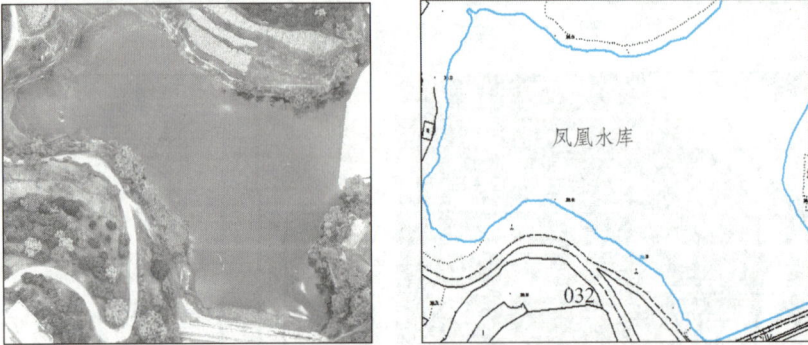

图 5-41　水库岸线采集示意图

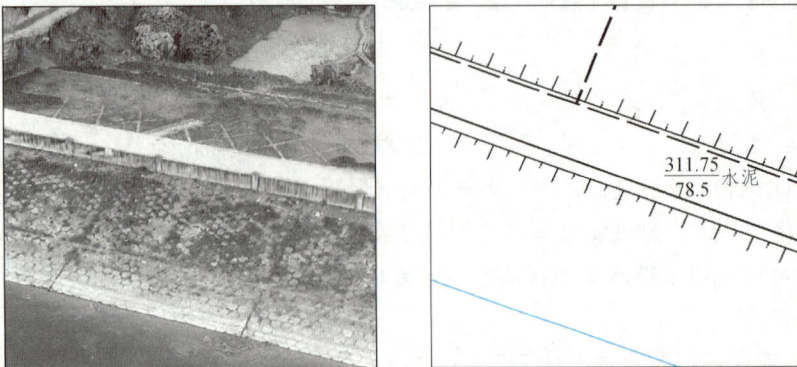

图 5-42　拦水坝采集示意图

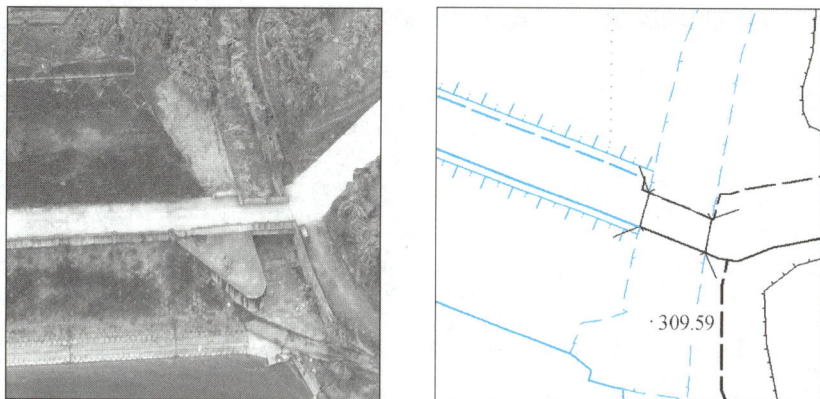

图 5-43　溢洪道采集示意图

（7）岸滩、水中滩。

定义：岸滩是河流、湖泊岸边高水位时被淹没，常水位时露出的沉积沙质、泥质地或砾石块形成的滩地；水中滩是河流、湖泊水库中常水位时被淹没，低水位时露出的沉积沙滩地或砾、泥地形成的滩地。

水系采集——沙砾滩

采集标准：图上按实地范围散列配置相应的土质符号。图上面积小于 10 mm^2 的可不表示。岸滩有植被的还应配置植被符号。

采集方法：在三维模型中，光标放置于封闭的岸滩、水中滩范围线内部，准确判断岸滩、水中滩中的土质，然后按"Shift+G"快捷键，选择"沙砾滩"或其他属性对封闭区域进行填充。水中滩采集如图 5-44 所示。

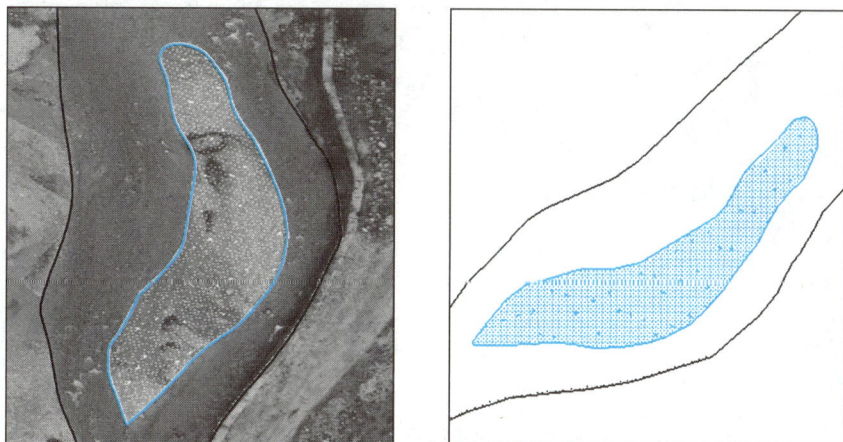

图 5-44　水中滩采集示意图

5.2.2.3　居民地及设施

1. 居民地要素类别

（1）居民地点要素。

居民地点要素包含窑洞点、省地市级行政区政府、村委会、公园点等，具体如图 5-45 所示。

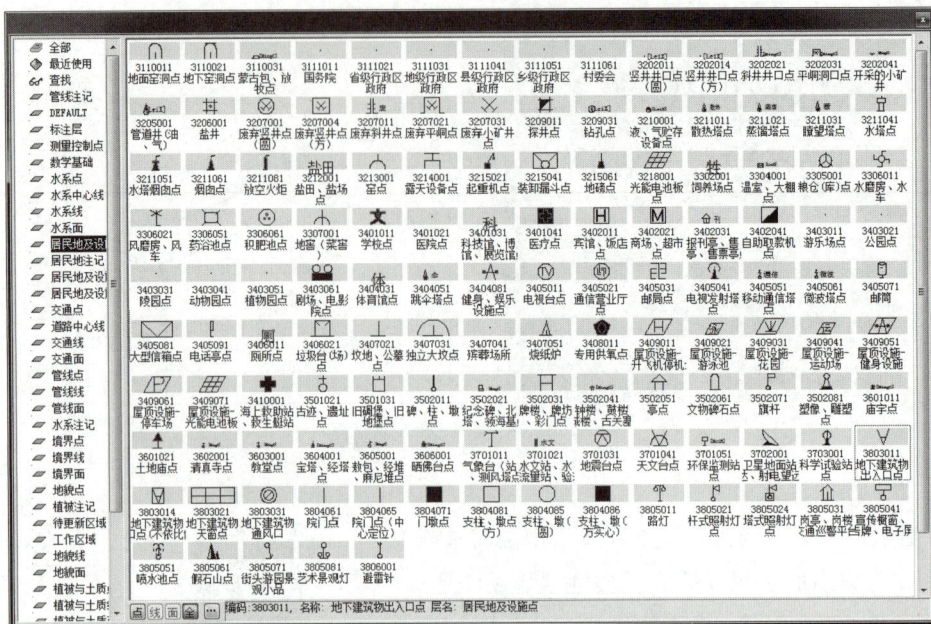

图 5-45　居民地点要素

（2）居民地线要素。

居民地线要素包含烟道、围墙、篱笆、台阶、门墩线等，具体如图 5-46 所示。

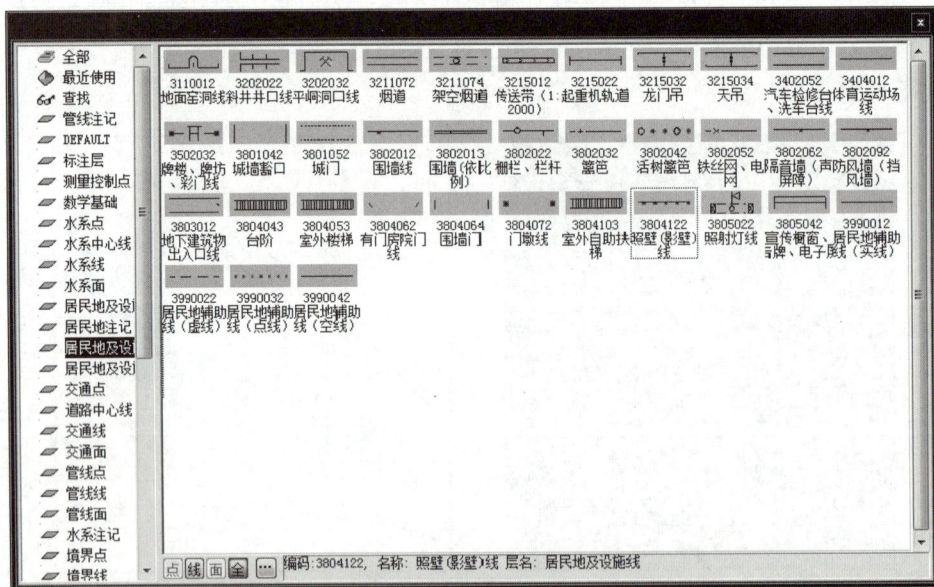

图 5-46　居民地线要素

（3）居民地面要素。

居民地面要素包含建成房屋、棚房、破坏房屋、简易房屋、建设中房屋等，具体如图 5-47 所示。

图 5-47　居民地面要素

居民地基本采集标准：

建（构）筑物及其主要附属设施均应测绘，房屋测绘以勒脚以上墙外角连线为准（测房角点时离地面 1.2 m），注记房屋材料性质和层数。

① 房屋层数按房屋的自然层进行标注。多层住宅中底层自行车库、储藏室、屋顶水箱间、跃层等不计层数；高层建筑底层的架空层计层数，层数注记表示方法如 18/1（总共 18 层，架空 1 层）。20 世纪七八十年代的农村建筑，包括木结构的老式住宅，虽层高低于 2.2 m，但作为住宿的，计入层数；而现代新建筑的农村住宅楼，入口处或两侧墙体低于 2.2 m 或面积不足 6 m² 的，不计层数。

② 农村中单家独户使用的简易厕所、牲口圈、棚房、实地面积小于 1.5 m² 的简易房屋和破坏房屋、不正规的粪池、沼气池均不表示。房屋内部天井、庭院实地面积小于 1.5 m² 的可不表示。

③ 主体楼顶出现加建情况时，如果加建材质不是混凝土的则不算一层，是则算一层。

④ 标注：

a. 住宅小区或企事业单位内部的植草砖，均按地砖表示，并注记"地砖"。

b. 阳台和飘楼若为两层或以上的注记需要分开标注，不可以只有一个字体符号。例如：阳 2，阳和 2 字体需要分开标注，为两个字体符号，数字 2 位于阳的右侧或者下方。字体指向北。

2. 居民地要素采集标准和采集方法

（1）单幢房屋。

定义：在外形结构上自成一体的各种类型的独立房屋。一般房屋指以钢、钢筋混凝土、混合结构为主要建筑结构的坚固房屋和以砖（石）木为主要建筑结构的房屋。

采集标准：房屋应按真实方向逐个表示，并加注房屋结构简注及层数。1∶2 000地形图上不注房屋结构简注，只注房屋层数；根据需要也可表示突出房屋。房屋基础加固成陡坎的部分，还应表示陡坎或将其轮廓线用陡坎符号表示。

居民地及设施采集
——房屋

采集方法：在采集平台居民地及设施面中选择"建成房屋"，开启左 Ctrl 按键，根据房屋模型的实际形状贴合 1.2 m 左右的墙面进行采集，在房屋的第一条边点击 2 个节点，其余 3 条边各点击 1 个点，结束时按"Shift+C"闭合，弹出"结构类型"窗口，选择结构类型及房屋层数（图 5-48）。开启左 Ctrl 后会生成白模，注意采集时需要关注白模：如白模基本看不见，则说明采集点在房屋内侧；如白模清晰完整，则说明采集点在房屋外侧；白模若隐若现表明恰好采集在墙面上。

图 5-48　房屋结构类型窗口

① 砼房屋：钢结构、钢筋混凝土结构及两者混合结构的框架式房屋。

注意：当首层是框架（砼）结构，上面不是框架结构（砼）时，以首层为主，即为砼房，如图 5-49 所示。

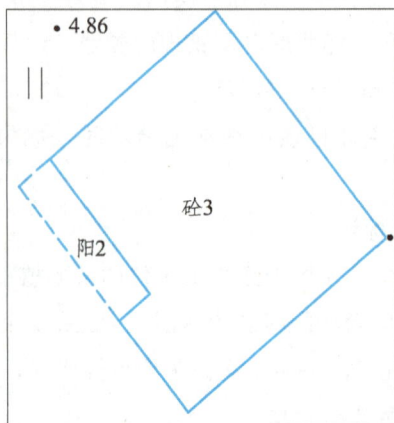

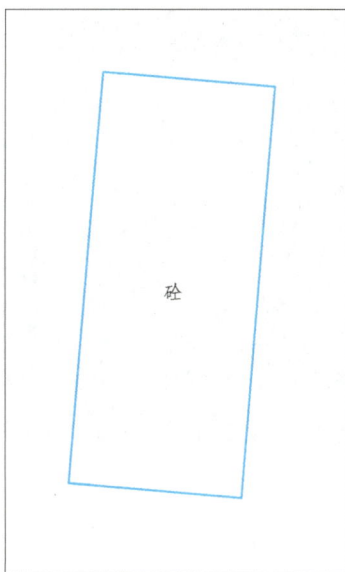

图 5-49　砼房屋采集示意图

② 混房屋：钢筋混凝土和砖（石）、木混合结构的非框架式房屋，如图 5-50 所示。

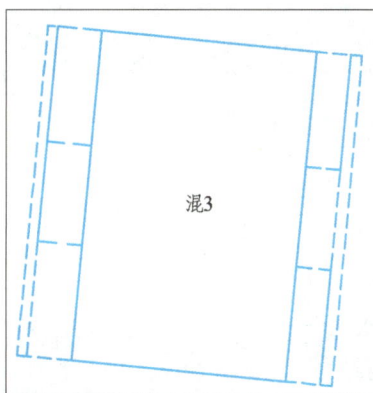

图 5-50　混房屋采集示意图

③ 砖房屋：以砖（石）、木等为主要材料建造的房屋，乡村中的砖墙屋也用砖房屋表示，如图 5-51 所示。

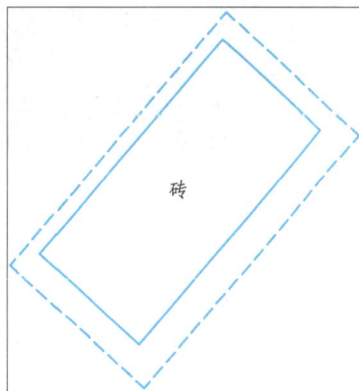

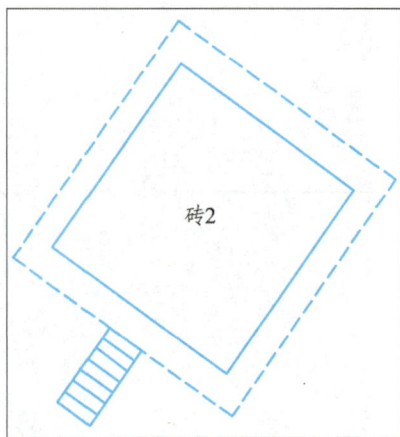

图 5-51　砖房屋采集示意图

④ 钢房屋：钢结构的框架式房屋，如图 5-52 所示。

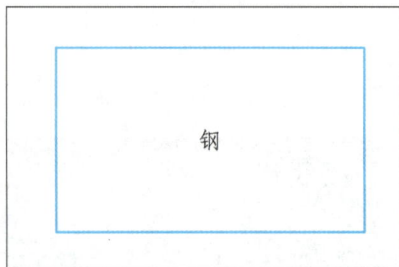

图 5-52　钢房屋采集示意图

⑤ 简单房屋：以木、竹、土坯、秫秸、铁皮、石棉瓦、塑料板、泡沫板等材料建造的房屋，如图 5-53 所示。

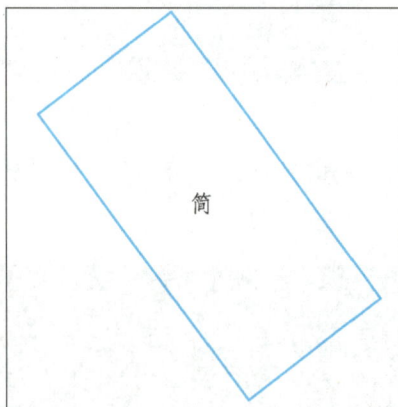

图 5-53　简单房屋采集示意图

（2）建筑中房屋。

定义：已建房基或者基本成型但未建成的房屋，如图 5-54 所示。

采集标准：正在施工或暂停施工的均用此符号表示（在房屋中间标注"建"字），建筑中房屋按最大边界采集。

采集方法：在采集平台居民地及设施面中选择"建筑中房屋"，与建成房屋画法一致，按最大边界采集。

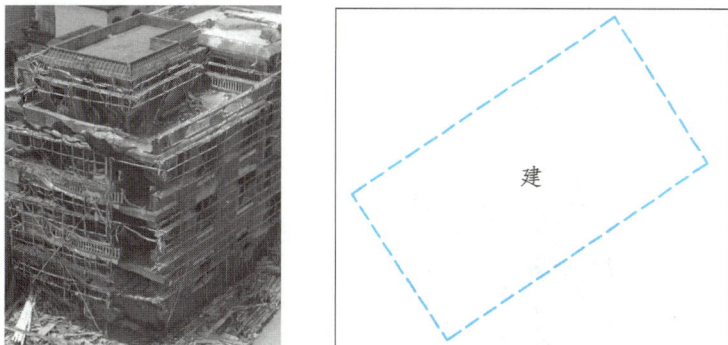

图 5-54　建筑中房屋采集示意图

（3）棚房。

定义：有顶棚，四周无墙或仅有简陋墙壁的建筑物，如图 5-55 所示。

采集标准：建筑物间顶盖、固定的天棚、地下出入口上的雨棚均用此符号表示，季节性使用的棚房和渔村也用此符号表示，并加注使用月份，有名称的注出名称。临时性的棚房不表示。

居民地及设施采集
——棚房

采集方法：在采集平台居民地及设施面中根据实际模型选择"棚房（四边有墙）""棚房（无墙）"或"棚房（一边有墙）"，使用快捷键" Ctrl+2"将模型切换至正射影像，将光标放在房角处，依次采集房屋的各个角点，结束时按"Shift+C"闭合。

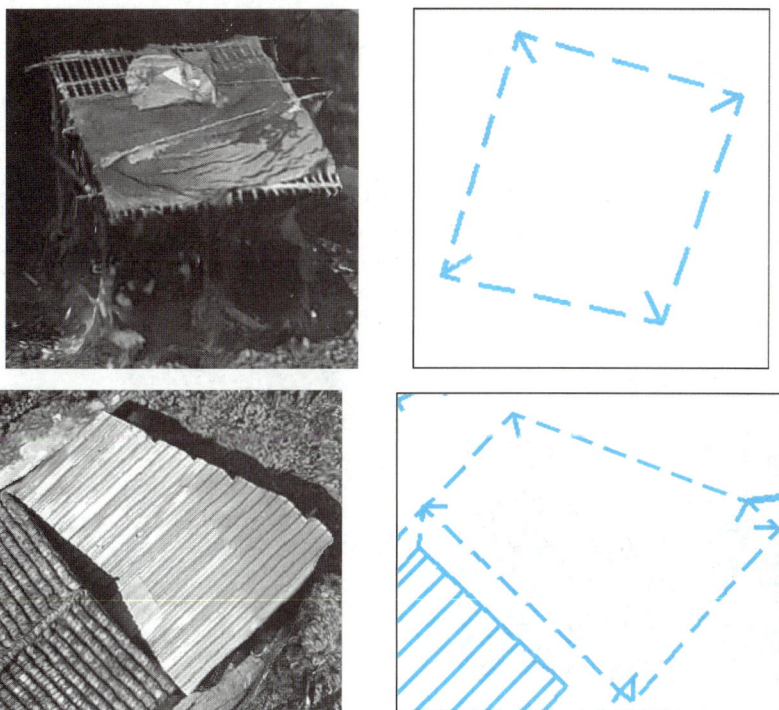

图 5-55　棚房采集示意图

（4）破坏房屋。

定义：受损坏无法正常使用的房屋或者废墟，如图 5-56 所示。

采集标准：不分建筑结构，均用此符号表示。

采集方法：在采集平台居民地及设施面中根据实际模型选择"破坏房屋"，使用房角采集方式，依次采集房屋的各个角点，结束时按"Shift+C"闭合。

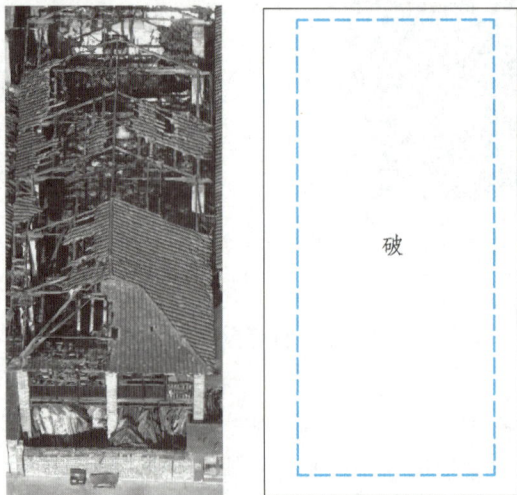

图 5-56　破坏房屋采集示意图

（5）架空房。

定义：两楼间架空的楼层及下面有支柱的架空房屋。

采集标准：

① 一般按最外的建筑范围表示，两楼间的架空楼层应注意表示与紧连房屋的相关位置，架空房下方有支柱的按实际柱位表示。吊楼也用此符号表示。架空部分计入楼层，层数注记表示方法如 18/1（总共 18 层，架空 1 层）。

② 需要标实际层数，房屋属性给架空房屋，标注按照实际属性标注，特殊情况除外。如架空房屋实际层数是 3，实质属性是砼结构，则层数注记表示方法为砼 3/1（总共 3 层，架空 1 层）。

采集方法：在采集平台居民地及设施面中根据实际模型选择"架空房、吊脚楼"，根据模型的实际形状采集，与建成房屋画法一致，如图 5-57 所示。

图 5-57　架空房采集示意图

（6）阳台。

定义：伸出楼房墙外的悬挂部分。（一般功能有：供人纳凉、晾晒衣服、摆放盆栽等。）

采集标准：按外轮廓投影表示。1∶2 000 地形图上可不表示阳台。阳台两边为落地墙壁的，可视为房屋。

居民地及设施采集
——阳台

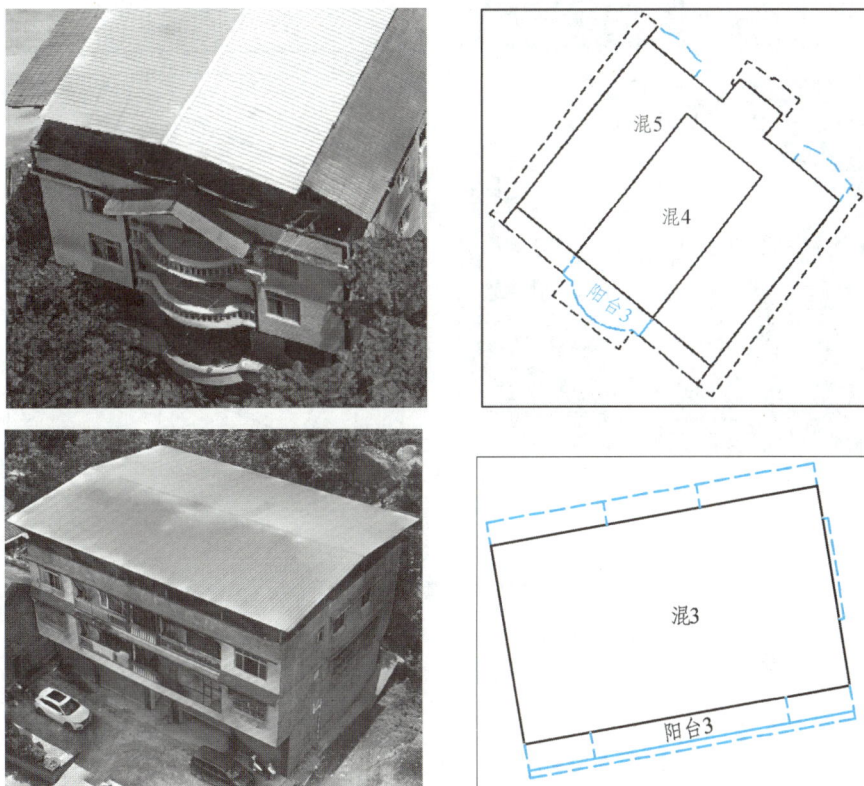

采集方法：在采集平台居民地及设施面中根据实际模型选择"阳台"，沿外轮廓实际形状采集，注记按实际层数注记如"阳台3"，如图 5-58 所示。

图 5-58　阳台采集示意图

（7）飘楼。

定义：楼房向外飘出的地面无支柱的楼层。飘出部分以投影虚线表示，并标出飘出的层数。

采集标准：架空部分不计层数。若飘楼和阳台重合，则只表示飘楼；阳台和飘楼下面还有土体的，若土体和阳台、飘楼之间不重合则两者都要按实际表示出米，若两者重合则只表示主体。

采集方法：在采集平台居民地及设施面中根据实际模型选择"廊房（骑楼、飘楼）"，沿外轮廓实际形状采集，注记按实际层数注记如"飘楼2"，如图 5-59 所示。

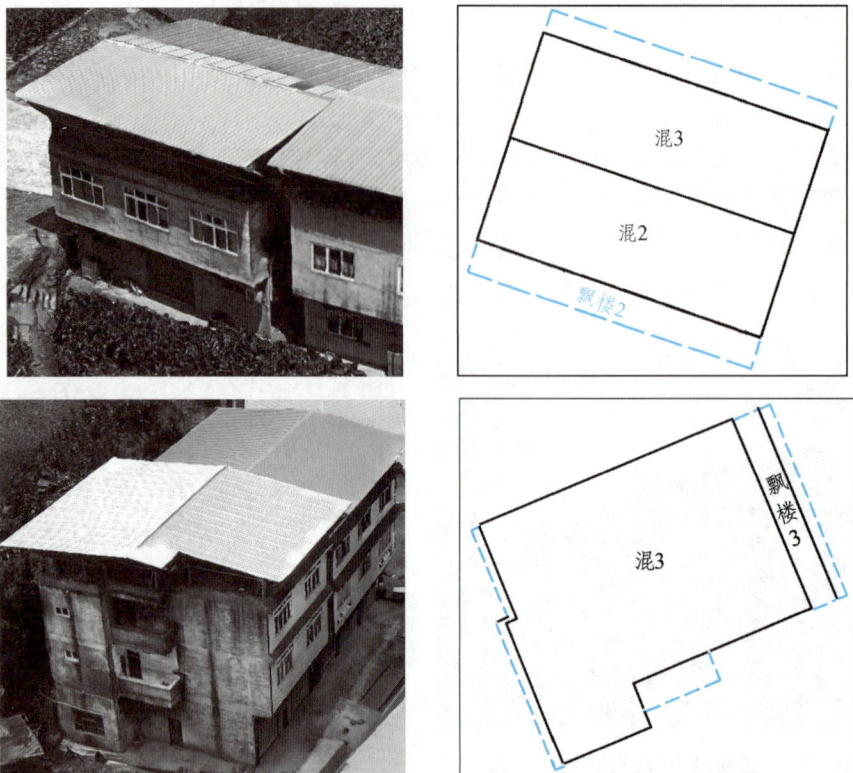

图 5-59 飘楼采集示意图

（8）檐廊。

定义：有顶盖而无支柱，下面可供人通行的通道部位。

采集标准：按外轮廓投影表示。

采集方法：在采集平台居民地及设施面中根据实际模型选择"檐廊"，沿外轮廓实际形状采集；也可以通过工具条中"距离（过点）平行线"将已有房屋线段复制平移，再通过"延伸"使线相交，并替换属性为檐廊；如图 5-60 所示。

居民地及设施采集——檐廊

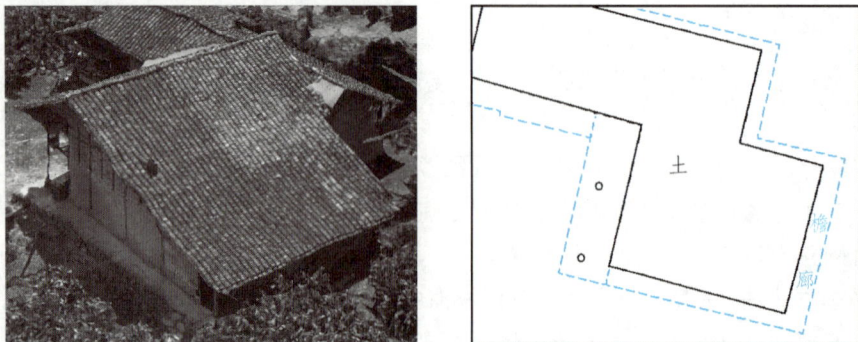

图 5-60 檐廊采集示意图

（9）台阶。

定义：砖、石、水泥砌成的阶梯式构筑物。

采集标准：房屋、河岸边、码头及大型桥梁等地的台阶均用此符号表示。图上不足 3 级台阶的不表示。

采集方法：以普通台阶采集为例，在采集平台居民地及设施面中根据实际模型选择"台阶"，由低处向高处顺时针描绘，依次点击绘制台阶外某角点，鼠标移到对角上的内角点上，利用快捷键"J"自动填充台阶符号，按"C"键闭合，结束绘制，如图 5-61 所示。

居民地及设施采集
——台阶

图 5-61　台阶采集示意图

（10）室外楼梯。

定义：依附楼房外墙的非封闭楼梯。

采集标准：楼梯宽度在图上小于 1.0 mm 的不表示。螺旋式室外楼梯按其投影线表示，支柱不表示。

采集方法：在采集平台居民地及设施面中根据实际模型选择"室外楼梯"，沿模型实际形状采集，如图 5-62 所示。

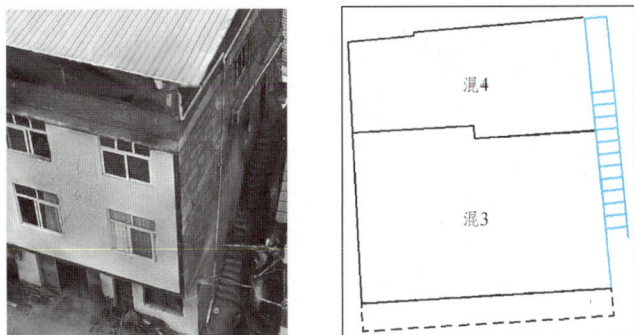

图 5-62　室外楼梯采集示意图

（11）垣栅。

① 围墙。

定义：用土或砖、石砌成的起封闭阻隔作用的墙体。

采集标准：土墙、砖石墙、土围、垒石围等不分结构性质均用此符号表示。上部为栏杆式的围墙，当底座的围墙体高出地面 1.2 m 的按围墙表示，低于 1.2 m 的按栅栏表示，栅栏测定柱体外边线。栅栏、栏杆、竹木篱笆、活树篱笆、铁丝网实地长度大于 10 m 的应表示。围墙宽大于 25 cm 的表示为依比例尺围墙（1：500 的围墙一般都表示为依比例尺围墙），围墙宽小于 25 cm 的用不依比例尺符号表示。

居民地及设施采集
——围墙

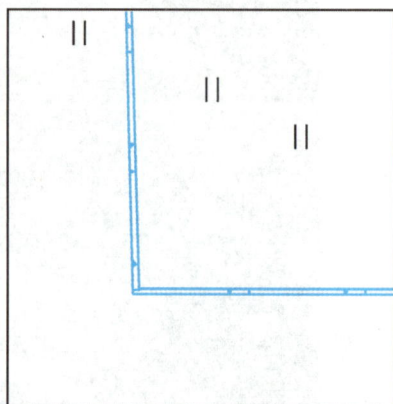

采集方法：在采集平台居民地及设施面中根据实际模型选择"围墙（依比例）"或"围墙线"，沿模型实际形状采集。若为同一条围墙则两者之间需要打通，不是同一条围墙则直接搭在一起表示即可，如图 5-63 所示。

图 5-63　围墙线采集示意图

② 篱笆。

定义：用竹、木等材料编织成的较长时间保留的起封闭阻隔作用的障碍物。

采集标准：篱笆与街道边线重合时，只表示篱笆符号。

采集方法：在采集平台居民地及设施面中根据实际模型选择"篱笆"，沿模型实际形状采集，如图 5-64 所示。

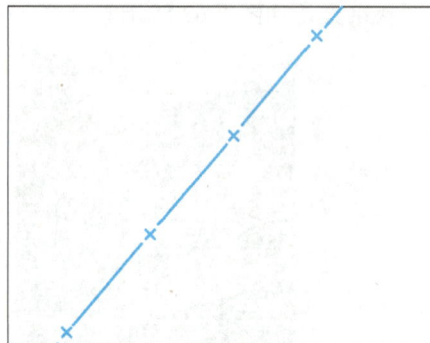

图 5-64　篱笆采集示意图

③ 栅栏、栏杆：

定义：有支柱或基座的，用铁、木、砖、石、混凝土等材料制成的起封闭阻隔作用的障碍物。

采集标准：符号上的短线一般向里表示。垣栅与街道边线重合时，只表示垣栅符号。路边栅栏符号的短线指向路中，路边用于包围其他地物的栅栏除外。

采集方法：在采集平台居民地及设施面中根据实际模型选择"栅栏、栏杆"，沿模型实际形状采集，如图 5-65 所示。

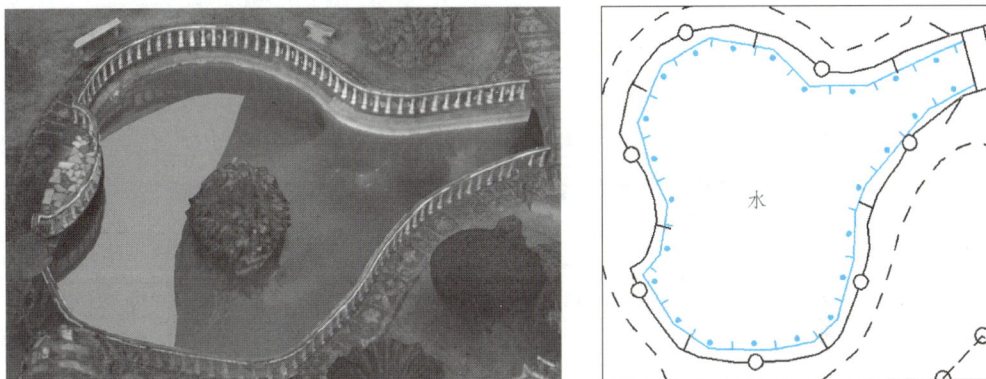

图 5-65　栏杆采集示意图

（12）门墩。

定义：各种供铁门、木门竖立的墩柱。

采集标准：图上边长大于 1.0 mm 的依比例尺表示，图上小于 1.0 mm 时按 1.0 mm 表示。

采集方法：在采集平台编码查询窗口点击居民地及设施面，根据实际模型选择"门墩面"属性，然后将三维模型旋转至合适的位置，点击鼠标左键开始，开启左 Ctrl 按键，以垂直方式画矩形采集，按"C"键闭合，如图 5-66 所示。

居民地及设施采集
——门墩

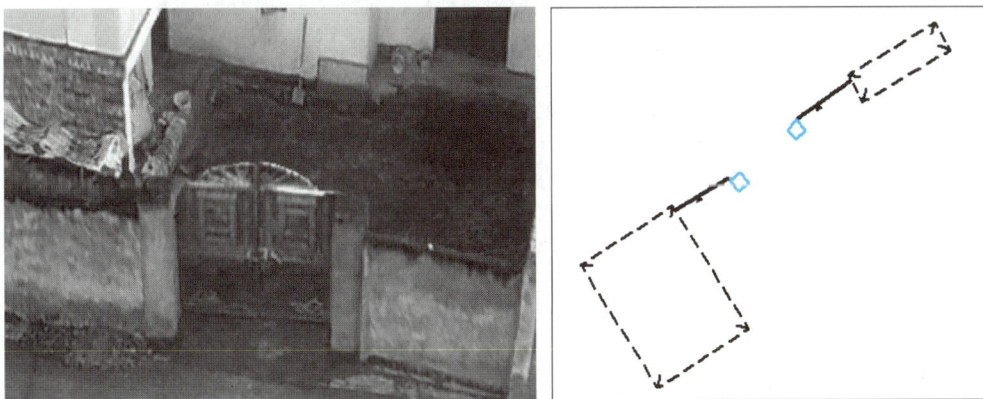

图 5-66　门墩采集示意图

5.2.2.4 交 通

交通是陆运、水运、海运及相关设施的总称。

交通及附属设施的测绘，在图上应准确反映陆地道路的类别和等级、附属设施的结构和关系，正确处理道路的相交关系及与其他要素的关系。交通及附属物，应根据规范要求合理选择交通点、线、面要素，按实际形状采集道路边线。采集时注意道路的连通性、不同级别不同材质的要断开、分别表示。双线道路与房屋、围墙等高出地面的建筑物边线重合时，可用建筑物边线代替道路边线。

1. 交通要素类别

（1）交通点要素。

交通点要素包含车道信号灯、桥墩、路标等，具体如图 5-67 所示。

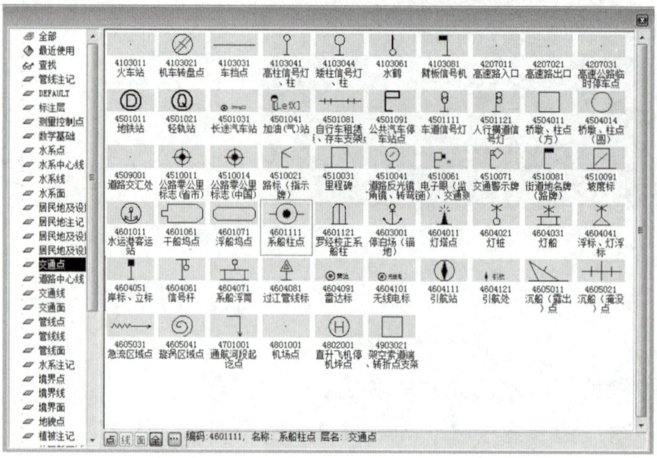

图 5-67　交通点要素

（2）交通线要素。

交通线要素包含水系中心线和水系线，主要包含道路边线、内部道路、小路、路堤线、人行桥线等，具体如图 5-68 所示。

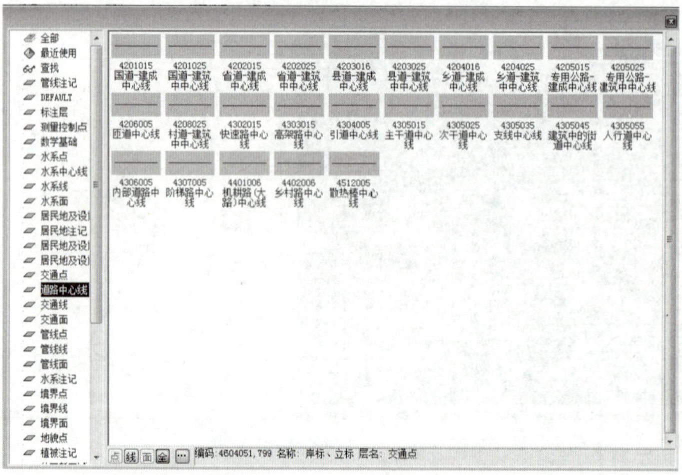

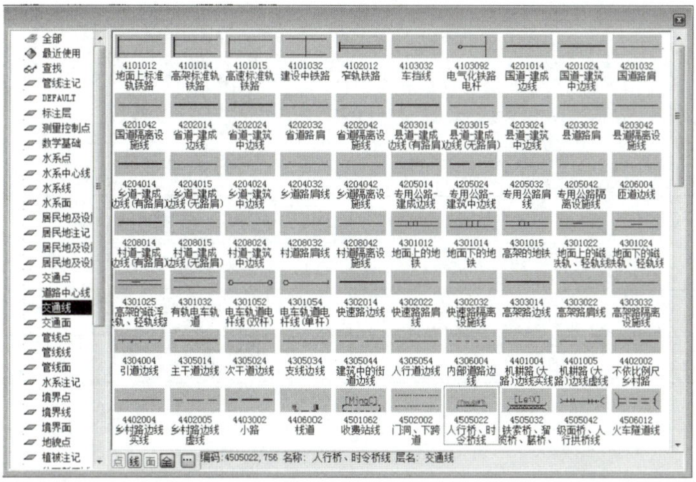

图 5-68 交通线要素

（3）交通面要素。

交通面要素包含人行桥面、停车场、桥墩面、隧道面等，具体如图 5-69 所示。

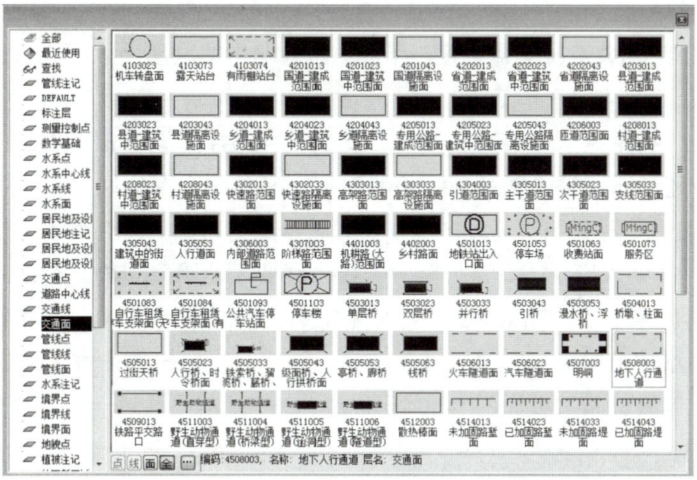

图 5-69 交通面要素

2. 交通要素采集标准和采集方法

（1）等级公路。

定义：公路按其行政等级分别用相应的国道、省道、县道、乡道及其他公路、专用公路符号表示，高速公路作为特殊公路单独列出。高速公路是指具有中央分隔带、多车道、立体交叉，出入口受控制的专供汽车高速行驶的公路；国道是指具有全国性的政治、经济、国防意义，并确定为国家级干线的公路；省道是指具有全省（自治区、直辖市，下同）政治、经济意义，连接省内中心城市和主要经济区的公路，以

交通要素三维采集
——等级公路

及不属于国道的省际重要公路；专用公路是指专供特定用途服务的公路；县道、乡道及其他公路指连接县城和县乡镇的，或国道、省道以外的县际、乡镇际的，由县、乡财政投资、管理的公路。建筑中的各级公路指已定型正在施工的公路。

采集标准：

① 图上应每隔 15～20 cm 注出公路技术等级代码及其行政等级的代码和编号，有名称的加注名称。公路技术等级代码及行政等级代码见表 5-5。

表 5-5　公路技术等级代码及行政代码

公路技术等级	代码	公路行政等级	代码
高速公路	0	国道、国道主干线	G、GZ
一级公路	1	省道	S
二级公路	2	县道	X
三级公路	3	乡道	Y
四级公路	4	专用公路	Z
等外公路	9	其他公路	Q

② 高速公路、一级公路的隔离设施（如隔离墩）根据需要表示，隔离带图上宽度小于 1.0 mm 时用 0.3 mm 实线表示，栅栏、排水沟、绿化带、铁丝网等以相应符号表示。

③ 各级公路应表示行车道宽度、路肩宽度。路肩宽度图上大于 1 mm 时依比例尺表示，小于 1 mm 时按 1 mm 表示。

采集方法：在采集平台编码查询窗口交通线中选择"国（省、县）道建成边线"，切合模型中道路的路面沿道路最外围边线采集，可采集一条边线，采用"结束时生成平行线"的功能，同时将采集另外一条边线。采集路肩线时，在交通线中选择"国（省、县）道路肩"，按要求表示；高速公路、一级公路要表示隔离设施，在采集平台编码查询窗口交通线中选择"国（省、县）道隔离设施线"，按要求采集。采集结束后，按要求加注等级公路技术等级及行政代号及编码，图中"①"代表一级公路，"G93"代表国道及编码。等级公路采集如图 5-70 所示。

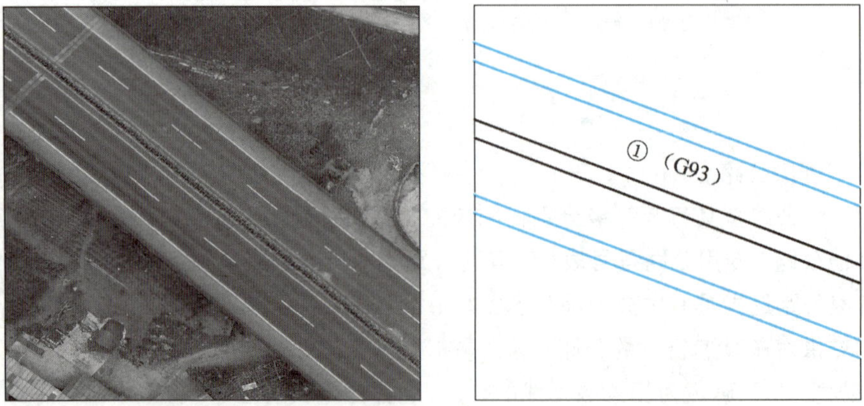

图 5-70　等级公路采集示意图

（2）机耕路。

定义：路面经过简易铺修，但没有路基，一般能通行大车和拖拉机的道路，某些地区也可通行汽车。

采集标准:

① 机耕路的宽度依比例尺测绘,若实地宽窄不一,且变化频繁,则图上可取中等宽度绘成平行线。

② 一般遵循"上虚下实、左虚右实,位置关系变化处变换虚实"的原则表示。

采集方法:在采集平台编码查询窗口交通线中选择"机耕路边线实(虚)线"切合模型中路面边线按平行线方式采集,最后可在局部修改。采集结束后,加注路面铺装材料。机耕路采集如图 5-71 所示。

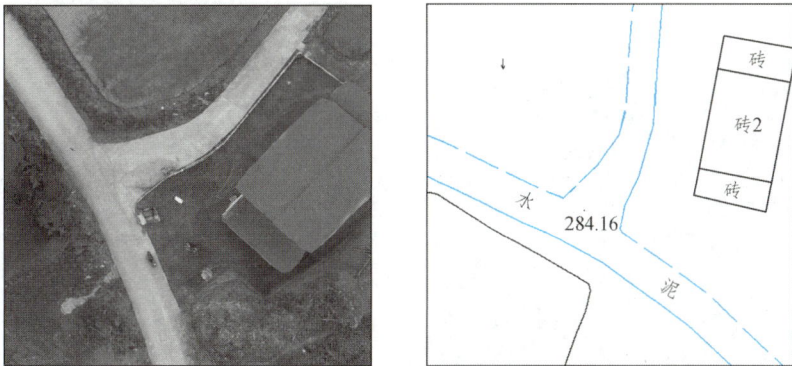

图 5-71　机耕路采集示意图

(3)乡村路。

定义:不能通行大车、拖拉机的道路。路面不宽,有的地区用石块或石板铺成。山地、谷地、森林地区以及沙漠、半沙漠等荒僻地区的驮运路也用乡村路符号表示。

采集标准:图上宽度小于 0.7 mm 时,用不依比例尺符号表示。一般虚线绘在光辉部,实线绘在阴影部。

采集方法:采集依比例尺乡村路时,在采集平台编码查询窗口交通线中选择"乡村路边线实(虚)线"切合模型中路面边线按平行线方式采集,最后可在局部修改。采集结束后,加注路面铺装材料。不依比例尺表示时,在采集平台编码查询窗口交通线中选择"不依比例尺乡村路"切合模型中路面中心线采集。依比例尺乡村路采集如图 5-72 所示。

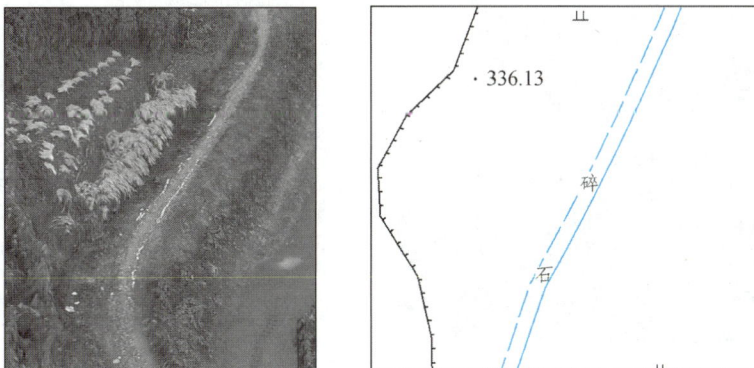

图 5-72　乡村路采集示意图

（4）小路。

定义：乡村中供单人单骑行走的道路。

采集标准：小路沿着道路中心线采集。人行栈道指开凿于悬崖绝壁上，用固定支架架设的悬空小道，也用此符号表示，并加注"栈道"二字。

采集方法：在采集平台编码查询窗口交通线中选择"小路"切合模型中路面中心线采集。小路采集如图 5-73 所示。采集小路时，要注意路和路之间都是有衔接的，不要无故断开，不能画出一条完全孤立的路，小路两端都要有目标地物，如居民地、公路、田块等。

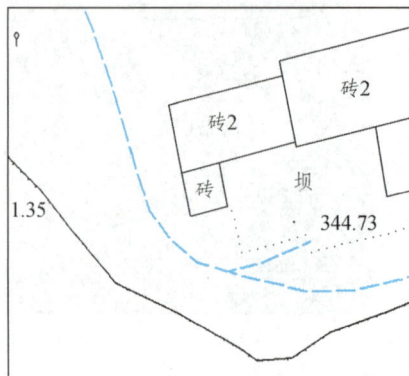

图 5-73　小路采集示意图

（5）内部道路。

定义：公园、工矿、机关、学校和居民小区等内部经过铺装的主要道路。

采集标准：宽度在图上大于 1 mm 的依比例表示，小于 1 mm 的则择要表示。

采集方法：在采集平台编码查询窗口交通线中选择"内部道路边线"，切合模型中内部道路边线采集。采集过程中需注意，在一个较大封闭区域内部的道路才可以采集内部道路，内部道路不能出院墙，画到门墩位置即可。内部道路采集如图 5-74 所示。

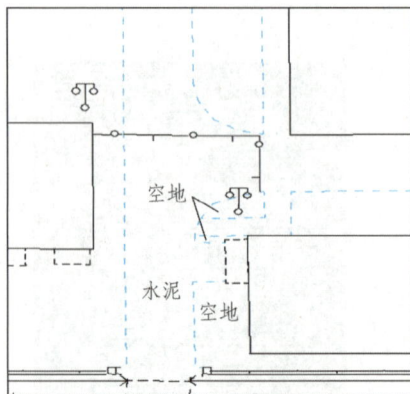

图 5-74　内部道路采集示意图

（6）铁轨。

定义：按标准轨距（轨距为 1.435 m，以轨内侧量测）表示的铁路。

采集标准：1∶500、1∶1 000 地形图上按轨距以双线依比例尺表示，1∶2 000 地形图上用不依比例尺符号表示。

采集方法：在采集平台编码查询窗口交通线中选择"地面上的标准轨铁路"，切合模型中铁路边线采集。铁轨采集如图 5-75 所示。

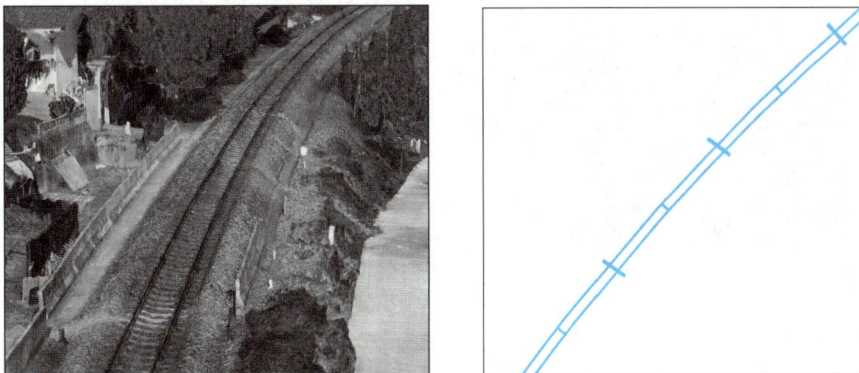

图 5-75　标准铁轨路采集示意图

（7）车行桥。

定义：跨越水面、沟壑或道路等，供车辆通行的架空通道，分单层桥、铁路公路两用的双层桥和铁路公路并行的桥梁。引桥指连接双层桥和路堤的架空部分。

交通要素三维采集——桥

采集标准：

① 桥梁应加注建筑材料，如"钢""砼""石""木"等字，四级以上公路的桥梁应加注载重吨数。

② 引桥、桥墩应表示，但在 1∶2 000 地形图上可不表示桥墩。

③ 引桥和连接引桥的铁路、公路按实地情况用相应的符号表示。

采集方法：以单层桥为例，在采集平台编码查询窗口交通面中选择"单层桥"，切合模型沿桥梁两侧端点依次采集，最后按"C"键闭合结束。采集过程中注意桥梁与沟渠、道路的衔接。单层桥采集如图 5-76 所示。

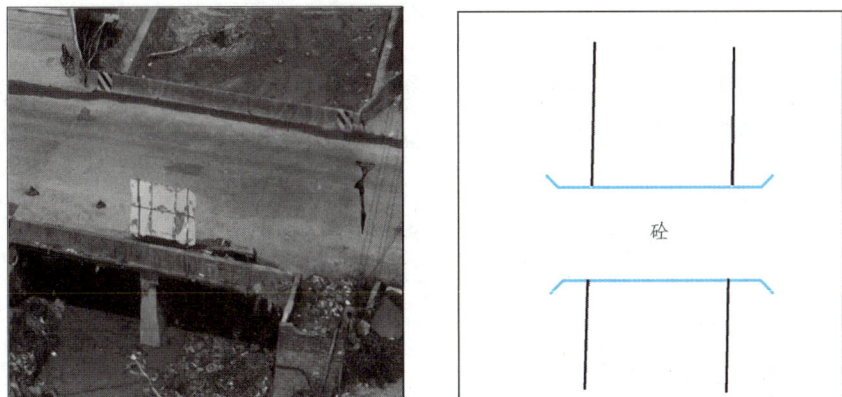

图 5-76　单层桥采集示意图

（8）停车场。

定义：有人值守的，用来停放各种机动车辆的场所。

采集标准：露天停车场用地类界符号表示车场范围，其内配置符号；图上面积小于 25 mm² 的不表示。楼房及地下停车场不表示，只表示其地下出入口。

采集方法：在采集平台编码查询窗口交通面中选择"停车场"，切合模型沿停车场边线依次采集，最后按"C"键闭合结束。停车场采集如图 5-77 所示。

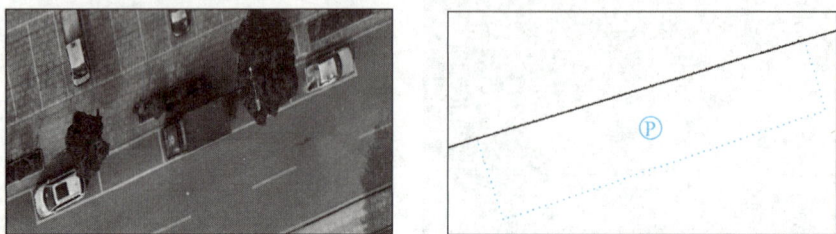

图 5-77　停车场采集示意图

（9）路标。

定义：设置在道路边的指示道路通达情况的柱式标志。有方位意义的才表示。

采集标准：一般采集路标的底部。

采集方法：在采集平台编码查询窗口交通点中选择"路标"，在模型中路标的底部采集。路标采集如图 5-78 所示。

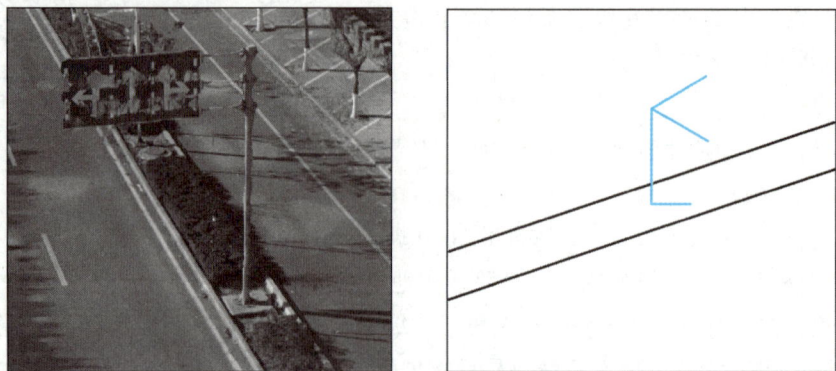

图 5-78　路标采集示意图

5.2.2.5　管　线

管线为电力线（分为输电线和配电线）、通信线、各种管道及其附属设施的总称。管线及附属物，应根据规范要求合理选择管线点、线、面要素，按实际形状采集。

1. 管线要素类别

（1）管线点要素。

管线点要素包含电杆点、消火栓、雨水箅子等，具体如图 5-79 所示。

（2）管线线要素。

管线线要素包含高压输电线、配电线、通信线、给排水管线等，具体如图 5-80 所示。

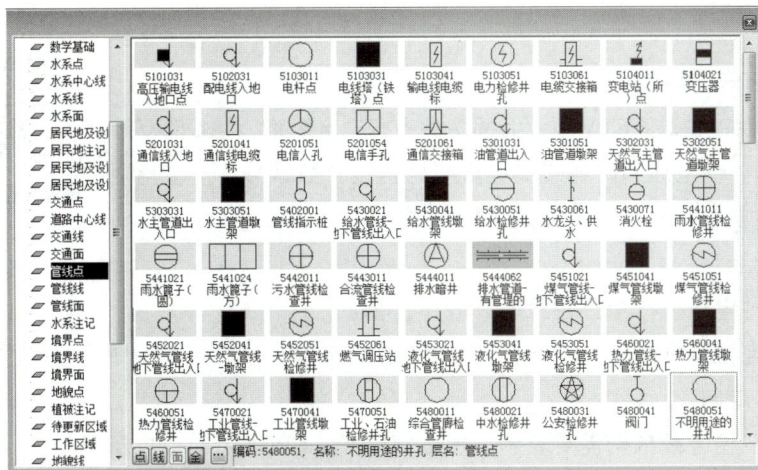

图 5-79　管线点要素

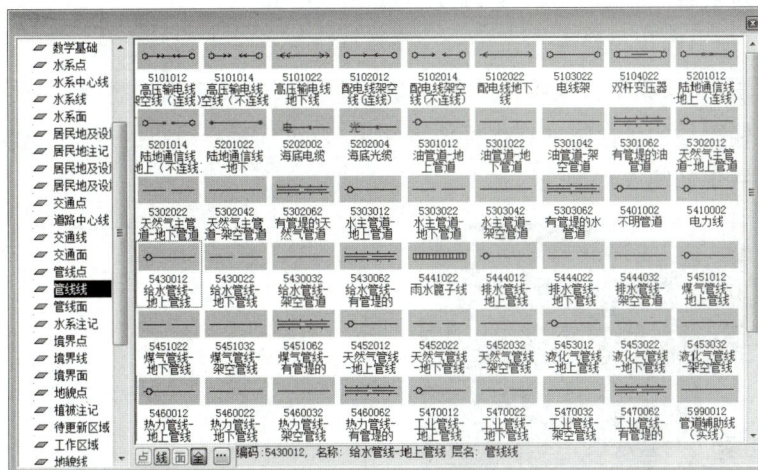

图 5-80　管线线要素

（3）管线面要素。

管线面要素包含电线塔面、变电站面、管道辅助面等，具体如图 5-81 所示。

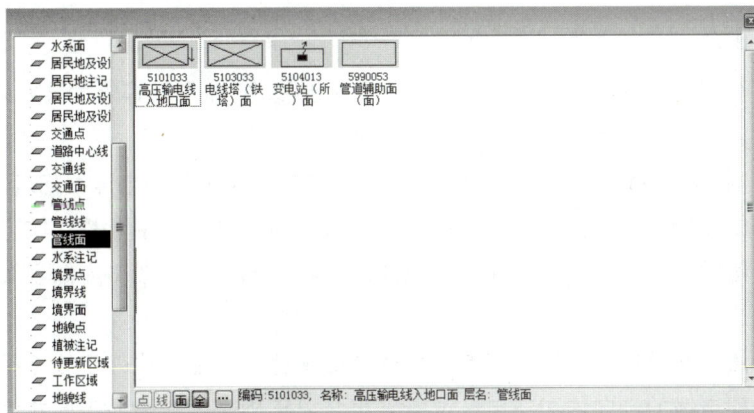

图 5-81　管线面要素

2. 管线要素采集标准和采集方法

（1）高压输电线。

定义：用以输送 6.6 kV 以上且固定的高压输电线路。图上以双箭头符号表示。输电线和配电线实地可根据瓷瓶个数区分，一个瓷瓶以上的为输电线，一个小瓷瓶的为配电线。

管线采集——输电线

采集标准：

① 多种电线在一个杆柱上时只表示主要的。

② 输电线根据需要可不连线，仅在杆位或转折、分岔处和出图廓时在图内表示一段符号以示走向。

③ 地下输电线根据需要表示。图上每隔 3~4 节表示一节电压符号。

④ 电缆标按实地位置表示，一般不取舍，但在 1∶2 000 地形图上电力线直线部分的电缆标可取舍。

⑤ 地下电力线用虚线表示，入地口紧靠杆位垂直于电力线表示。

采集方法：在采集平台编码查询窗口管线线中选择"高压输电线架空线（不连线）"，在模型中按输电线的走向依次在电杆位置采集，以正确表示线路的走向并使走向连贯。高压输电线采集如图 5-82 所示。

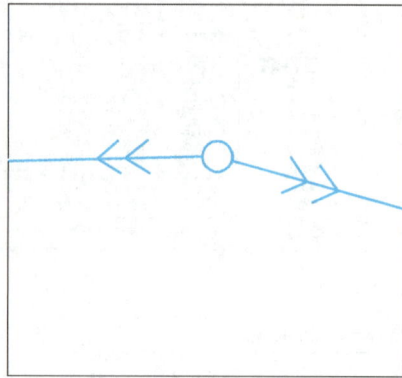

图 5-82　高压输电线采集示意图

（2）配电线。

定义：用以输送 6.6 kV 以下且固定的低压配电线路，即电压等级为 220 V 和 380 V 的电力线路，图上以单箭头符号表示。

采集标准：配电线的表示方法同输电线。永久性的电力线、电信线均应准确表示，电杆、铁塔位置应实测。当多种线路在同一杆架上时，只表示主要的。城市建筑区内电力线、电信线可不连线，但应在杆架处绘出线路方向。各种线路应做到线类分明、走向连贯。

采集方法：在采集平台编码查询窗口管线线中选择"配电线架空线（不连线）"，在模型中按配电线的走向依次在电杆位置采集，以正确表示线路的走向并使其连贯。配电线采集如图 5-83 所示。

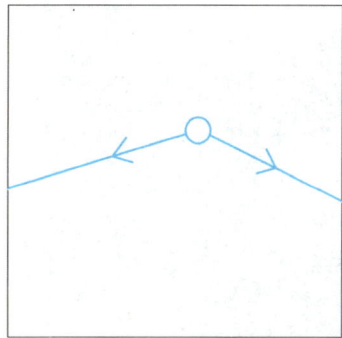

图 5-83　配电线采集示意图

（3）电力线附属设施。

定义：

① 电杆：支撑电线的立杆。

② 电线架：由两根立杆组成，支撑电线的支架。电线架按实地位置表示。

③ 电线塔：由钢架结构组成，支撑电线的塔架。电线塔（铁塔）按实地位置表示。

④ 电缆标：指示地下电力线的地面标志。

⑤ 电缆交接箱：交流电电缆的分接设备。

⑥ 电力检修井：进入地下检修电力线的出入口。

采集标准：电杆不区分建筑材料、断面形状，均用同一个符号表示。电杆、电线架、电线塔（铁塔）均按实地位置表示，电缆标符号垂直于电力线表示。电缆标位置按实地表示，但在 1∶2 000 地形图上除拐弯处外，直线部分可取舍。电缆交接箱图上只表示室外的，并按实地位置表示。

采集方法：采集电线架时，在采集平台编码查询窗口管线线中选择"电线架"，按实际位置表示，采集两杆位的中心点，用直线表示；采集不依比例尺的电线塔时，在采集平台编码查询窗口管线点中选择"电线塔（铁塔）点"，按实际位置表示，采集电线塔的中心位置；采集依比例尺的电线塔时，在采集平台编码查询窗口管线面中选择"电线塔（铁塔）面"，按实际位置表示，依次采集电线塔底部四个基座的中心位置，按"C"键结束；电缆标的采集，在采集平台管线点中选择"输电线电缆标"，按实际位置表示，采集电缆标的中心点。电线架、电线塔、电缆标采集如图 5-84 ~ 图 5-86 所示。

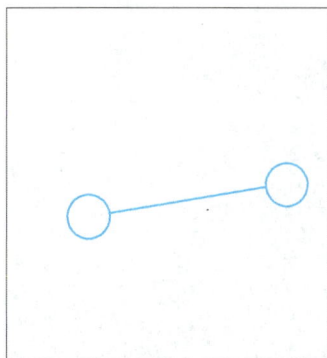

管线采集——电线塔

图 5-84　电线架采集示意图

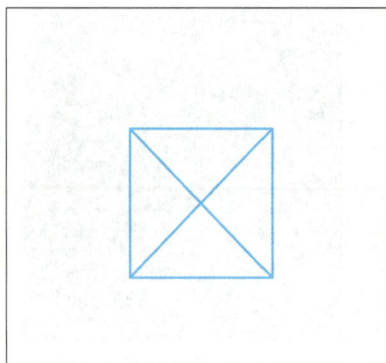

图 5-85　电线塔采集示意图

图 5-86　电缆标采集示意图

（4）变电室。

定义：改变电压和控制电能输送与分配的场所。

采集标准：

① 设在房屋内的，其房屋轮廓内配置符号；露天的范围用相应的地物符号表示，范围内配置符号。

② 其房屋或轮廓范围不能依比例尺表示时，只表示变电室（所）符号，符号表示在大变压器的位置上。

采集方法：在采集平台编码查询窗口管线点编码查询窗口中选择"变电室（所）点"，在变电室所在的房屋及露天范围内配置此符号。变电室采集如图 5-87 和图 5-88 所示。

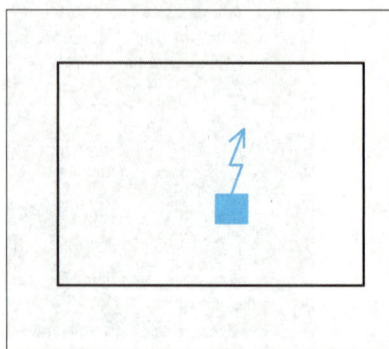

图 5-87　室内变电室采集示意图

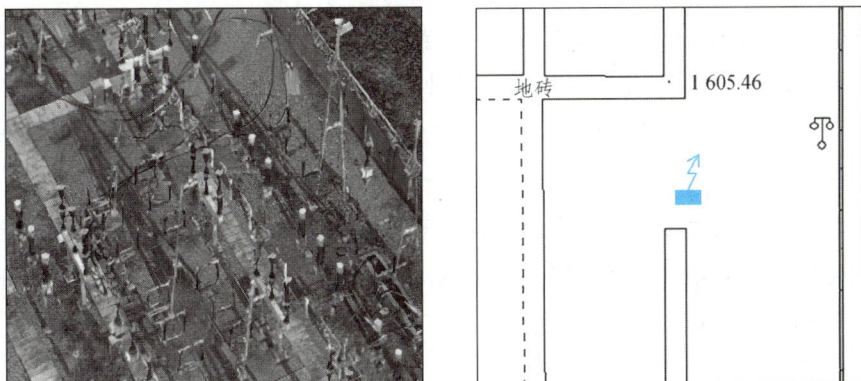

图 5-88　室外变电室采集示意图

（5）变压器。

定义：露天的、安装在电线杆/架上的小型变压器。

采集标准：按实地位置表示，变压器大于符号尺寸的，用轮廓线表示，其内配置符号。

采集方法：采集单杆上的变压器时，在采集平台编码查询窗口管线点中选择"变压器"，按实际中心位置采集；采集双杆上的变压器时，在采集平台编码查询窗口管线线中选择"双杆变压器"，采集两杆位的中心点。双杆变压器采集如图 5-89 所示。

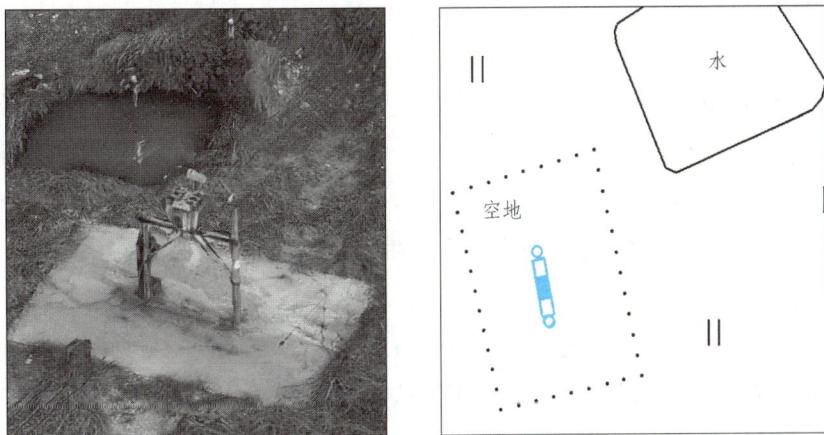

图 5-89　双杆变压器采集示意图

（6）通信线。

定义：

① 供通信的陆地电缆、光缆线路，如电话线、广播线等，光缆应加注"光"字，较长时图上每隔 15 cm 重复注出。

② 电缆标：指示地下通信线的地面标志，按实地位置表示。

③ 电信检修井孔：进入地下检修通信线的出入口。

④ 电信交接箱：供市内、城镇电信网主干电（光）缆与配线电（光）缆交接的大容量交接分线设备。图上只表示落地的电信交接箱。

采集标准：通信线及附属设施的表示方法同输电线。永久性的电力线、电信线均应准确表示，电杆、铁塔位置应实测。当多种线路在同一杆架上时，只表示主要的。城市建筑区内电力线、电信线可不连线，但应在杆架处绘出线路方向。各种线路应做到线类分明、走向连贯。

采集方法：以陆地通信线的采集为例，在采集平台编码查询窗口管线线中选择"陆地通信线地上（不连线）"，在模型中按通信线的走向依次在电杆位置采集，以正确表示线路的走向并使其连贯。通信线采集如图 5-90 所示。

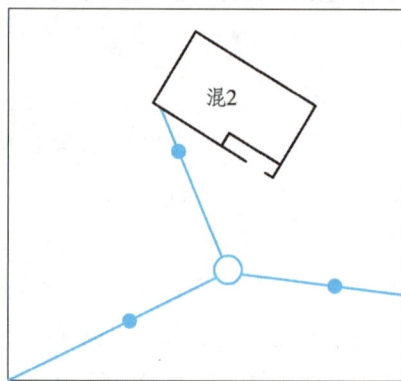

图 5-90　通信线采集示意图

（7）管道。

定义：输送油、汽、气、水等液体和气态物质的管状设施。

采集标准：

① 管道分为架空的、地面上的、地面下的、有管堤的 4 种，分别用相应符号表示，并加注输送物名称。根据需要也可注记输送物名称简注。

② 架空管道的支架按实际位置表示，当支架密集时，直线部分可取舍。

③ 地下管道在能判别走向的情况下可选择表示。地面下的管道在地面上的标志用过江管线标符号表示。

④ 有管堤的管道是指管道敷设于地面、上面修筑土堤保护管道。图上大于符号尺寸的依比例尺表示。

⑤ 各种管道通过河流、沟渠时，在水上通过的以"架空的"符号表示，在水下通过的以"地面下的"符号表示。

采集方法：在采集平台编码查询窗口管线线中选择"工业管线架空管线"，在模型中按管线的走向采集，以正确表示管线的走向。采集结束后，加注输送物名称。根据需要也可注记输送物名称简注。管线采集如图 5-91 所示。

管线采集——管线

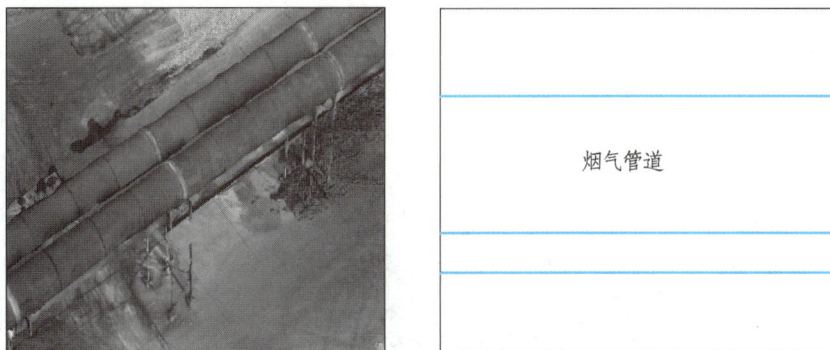

图 5-91　工业管线架空管线采集示意图

（8）管道附属设施。

定义：

① 水龙头：室外饮水、供水的出水口的控制开关。

② 消火栓：消防用水接口。室外地上和地下的消火栓均用此符号表示。

管线采集——管线附属

③ 阀门：工业、热力、液化气、天然气、煤气、给水、排水等各种管道的控制开关。

④ 污水、雨水箅子：城市街道及内部道路旁污水雨水管道口起算滤作用的过滤网。

采集标准：污水箅子、消防栓、阀门、水龙头、电线箱、电话亭、路灯、检修井均应实测中心位置，以符号表示，必要时标注用途。供水站依比例尺表示，其内配置水龙头符号。阀门池在图上大于符号尺寸时，依比例尺表示，其内配置阀门符号。

采集方法：以雨水箅子采集为例，在采集平台编码查询窗口管线点中选择"雨水箅子"，在模型中实际中心位置采集即可。雨水箅子采集如图 5-92 所示。

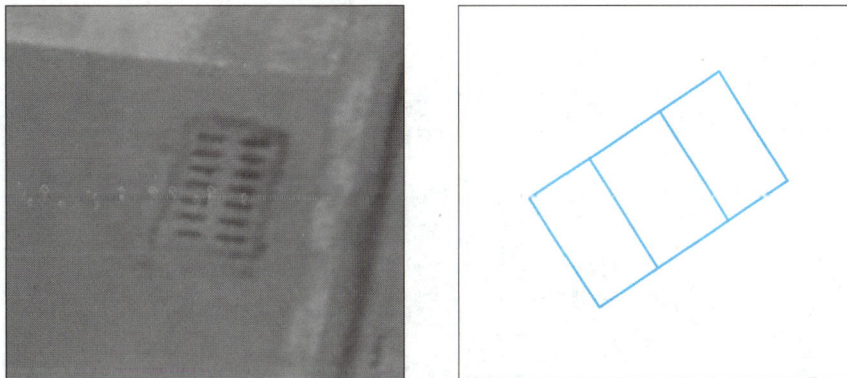

图 5-92　雨水箅子采集示意图

5.2.2.6　境　界

境界是区域范围的分界线，分为国界和国家内部境界两种。当两级以上境界重合时，按高一级境界表示。国家内部各种境界，遇有行政隶属不明确地段，用未定界符号表示。

1. 境界点要素

境界点要素包含国界界桩、界碑，省级行政区界线-界桩、界碑，地级行政区-界桩、界碑等，具体如图 5-93 所示。

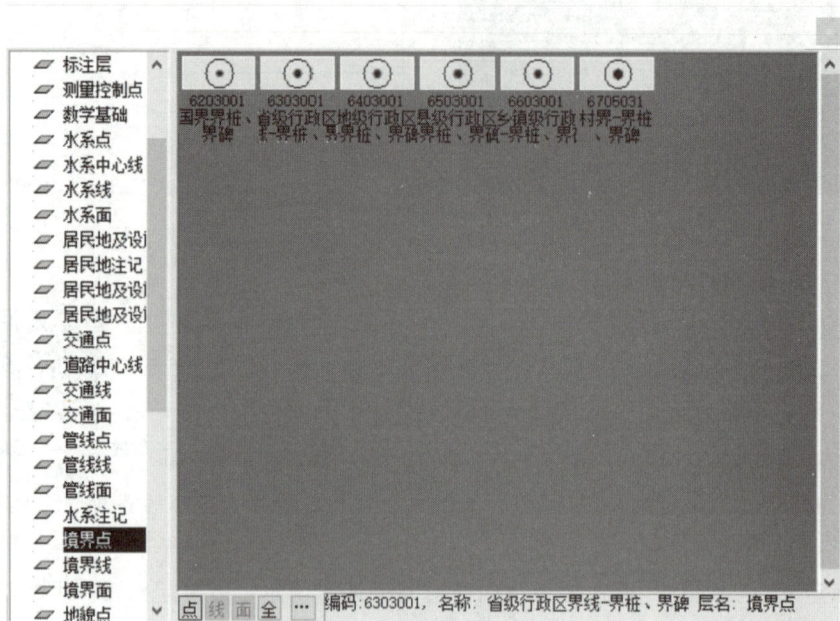

图 5-93　境界点要素

2. 境界线要素

境界线要素包含国界线-已定界，省级行政区界线-已定界，开发区、保税区界线，村界已定界等，具体如图 5-94 所示。

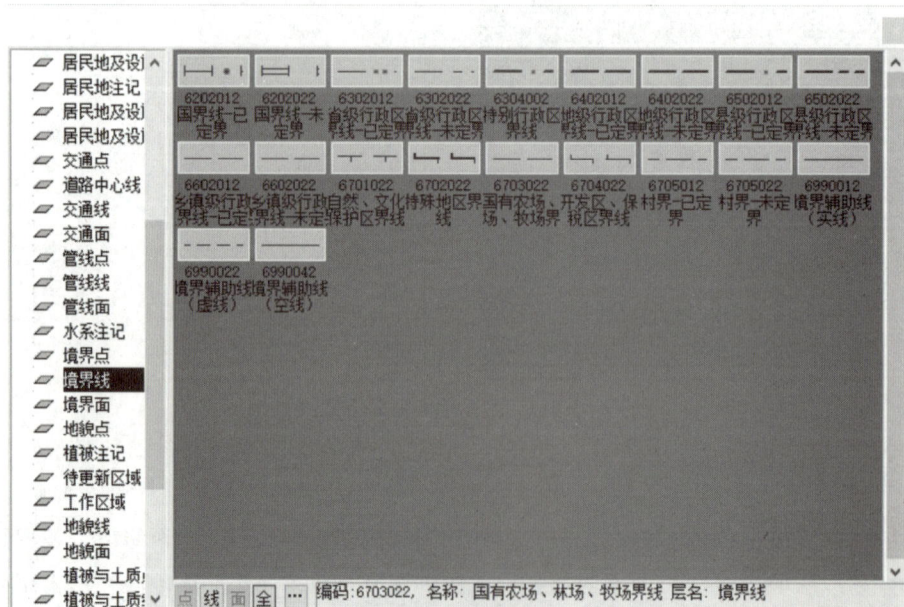

图 5-94　境界线要素

3. 境界面要素

境界面要素包含开发区、保税区区域，境界辅助面，具体如图 5-95 所示。

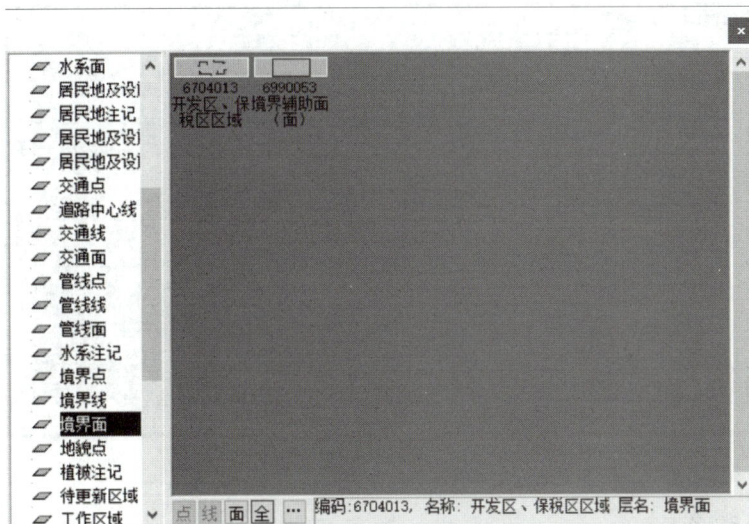

图 5-95　境界面要素

5.2.2.7　地　貌

地貌是地球表面各种起伏形态的统称。在自然环境中，地貌表现为具有长度、宽度和高度的三维实体，其形态变化是连续而不规则的，其表面还包含了细微的结构。地貌是普通地图上主要的要素之一，它与水系一起，构成地图上其他要素的自然基础。自然形态的地貌宜用等高线表示，崩塌残蚀、坡、坎和其他特殊地貌应用相应的符号或用等高线配合符号表示。

1. 地貌要素类别

（1）地貌点要素。

地貌点要素包含高程点、比高点、水深点等，具体如图 5-96 所示。

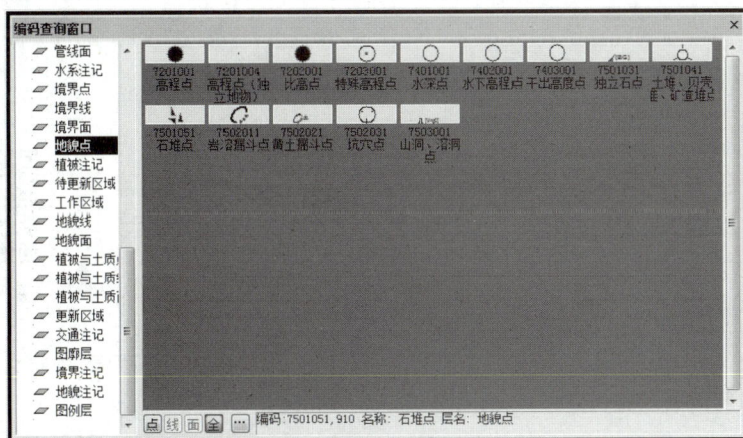

图 5-96　地貌点要素

（2）地貌线要素。

地貌线要素包含等高线、等深线、斜坡线、陡坎等，具体如图 5-97 所示。

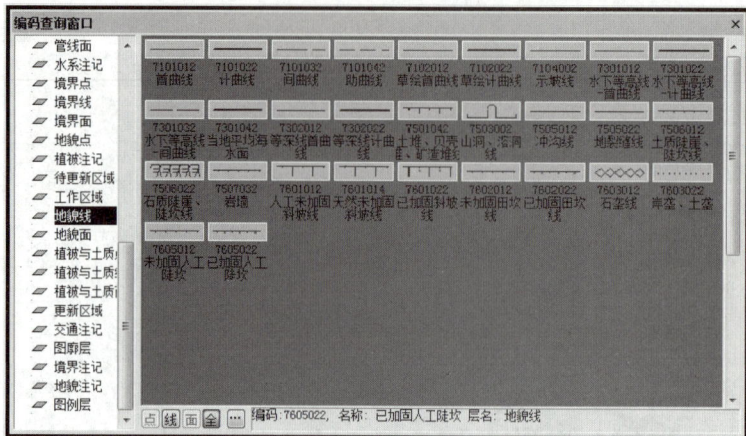

图 5-97　地貌线要素

（3）地貌面要素。

地貌面要素包括陡崖、陡坎、斜坡和田坎等，具体如图 5-98 所示。

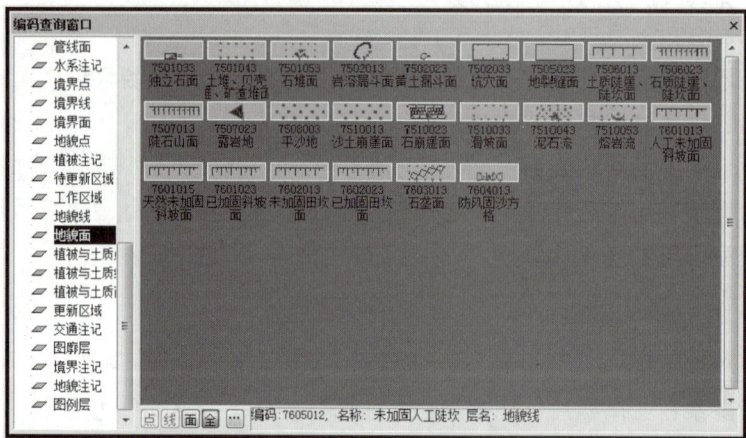

图 5-98　地貌面要素

2. 地貌要素采集标准和采集方法

（1）陡坎。

定义：各种天然和人工修筑的坡度在 70°以上的陡峻地段。各种天然形成或人工修筑的坡、坎，坡度在 70°以上的，高差大于 0.5 m 的表示为陡坎。

植被与土质采集——陡坎

采集标准：

① 陡坎图上水平投影宽度小于 0.5 mm 时，以 0.5 mm 宽的短线表示；大于 0.5 m 时，依比例尺用长线表示。

② 符号的上沿实线表示陡坎的上棱线，齿线表示陡坡面，符号齿线一般表示到坎角。

③ 当坡面有明显坎脚线时，可用地类界表示其坎脚线。

采集方法：以已加固人工陡坎线为例，在采集平台编码查询窗口地貌线中选择"已加固人工陡坎"，采集过程中应严格切合模型，沿陡坎最上面边线采集，符号的上沿实线表示陡坎的上棱线，齿线方向指向高程较低的一面。陡坎采集如图 5-99 所示。

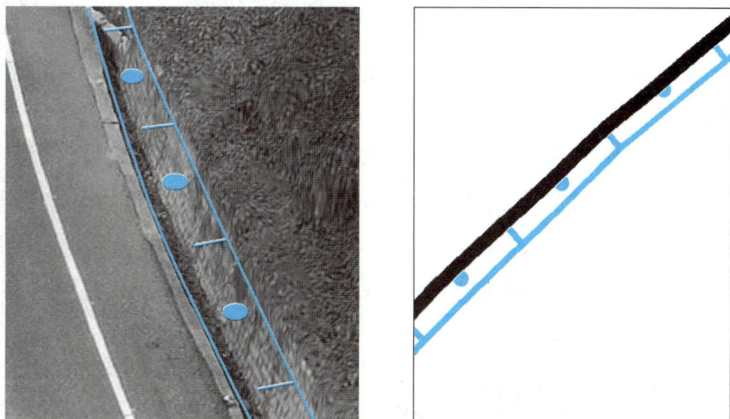

图 5-99　陡坎采集示意图

（2）陡崖。

定义：形态壁立，有明显上棱线，难于攀登的陡峭崖壁，分为土质和石质两种。

采集标准：

① 符号的实线为崖壁上缘位置。

② 土质陡崖图上水平投影宽度小于 0.5 mm 时，以 0.5 mm 宽的短线表示；大于 0.5 mm 时，依比例尺用长线表示。

③ 陡崖应标注比高。

采集方法：在采集平台编码查询窗口地貌线中选择"石质陡崖、陡坎线"，采集时符号上沿的实线为崖壁上棱线。坡度较大时以等高线配合陡崖符号表示。陡崖应标注比高或注出其顶部底部高程。陡崖采集如图 5-100 所示。

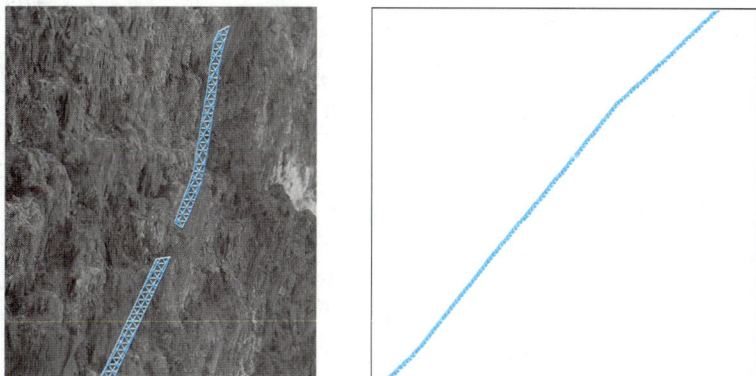

图 5-100　陡崖采集示意图

（3）斜坡。

定义：各种天然形成和人工修筑的坡度在 70°以下的坡面地段。

采集标准：

① 天然形成斜坡用棕色表示，人工修筑的用黑色表示。

② 斜坡在图上投影宽度小于 2 mm 时，以陡坎符号表示。

③ 符号的上沿实线表示斜坡的上棱线，长短线表示坡面，符号的长线一般表示到坡脚，当坡面有明显坡脚线时，可用地类界表示其坡脚线。

植被与土质采集——斜坡

采集方法：以已加固斜坡面采集为例，在采集平台编码查询窗口地貌面中选择"已加固斜坡面"，从斜坡的上边界开始采集，依次采集上下边界，形成一个封闭的面，将十字光标放在上边界的最后一个节点处，按快捷键"J"，然后检查斜坡示坡线是否垂直于斜坡上边界，对不垂直区域使用快捷键"K"处理。斜坡采集如图 5-101 所示。

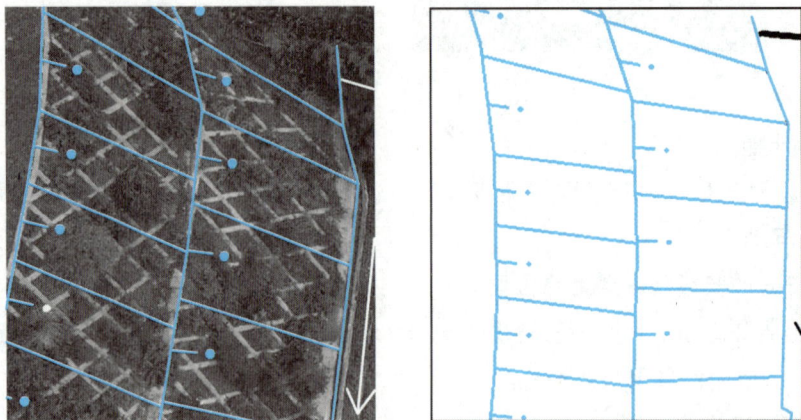

图 5-101　斜坡采集示意图

（4）高程点。

定义：根据高程基准面测定高程的地面点。

采集标准：

① 高程点用 0.5 mm 的黑点表示。

植被与土质采集
——高程点

② 独立地物如宝塔、烟囱等的高程均为地物基部的地面高，高程点省略，只在符号旁注记其高程。

③ 高程点注记一般注至 0.1 m，1∶500/1∶1 000 地形图可根据需要注至 0.01 m。

④ 低于 0 m 的高程点，应在其注记前加"−"号。

⑤ 高程点高程注记用正等线体注出。

采集方法：在采集平台编码查询窗口地貌点中选择"高程点"，找到需要添加高程点的位置，点击鼠标左键开始采集高程注记点。高程注记点平均间距一般为 10～15 m；高程注记点分别测注在地貌特征点和道路交叉处、桥梁等地物特征点上，且分布均匀；一般每块水稻田应至少测注 1 个高程注记点。高程点采集如图 5-102 所示。

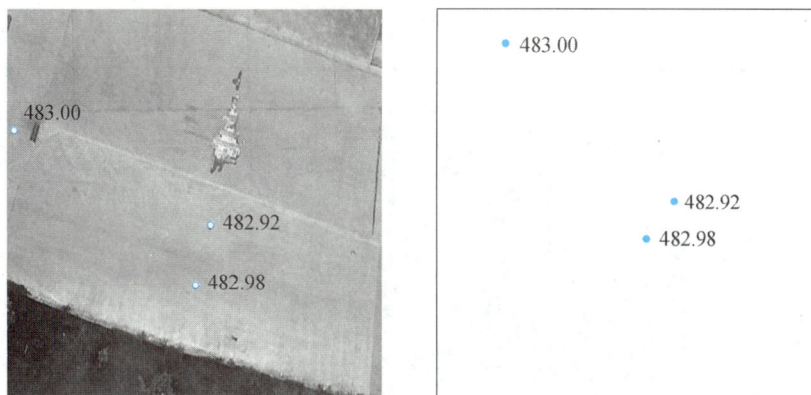

图 5-102　高程点采集示意图

5.2.2.8　植被与土质

植被是地表各种植物的总称；土质是地表各种物质的总称。同一地段生长有多种植物时，植被符号可配合表示，但不要超过 3 种（连同土质符号）。如果种类很多，可舍去经济价值不大或数量较少的。符号的配置应与实地植被的主次和稀密情况相适应。

植被与土质采集——植被

表示植被时，除疏林、稀疏灌木林、迹地、高草地、草地、半荒草地、荒草地等外，一般均应表示地类界。配置植被符号时，不要截断或压盖地类界和其他地物符号。植被范围被线状地物分割时，在各个隔开部分内，至少应配置一个符号。

1. 植被与土质要素类别

（1）植被与土质点要素。

植被与土质点要素包括稻田点、成林点和草地点等，具体如图 5-103 所示。

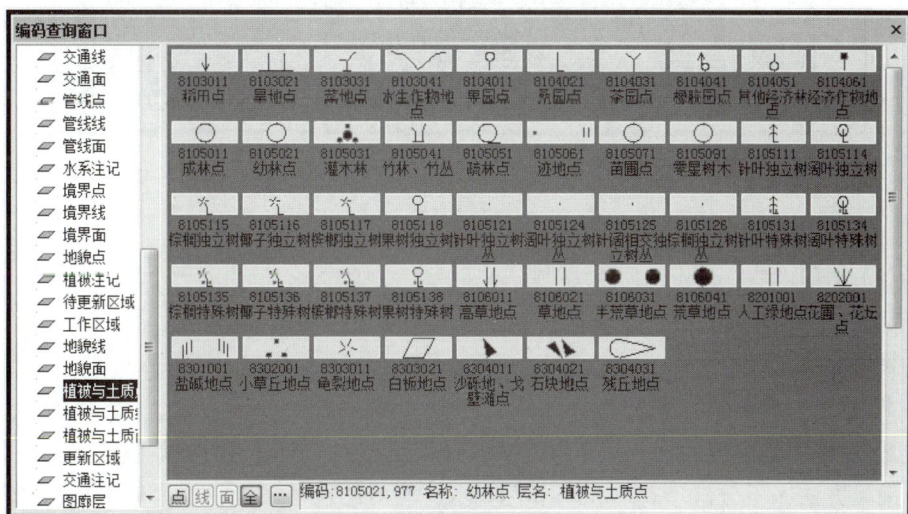

图 5-103　植被与土质点要素

（2）植被与土质线要素。

植被与土质线要素包括地类界、田埂和行树等，具体如图 5-104 所示。

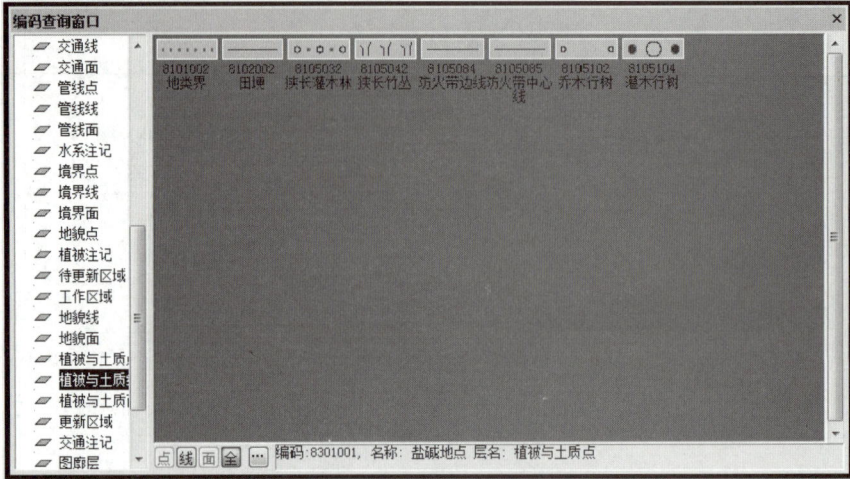

图 5-104　植被与土质线要素

（3）植被与土质面要素。

植被与土质面要素包括稻田、旱地、成林、幼林等，具体如图 5-105 所示。

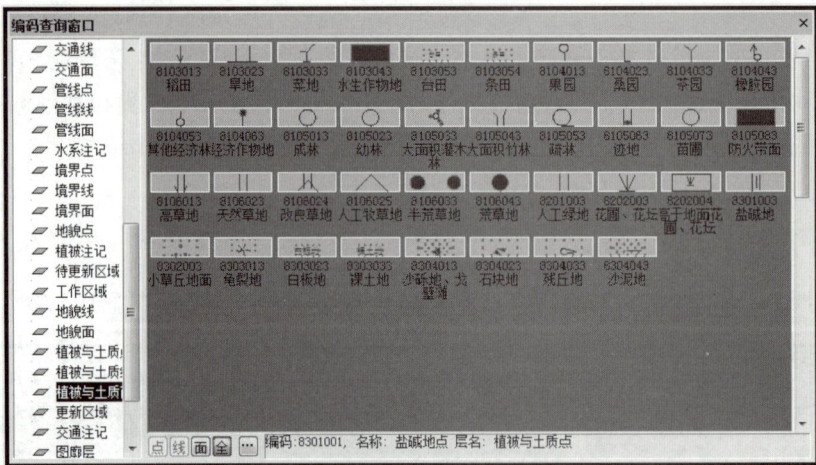

图 5-105　植被与土质面要素

2. 植被与土质要素采集标准和采集方法

（1）稻田。

定义：种植水稻的耕地。

采集标准：

① 符号按整列式配置。

② 田埂实地宽度大于 0.5 m 的，按双线表示；小于 0.5 m 的按单线表示。

采集方法：不分常年有水和季节性有水，均用此符号表示，水旱轮作地也按稻田符号表示。稻田采集如图 5-106 所示。

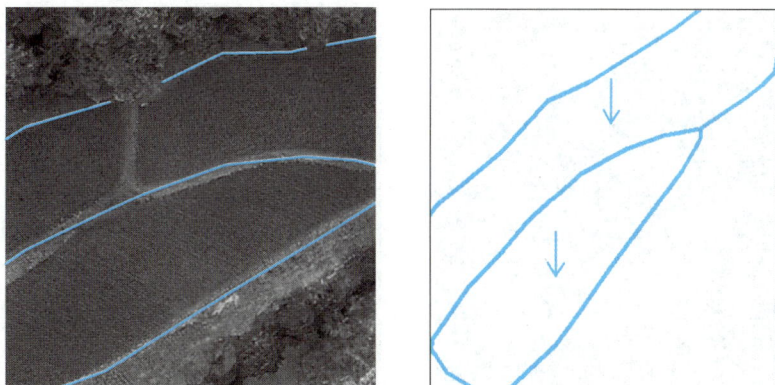

图 5-106　稻田采集示意图

（2）菜地。

定义：以种植蔬菜为主的耕地。

采集标准：

① 符号按整列式配置。

② 有喷灌设备的菜地需加注"喷灌"二字。

③ 粮菜轮种的耕地按旱地表示。

采集方法：在编码查询窗口点击"植被与土质线"，点击"地类界"，点击鼠标左键开始采集，沿着地类的边界进行采集；地类界勾绘完成后，对各个面进行菜地属性填充。菜地采集如图 5-107 所示。

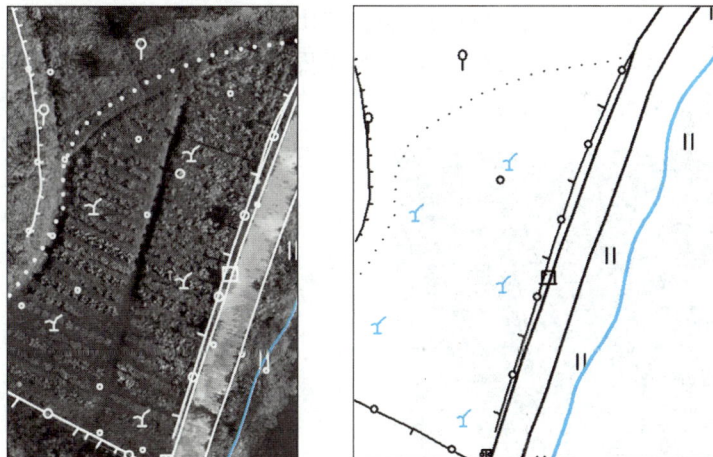

图 5-107　菜地采集示意图

（3）幼林、苗圃。

定义：林木处于生长发育阶段，通常树龄在 20 年以下，尚未达到成熟的林分称为幼林。苗圃指固定的林木育苗地。

采集标准：幼林、苗圃在其范围内整列式配置符号，并分别加注"幼""苗"字。

采集方法：在编码查询窗口点击"植被与土质线"，点击"地类界"，点击鼠标左键开始采集，沿着地类的边界进行采集；地类界勾绘完成后，对各个面进行幼林属性填充。幼林采集如图 5-108 所示。

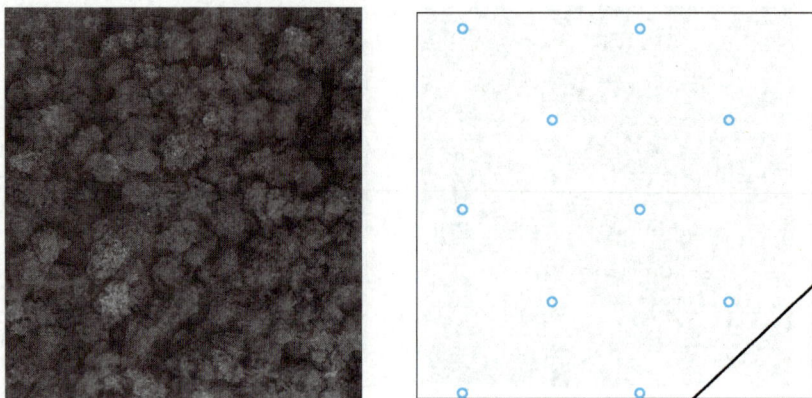

图 5-108　幼林采集示意图

（4）灌木林。

定义：成片生长、无明显主干、枝杈丛生的木本植物地。

采集标准：

① 攀缘崖边的藤类和矮小的竹类植物亦用灌木林符号表示。

② 覆盖度在 40% 以上的灌木林地，在其范围内散列配置符号。

③ 覆盖度在 40% 以下的灌木林地和杂生在疏林、竹林、草地、盐碱地、沼泽地、沙地内的零星灌木，按实地位置用此符号表示。

④ 沿道路、沟渠分布较长的狭长灌木林用此符号表示，图上长度小于 10 mm 的用灌木丛符号表示。

采集方法：在编码查询窗口点击"植被与土质线"，点击"地类界"，点击鼠标左键开始采集，沿着地类的边界进行采集；地类界勾绘完成后，对各个面进行灌木林属性填充。灌木林采集如图 5-109 所示。

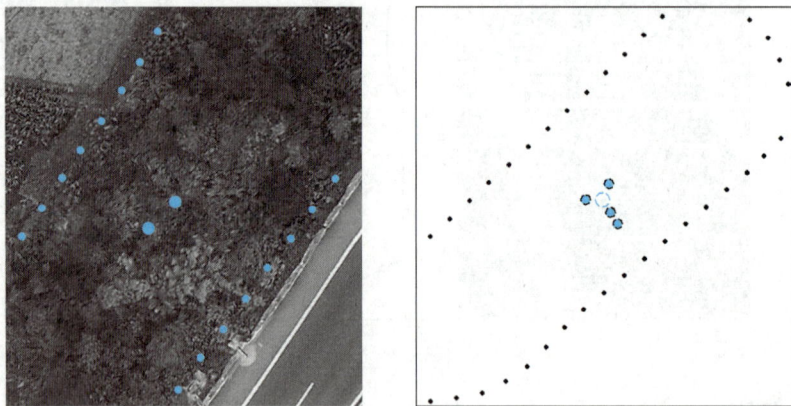

图 5-109　灌木林采集示意图

（5）竹林。

定义：以生长竹子为主的林地。

采集标准：

① 在其范围内散列配置符号。

② 有方位意义的竹丛用此符号。

③ 图上宽度小于 4 mm 的狭长竹林用此符号表示，长度依比例尺表示。

采集方法：在编码查询窗口点击"植被与土质线"，点击"地类界"，点击鼠标左键开始采集，沿着地类的边界进行采集；地类界勾绘完成后，对各个面进行竹林属性填充。竹林采集如图 5-110 所示。

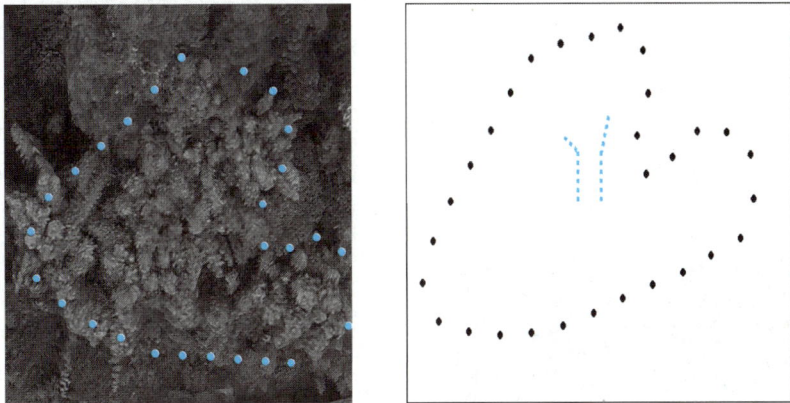

图 5-110　竹林采集示意图

（6）行树。

定义：沿道路、沟渠和其他线状地物一侧或两侧成行种植的树木或灌木。

采集标准：

① 行树两端的树木实测表示，中间配置符号，符号间距可视具体情况略为放大或缩小。

② 凡线状地物两侧的行树，表示时应鳞错排列。

采集方法：在编码查询窗口点击"植被与土质线"，点击"乔木行树/灌木行树"，点击鼠标左键开始采集，沿着行树进行采集。行树采集如图 5-111 所示。

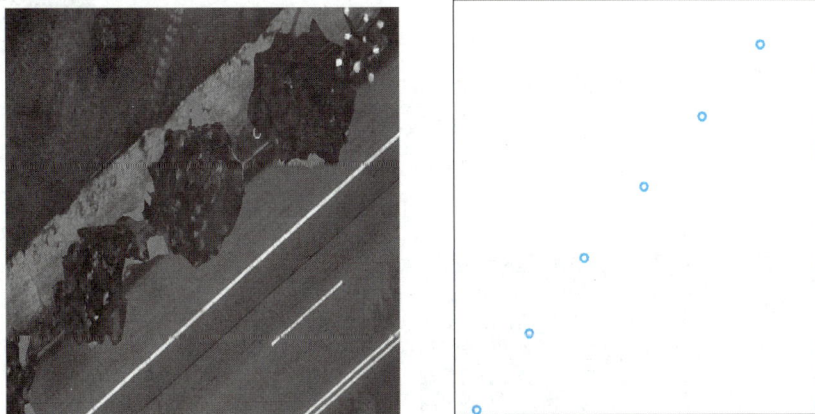

图 5-111　行树采集示意图

（7）草地。

定义：以生长草本植物为主的、覆盖度在 50% 以上的地区，如干旱地区的草原，山地、丘陵地区的草地，沼泽、湖滨地区的草甸等。不分草的高矮（包括夹杂与草类同高的灌木、疏林），均以草地符号表示。

采集标准：

① 天然草地：以天然草本植物为主，未经改良的草地，包括草甸草地、草丛草地、疏林草地、灌木草地和沼泽草地，在其范围内整列式配置符号。

② 改良草地：采用灌溉、排水、施肥、松耙、补植等措施进行改良的草地。

③ 人工牧草地：人工种植的牧草地。

④ 人工草地：城市中人工种植的草地。

采集方法：在编码查询窗口点击"植被与土质线"，点击"地类界"，点击鼠标左键开始采集，沿着地类的边界进行采集；地类界勾绘完成后，对各个面进行草地属性填充。草地采集如图 5-112 所示。

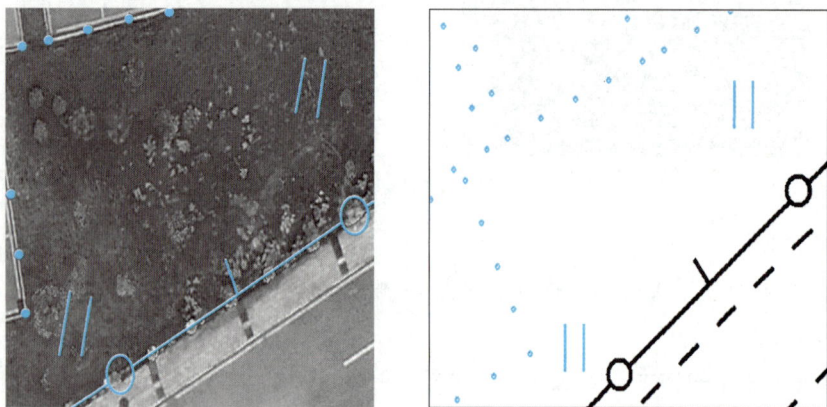

图 5-112　草地采集示意图

（8）砂砾。

定义：砂和砾石的混合物，小卵石与巨石（一种受水或天气侵蚀而形成的岩石）也被称为砂砾。

采集标准：砂和砾石混合分布的砂砾地和地表几乎全为砾石覆盖的地段，在其范围内散列配置符号。

植被与土质采集——土质

采集方法：在编码查询窗口点击"植被与土质线"，选"地类界"，点击鼠标左键开始采集，沿着砂砾的外围进行采集。采集过程中要严谨、细致，然后对其填充砂砾属性。砂砾采集如图 5-113 所示。

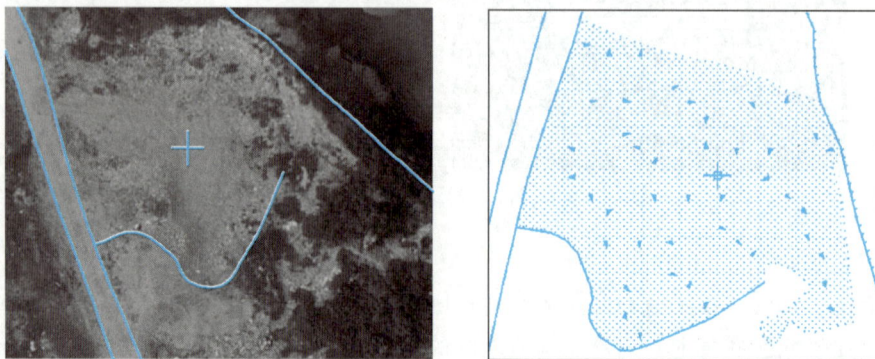

图 5-113　砂砾采集示意图

5.2.2.9 注　记

注记包括地理名称注记、说明注记和各种数字注记等。地图中所使用的汉语文字应符合国家通用语言文字的法律和标准规定。图内使用的地方字应在附注内注明其汉语拼音和读音。

1. 注记特征

（1）注记字号。

用注记的大小来区分制图对象的重要性和数量关系。注记字号以毫米为单位，字级级差为 0.25 mm；数字字号在 2.0 mm 以下者其级差为 0.2 mm。注记列有二级以上字号或字号区间的，按地物的重要性和该地物在图上范围的大小选择字号。

（2）注记配置。

注记配置以接近并明确指示被注记的对象为原则，通常在被注记对象的右方以不压盖重要物体的位置配置注记，当右边没有合适位置时，也可放在上方、下方、左方。注记字列分为水平字列、垂直字列、雁行字列和屈曲字列，如图 5-114 所示。

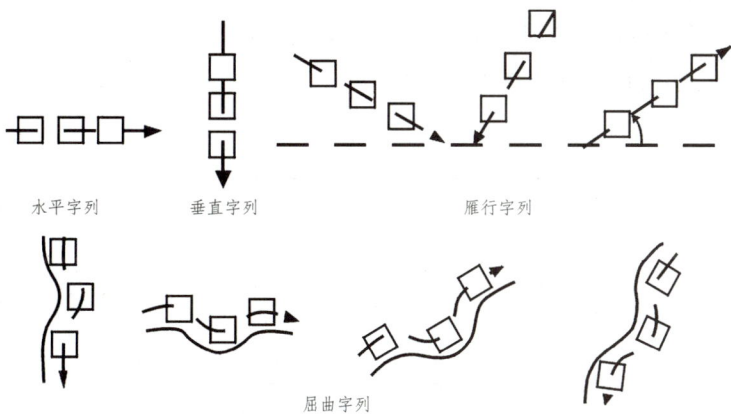

水平字列　　　垂直字列　　　雁行字列

屈曲字列

图 5-114　注记配置方式

（3）注记字隔。

注记字隔是一列注记各字间的间隔，在某种程度上隐含所注对象的分布特征。注记字隔分为接近字隔、普通字隔和隔离字隔 3 种。接近字隔的各字间间隔为 0～0.5 mm；普通字隔的各字间间隔为 1.0～3.0 mm；隔离字隔的各字间间隔为字大的 2～5 倍。注记字隔按该注记所指地物的面积或长度大小而定。各字隔在同一注记的各字中均应相等。为了便于读图，一般最大字隔不超过字号的 5 倍。地物延伸较长时，在图上可重复注记名称。

植被与土质采集——注记

2. 注记要素采集标准和采集方法

（1）地理名称注记。

定义：包括水系、地貌、交通和其他地理名称注记。

采集标准：

① 地理名称注记一般注当地常用自然名称。

② 海、海湾、海港、江、河、湖、沟渠、水库等名称，按自然形状排列注出，依其面积大小和长度选择字号，但江、河名称的字号上游和支流不能大于下游和主流。名称一般注在河流、湖泊的内部，当内部不能容纳时，可注在外侧。较长的河流每隔 15～20 cm 重复注记名称。河流水道被沙洲分成若干条的，名称应注在干流中。

③ 地貌注记按山体大小和著名情况选用字号，山名和岭名一般采用水平字列、接近字隔，注在山顶的右侧或上方，应避免遮盖山顶特征地形。当山顶有高程点时，高程注在山顶左侧。当一个山名包括几个山顶时，可用隔离字隔注在相应位置上。

④ 沙地谷地、干河床、干湖、沙滩等其他地理名称注记一般注在物体的内部或适当位置上，其字号等级按面积大小选择注出。

⑤ 铁路、公路、桥梁、街道注记间隔为隔离字隔，字隔应均匀相等，一般应根据道路的长度妥善配置。较长的道路每隔 15～20 cm 重复注记。

采集方法：点击工具栏上的"注记"按钮，将光标放到需要添加注记的位置，点击鼠标左键，输入注记内容；也可以点击工具栏上的"注记字典"按钮，添加常用注记。地理名称注记如图 5-115 所示。

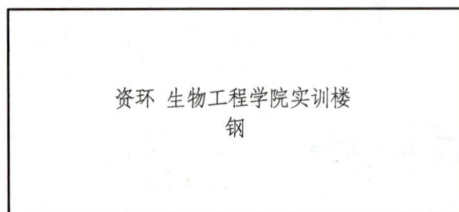

资环　生物工程学院实训楼
钢

图 5-115　地理名称注记

（2）各种说明注记。

定义：包括居民地名称说明注记、性质注记和其他说明注记。居民地名称说明注记是指政府机关、工厂、学校、矿区等企事业单位的名称以及突出的高层建筑物、居住小区、公共设施名称；性质注记是指地物的属性注记，如砼、钢、混等建筑结构注记；其他说明注记是指说明地物的注记，如控制点点名、界碑名等。

采集标准：

① 名称说明注记按地物等级和面积大小选用字号。

② 性质注记均用 2.5 mm 细等线体注出，注记颜色一般与相应地物符号颜色一致。

③ 其他说明注记根据地物大小选用字号。

采集方法：点击工具栏上的"注记"按钮，将光标放到需要添加注记的位置，点击鼠标左键，输入注记内容；也可以点击工具栏上的"注记字典"按钮，添加常用注记。说明注记如图 5-116 所示。

图 5-116　说明注记

5.3 数据检查

5.3.1 三维模型数据检查

（1）模型数据规范性检查。根据要求、数据规范进行逐项检查，确保坐标系、格式等内容的正确、规范。从各个视觉角度及高度，全面检查三维模型的完整性、精度等。检查的重点内容有重点区域、高层建筑、水面、主干道两侧区域等，分析模型是否有闪面、破面、重面、凹凸不平、连接不上、漏缝、纹理扭曲、缺少纹理等问题。

精度检查与数据导出
——模型检查

（2）模型数据完整性检查。检查模型数据是否存在冗余、重复情况；同时，认真检查模型数据是否存在缺失现象，以及缺失程度如何。

（3）模型精度检查。模型精度主要包括模型几何精度、高程精度、位置精度等。一般将外业 RTK 实测像控点及检查点坐标高程数据导入模型，检查实测数据与模型对应位置坐标高程数据是否吻合。

（4）模型逻辑一致性检查与模型现势性检查。三维模型数据存储的格式应具有一致性，空间位置应具有拓扑一致性；按需求定期或及时对模型数据进行更新，保持数据的现势性，元数据或要素属性中应包含时间标识。

5.3.2 DLG 数据检查

5.3.2.1 采集内容的检查

精度检查与数据导出
——完整性检查

1. 采集的完整性与正确性检查

从左到右、从上至下依次检查三维模型与二维线划图是否吻合，各种地物要素有无漏采和属性信息错误的情况，如测区范围较大，则需分区块逐一检查。检查过程中发现漏画和错画的情况一般先用符号圈出对应位置并标注错误原因，如图 5-117 所示，等全图检查完后统一修改。

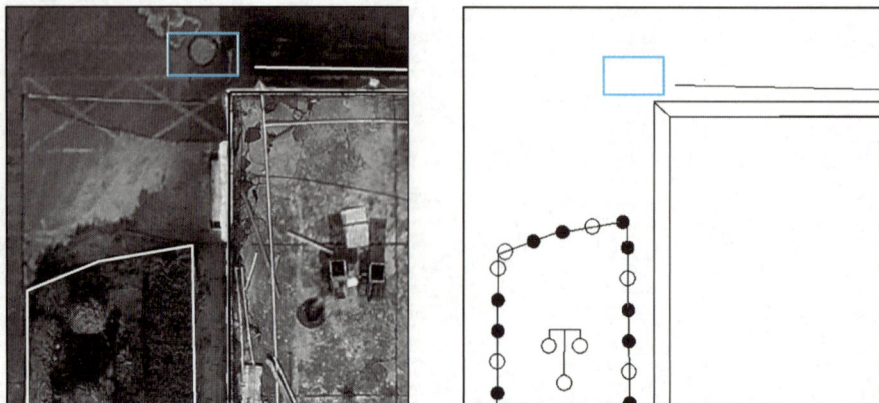

图 5-117 漏采地物

2. 采集的准确性检查

从左到右、从上至下依次检查三维模型与二维线划图的贴合程度，特别是对有高差的地物，采集时容易产生视差，出现采集不贴合模型的情况。检查房屋一般采用建立三维白模并检查白模与墙面的贴合度情况来判断采集精度。发现精度有问题的位置用符号和文字进行标注，如图 5-118 所示，整图检查结束后统一修改。修改方式比较灵活，可根据模型和周边情况选择修改局部位置或局部重画的方式。

精度检查与数据导出
——准确性检查

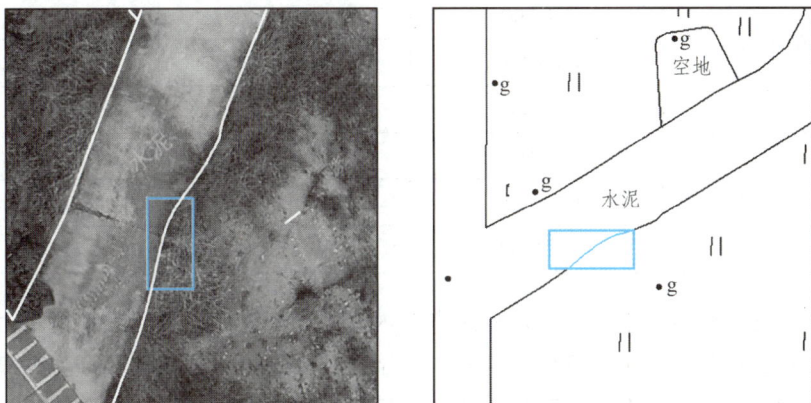

图 5-118　道路采集不准确

3. 采集的合理性、规范性检查

对三维采集结果进行全图合理性、规范性检查。合理性指地物地貌的表达、取舍以及它们之间的关系在图上表示得是否合理；规范性指采集结果要符合相关国家规范等要求。合理性、规范性检查如图 5-119 所示。

精度检查与数据导出
——规范性检查

图 5-119　地类界与道路重复表示

5.3.2.2　几何精度检查

对采集的 DLG 线划图进行几何精度检查，通过内业和外业相结合的方式检查。在几何精度上遵循相关测图规范，地形图图上地物点相对于邻近图根点的点位中误差和邻近地物点点间的距离中误差不应超过表 5-6 的规定。当测图单纯为城市规划或一般用途时，可选用表 5-6 中括号内的指标。当所需精度有特殊要求时，可根据相应的专业需要在技术设计书中规定。高程点相对于邻近图根点的高程中误差不应大于相应比例尺地形图基本等高距的 1/3。困难地区放宽 0.5 倍。以中误差作为衡量精度标准，2 倍中误差作为允许误差。

表 5-6 地物点平面位置精度

地区分类	比例尺	点位中误差/m	邻近地物/m
城镇、工业建筑区、平地、丘陵地	1∶500	±0.15（±0.25）	±0.12（±0.20）
	1∶1 000	±0.30（±0.50）	±0.24（±0.40）
	1∶2 000	±0.60（±1.00）	±0.48（±0.80）
困难地区、隐蔽地区	1∶500	±0.23（±0.40）	±0.18（±0.30）
	1∶1 000	±0.45（±0.80）	±0.36（±0.60）
	1∶2 000	±0.90（±1.60）	±0.72（±1.20）

几何精度的检查通过外业实测检测点与内业采集点对比，检查其精度是否满足测图要求。几何精度主要由以下两个评价指标组成：模型的平面精度和高程精度。先在真三维模型上测得检查点的平面坐标值和高程值，再用 GNSS-RTK 法测得现场检查点的坐标。将外业测量的检查点作为坐标真值，然后计算两者之间的差，并计算误差。对模型的平面精度和高程精度分别进行评价，根据检验点的平面中误差和高程中误差分析判断模型采集的几何精度。依据摄影测量规范及布设要求，选择的这些检查点应覆盖整个测区，由房角点、围墙点等特征点组成，且在测区范围内均匀分布。如图 5-120 所示：（a）中平面位置中误差为 0.1348，符合 1∶500 测图精度要求（±0.15 m）；（b）中平面位置中误差为 0.3081，超出 1∶500 测图精度限差要求，需修改或重新采集。

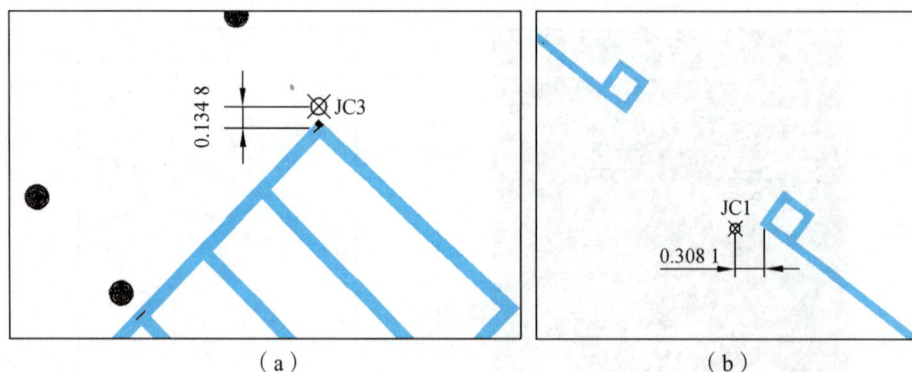

（a）   （b）

图 5-120 几何精度检查

测图结束后要完成接边工作，以保证接边处地物的连通和完整性。通过量取两相邻图幅接边处要素端点的距离是否等于 0 来检查接边精度。检查接边要素几何上自然连接情况，避免生硬；检查面域属性、线划属性的一致情况，记录属性不一致的要素实体个数。如图 5-121（a）存在未接边情况，道路之间有错层；图 5-121（b）为正确示例。

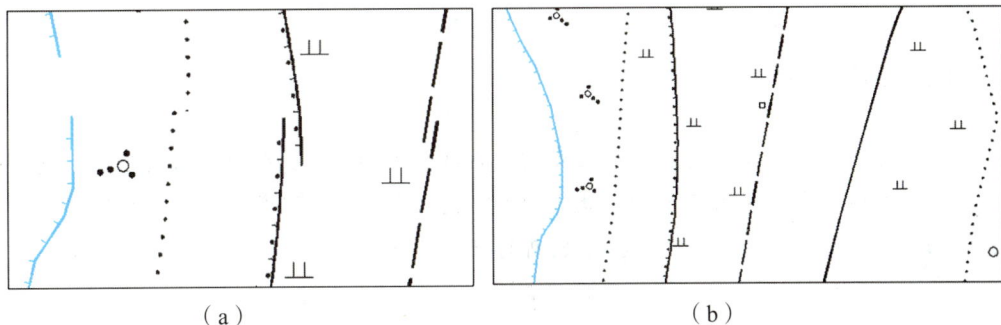

（a）　　　　　　　　　　　（b）

图 5-121　接边示例

除了以上检查外，还应对图层、属性等进行检查：

（1）检查各个层的名称是否正确，是否有漏层。

（2）逐层检查各属性表中的属性项是否正确，有无遗漏。

（3）按地理实体的分类、分级等语义属性检索，在屏幕上将检测要素逐一显示，并与要素分类代码核对来检查属性的错漏，用抽样点检查属性值、代码、注记的正确性。

（4）检查公共边的属性值是否正确。

（5）用相应软件检查各层是否建立拓扑关系及拓扑关系的正确性。

（6）检查各层是否有重复的要素。

（7）检查有向符号、有向线状要素的方向是否正确。

（8）检查多边形闭合情况、标识码是否正确。

（9）检查线状要素的结点匹配情况。

（10）检查各要素的关系表示是否合理，有无地理适应性矛盾，是否能正确反映各要素的分布特点和密度特征。

（11）检查水系、道路等要素是否连续。

完成所有检查和修改工作以后，进行数据的导出。三维测图平台一般支持多种数据格式的输入和输出，根据要求以正确的格式和名称导出采集成果。保存类型主要包括 dwg、shp、txt、ebd、pdf 等多种数据格式。

【知识与技能训练】

1. 地形图的基本要素包括哪些？

2. EPS 采集平台如何加载模型数据？

3. EPS 二维窗口快捷键中 X、Z、D、S 分别代表什么操作？

4. 请简述使用 EPS 采集平台对居民地中单栋房屋的采集方法。

5. 请简述使用 EPS 采集平台对地貌中斜坡的采集标准和采集方法。

6. 三维模型数据检查需要注意哪些方面？

【思政课堂】

教学目的：通过介绍研发 EPS 三维测图系统软件的北京山维科技股份有限公司，培养学生严谨、勤奋的工匠精神，激发学生民族自豪感，鼓励学生追求测绘新技术、进取的学习热情，培养学生不断探索创新的研究精神。

北京山维科技股份有限公司始建于 1989 年，是一家基础地理信息解决方案提供商，是专业从事地理信息领域（包括 3S 技术）软件开发、软件产品销售及地理信息系统工程建设的北京市高新技术企业、中关村高新技术企业和"双软认证"企业。1989 年注册成立北京山维测量技术开发部，1999 年改制更名为北京清华山维新技术开发有限公司，2015 年股份改造更名为北京山维科技股份有限公司。公司软件服务领域已涉及城市测绘、城市规划、国土资源、水利电力、林业、地质矿产、石油和交通（铁路、公路）等多行业，公司拥有遍布全国各省级行政区的庞大的稳定用户群。

公司致力于打造国产测绘地理信息软件精品：1994 年开发 EPS（Windows 版）电子平板数字成图系统；2000 年开发 EPS2000 信息化测绘软件；2008 年完善 EPS，形成 EPS2008 地理信息工作站（一个平台打天下，测绘建库一体化）；2014 年做二三维一体化跨平台研发；2017 年升级打造智能化测绘生产管理与共享发布应用系统整体解决方案；2022 年打造新型基础测绘体系建设自然资源信息化体系建设。

"创新谋发展，实干促改革"是山维科技的经营战略，"开放创新　自强不息"是山维科技的民族品牌成长之路。自党的十八大以来，山维科技积极响应时代命题，深化改革稳中出新，强化创新驱动的前瞻谋划、顶层设计和系统部署。思想上谋创新，行动上抓创新，也成就了一批又一批像 EPS 三维测图、EPS 不动产权籍调查软件这样符合市场期待、市场销售火爆的明星产品。随之而来的是被工业和信息化部认定为国家级专精特新"小巨人"企业。对于一家多年坚持自主研发的软件企业来讲，"专业化、精细化、特色化、新颖化"的发展之路，从此又迈上了一个新的台阶。中国测绘学会发布 2022 年测绘地理信息自主创新产品目录。山维科技研发的 EPSE 地理实体二三维一体化生产建库系统、多测合一业务管理系统、EPS 点云地理要素矢量对象协同化处理系统、EPS 三维不动产权籍管理系统、地理信息企业信息化综合管理系统等 5 个软件产品被认定为 2022 年测绘地理信息自主创新产品。过去 10 年，山维科技已有 20 余个自主创新产品，服务于测绘地理信息行业。这既是山维科技厚重的技术沉淀与不断追求创新的累加效应，更是山维科技落实国家"科技兴国"战略、落实科技"自立自强"部署、积极加大国产化核心技术研发投入的回报与肯定。面对"智慧中国"时代的来临，山维科技在"匠心打造国产测绘地理信息软件精品"的基础之上，更是把振兴民族经济、实现产业报国作为企业发展的使命。

项目 6　基于无人机倾斜摄影测量的校园三维建模

【项目描述】

本项目详细介绍了三维模型重建的基本流程及步骤，在前面内容的基础上，使学生能综合运用所学知识，了解三维建模的基本流程以及相关注意事项和最终数据提交要求。

【教学目标】

1. 知识目标

（1）了解三维建模的基本流程。

（2）掌握三维建模软件的基本操作。

（3）熟悉三维建模最终输出成果的数据格式。

2. 技能目标

（1）熟悉三维建模前期数据准备与处理。

（2）能独立完成三维模型重建。

（3）能提交完整的三维模型成果。

3. 思政目标

（1）培养学生主动学习、自主学习的良好习惯。

（2）培养学生认真细致、严谨负责的工作态度。

（3）培养学生独立思考、解决问题的能力。

近年来，得益于科学技术的不断进步，无人机技术以及图像后处理技术也得到了飞速发展，倾斜摄影测量受到了测绘行业的青睐，倾斜摄影在测绘行业中的地位也稳步上升。在众多条件艰苦、测区环境复杂且工期紧张的测绘工作中，无人机倾斜摄影测量更加体现了其优势。倾斜摄影测量包含了外业航飞、三维建模、三维倾斜测图等内容。本项目主要讲述了具体项目实施中无人机倾斜摄影测量三维建模的主要流程及相关事项。希望大家在学习过程中善于总结，熟练掌握三维建模技术，同时在建模过程中要认真仔细，最终生产出优质合格的模型数据。

6.1 项目概况

6.1.1 项目背景

由于近年来测绘技术发展迅速，且测区地形图多年未进行更新，现准备利用倾斜摄影测量的方式对测区进行倾斜摄影测量，同时获取高分辨率的三维模型，为后期生产 DLG 数据提供基础。

6.1.2 项目测区情况

测区位于成都平原，地势平坦、地物规则，夏季天气炎热晴天居多，冬季寒冷阴天居多。

6.1.3 任务范围

测区面积约 $0.35\ \text{km}^2$，航飞建模面积约 $0.45\ \text{km}^2$，具体范围详见测图范围.dwg、航飞范围.kml 文件，如图 6-1 所示。

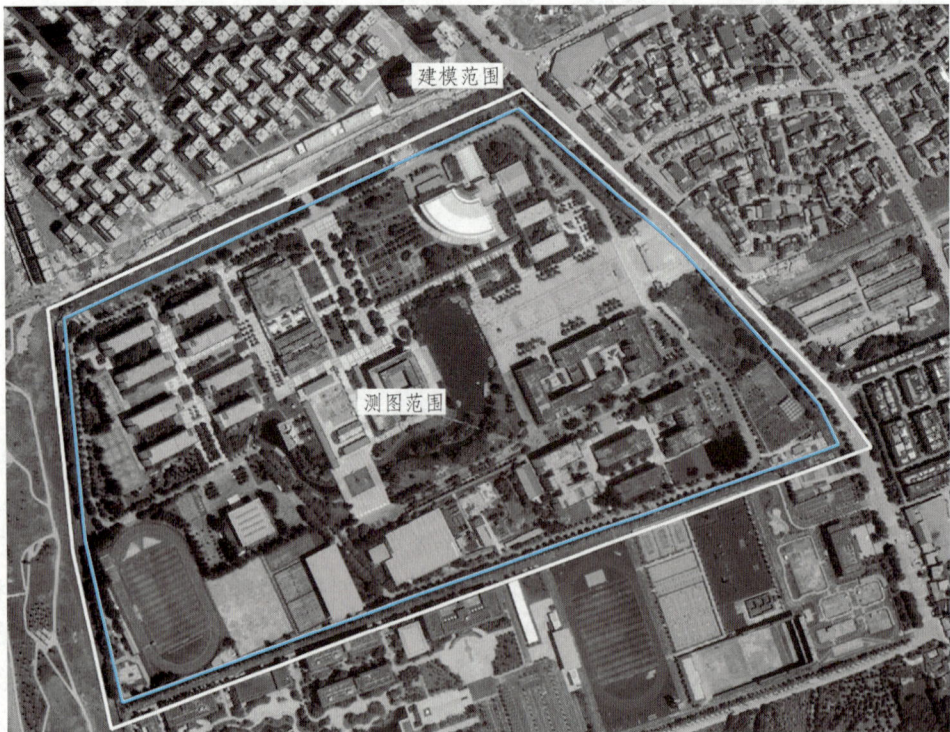

图 6-1 建模范围

6.1.4　任务目标

本项目主要目标是利用外业航飞数据以及其他相关数据进行三维模型重建，最终获取分辨率优于 0.03 m 的三维模型。

6.1.5　任务主要内容

无人机倾斜摄影三维建模是对外业航飞数据进行同名像点匹配、空中三角测量、区域网平差等处理，最终构建实景三维模型的过程。本项目以建立某学校三维模型为例讲述三维模型重建的整体流程。

6.1.6　成果提交

本项目成果需提交 osgb 格式的三维模型。

6.2　任务依据

（1）《1∶500、1∶1 000、1∶2 000 地形图航空摄影规范》（GB/T 6962—2005）。

（2）《1∶500、1∶1 000、1∶2 000 地形图航空摄影测量内业规范》（GB/T 7930—2008）。

（3）《低空数字航空摄影测量内业规范》（CH/Z 3003—2010）。

（4）《低空数字航空摄影规范》（CH/Z 3005—2010）。

（5）《数字航空摄影测量空中三角测量规范》（GB/T 23236—2009）。

6.3　数据接收与准备

6.3.1　数据接收

外业人员航飞结束后将会提交外业航飞成果，包括外业航飞照片、像控点坐标、像控点现场照片、检查点照片、检查点坐标、POS 数据（如有单独的 POS 数据）。

内业人员在接到外业人员数据后，应对外业人员所提交的数据进行认真检查，检查内容包括：检查照片张数是否与外业人员提交时所描述的张数一致，检查照片的质量是否合格（是否有拉花、云雾、破损等现象），检查 POS 数据个数是否与照片相对应。数据检查完成后与外业人员办理数据交接手续。照片质量检查如图 6-2 所示。

ADSC00011.JPG　　　　　　　　　　　ADSC00012.JPG

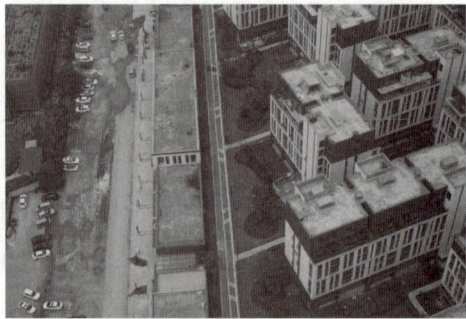

ADSC00013.JPG　　　　　　　　　　　ADSC00014.JPG

图 6-2　照片质量检查

6.3.2　数据准备

（1）搜集建模区域的范围线，格式为.KML，以便后期建模时选择建模范围使用。

（2）整理照片。倾斜摄影通常使用五镜头相机，所以在开始建模前需要对照片进行整理，删除照片中的试拍照片，并对照片进行重命名，将 5 个镜头照片区分开。

（3）POS 数据整理。POS 数据按照像片名字与 POS 数据——对应为原则进行整理，同时 POS 数据点名也应与像片名字一致，并保存为.txt 格式。

（4）像控点、检查点整理。在收到外业提交的像控点后，要对像控点进行整理，将像控点按照平面直角坐标要求的"点号，X，Y，Z"（中间用空格、逗号等隔开均可，通常用逗号）格式进行整理，并保存为.txt格式。

以上数据保存路径以及文件名称中均不能出现中文。

6.4 空中三角测量

（1）本项目用"ContextCapture Center Master"软件进行空中三角测量。启动软件并"新建工程"，输入工程名称以及保存目录，工程名称和路径均不能有中文。

（2）加载影像数据，可选择"添加影像或选择添加整个目录"。

（3）导入 POS 数据，选择导入"位置"，在弹出窗口中选择已经整理好的 POS 文件，接下来选择分隔符，选择坐标系，然后为每一列数据定义其属性。分隔符、坐标系均以实际情况进行选择。

（4）加载完成后点击"3D 视图"可查看影像导入情况。

（5）点击"测量"导入像控点坐标，选择像控点坐标文件，选择坐标系导入。

（6）提交空中三角测量。

（7）空中三角测量结束后检查，空中三角测量检查通过后再进行下一步工作。

（8）像控点判刺。第一次空三后的照片会与导入的像控点进行近似匹配，通过近似匹配可快速查找到像控点所在照片的位置，然后通过外业人员提交的像控点现场照片进行像控点的判刺，直至所有像控点均刺完为止。

（9）像控点刺完后需要再次进行空中三角测量，此次空中三角测量需要将像控点与影像一起联合平差。

（10）联合平差结束后查看空三报告是否符合要求；如不满足要求则调整像控点再次进行平差，直到空三报告符合要求后再进行下一步工作。

6.5 三维建模

空中三角测量联合平差结束且空三报告符合要求后进行三维模型重建工作。

（1）提交三维模型重建后，先设置坐标系，然后确定建模区域，可直接导入前期准备的建模范围线或者通过手动调整建模范围，然后根据计算机 RAM 配置进行分块建模。

（2）"三维模型处理"应将几何精度选为"高"。以便获取高精度三维模型。

（3）提交三维模型重建，设置名称，选择需要生成的数据类型（图 6-3）：三维网格、三维点云、正射影像/DSM、可修饰的三维网格、经参考的三维模型。

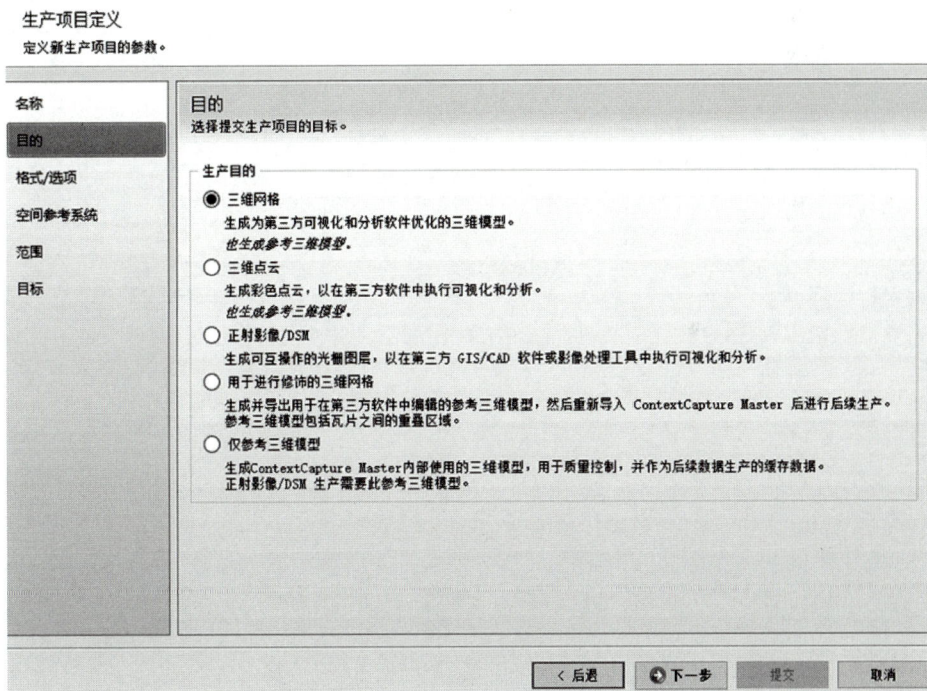

图 6-3　数据类型

（4）选择生成数据格式，如.osgb、.3mx、.3sm、.fbx、.s3c 等。

（5）选择空间参考。

（6）设置输出路径（通常默认），提交。

建模过程如图 6-4 所示。

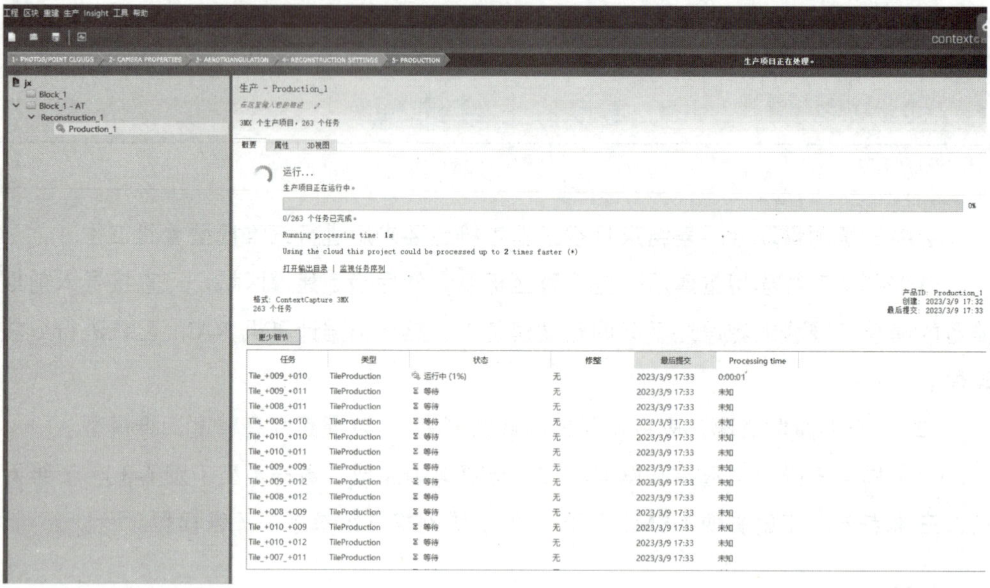

图 6-4　建模过程

6.6 三维模型

1. 模型完整性检查

找到三维模型存放路径，打开并查看三维模型是否有缺失，是否有严重错位、拉花、大面积空洞等，如图 6-5 所示。

图 6-5 三维模型成果检查

2. 模型精度检查

将重建后的三维模型加入测图软件中，利用已有的像控点和检查点对三维模型进行精度检查。如不符合要求则进行分析，查找原因，再次对数据进行处理直到三维模型达到要求为止。

6.7　提　交

三维模型重建结束且精度检查合格后，即可提交给测图人员进行三维测图，经双方确认无误后办理数据移交书手续。

【知识与技能训练】

1. 三维建模的基本流程是什么？
2. 三维建模前期数据处理包含什么？
3. 三维建模成果数据提交包含什么？

项目 7 DOM、DEM、DSM 产品生产项目实施

【项目描述】

内业工作是倾斜数字摄影测量的关键一环，任何参数和操作都必须精益求精。否则，失之毫厘，谬以千里。倾斜数字摄影测量内业流程一般包括准备工作、数据预处理、空中三角测量、实景三维重建、基础地理信息成果生产、检查验收和成果汇交，如图7-1所示。本项目就DSM、DOM、DEM的生产，以农田为测区作为生产项目进行讲解，以示例数据的形式展示生产流程。

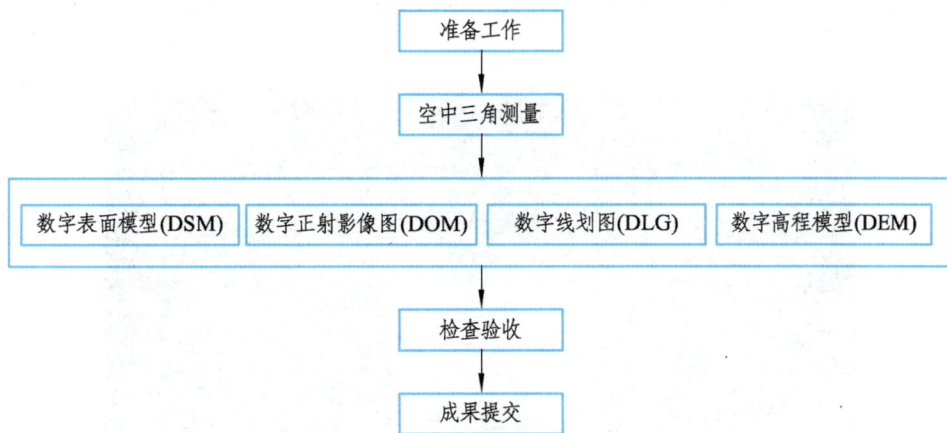

```
准备工作
  ↓
空中三角测量
  ↓
┌─────────────┬─────────────────┬───────────────┬───────────────┐
│数字表面模型(DSM)│数字正射影像图(DOM)│数字线划图(DLG)│数字高程模型(DEM)│
└─────────────┴─────────────────┴───────────────┴───────────────┘
  ↓
检查验收
  ↓
成果提交
```

图 7-1 倾斜数字摄影测量内业流程

【教学目标】

1. 知识目标

（1）了解DSM、DOM和DEM的生产流程。

（2）了解数据生产过程中对应参数的设置。

2. 技能目标

掌握DSM、DOM和DEM数据生产的软件操作。

3. 思政目标

（1）培养学生严谨求真的工匠精神。

（2）培养学生爱岗敬业的职业道德。

（3）让学生感受到"细节决定成败"的工作真理。

7.1 测区概况

7.1.1 测区背景

作为基础的地理信息数据，DSM、DOM、DEM 是用于规划设计最直观的数据。测区为一处农业实验田，现对试验田进行地理信息采集。

7.1.2 测区情况

测区地势平坦、交通便利，基本无建筑物，农田均处于未耕种的状态，数据处理较为简单，适用于教学。

7.1.3 测区范围

该测区位于某市城郊，具体范围详见范围线 KML 文件（图 7-2）。

图 7-2　测图范围

7.1.4 任务目标

在外业影像数据的基础上对农田进行 DOM、DSM、DEM 采集。

7.1.5 成果提交

（1）数字表面模型 DSM（电子版.tif 格式）；

（2）数字正射影像 DOM（电子版.tif 格式）；

（3）数字高程模型 DEM、等高线文件（电子版.tif 格式、.dwg 格式）。

7.2　主要技术依据

（1）《基础地理信息数字成果　1∶500　1∶1 000　1∶2 000　1∶5 000　1∶10 000 数字表面模型》（CH/T 9022）。

（2）《基础地理信息数字成果元数据》（GB/T 39608）。

（3）《测绘技术总结编写规定》（CH/T 1001）。

（4）《基础地理信息数字成果　1∶500　1∶1 000　1∶2 000 数字高程模型》（CH/T 9007.2）。

（5）《基础地理信息数字成果　1∶500　1∶1 000　1∶2 000 数字正射影像图》（CH/T 9007.3）。

7.3 DSM、DOM、DEM 生产

7.3.1 数据准备

1. 影像数据

在进行数据处理前，需要准备的影像资料包括：倾斜影像数据；影像位置和姿态数据；测区航摄分区图；航线示意图；测区影像索引图；相机检定参数报告；航摄质量验收报告；航摄资料审查报告；其他有关资料。

2. 控制资料

收集到的控制资料包括：控制点成果表；控制点点之记；控制点成果分布略图；检查验收报告；技术设计书、技术总结等技术资料。

3. 地图资料

收集到的地图资料包括：测区及周边各种比例尺的地形图及相关成果；行政区划图、交通图、水利图；其他有关资料。

7.3.2 资料分析

对所收集的资料结合测图踏勘情况进行如下整理和分析，对影响后续生产的问题应及时处理：

（1）分析倾斜影像资料的航摄时间、地面分辨率、重叠度、覆盖范围等是否满足生产要求。

（2）分析数据生产用影像数据的色调、灰度、纹理、反差等是否满足生产要求。

（3）核查控制点资料的情况，包括控制点的数量、分布、精度等级和可利用情况等是否满足生产要求。

（4）查看地图资料的现势性、时空基准、比例尺、成果精度和成果质量等。

（5）根据需要查看其他辅助资料，包括测区周边成图情况、接边数据、属性录入资料完整性等。

所准备文件如图 7-3 ~ 图 7-5 所示。

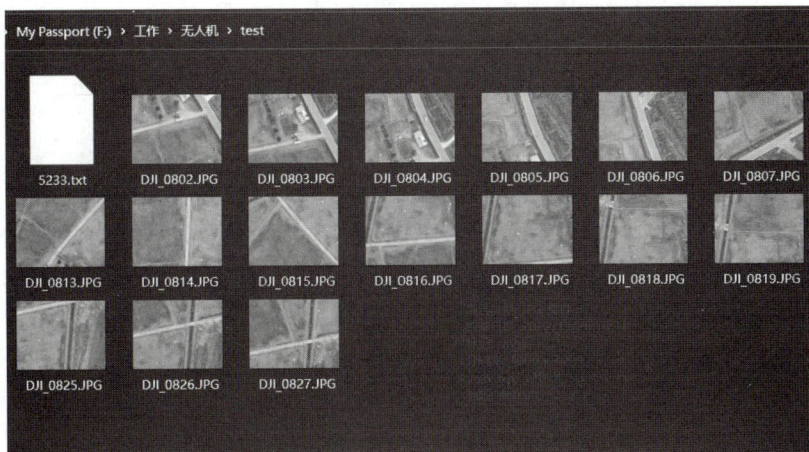

图 7-3　影像文件

图 7-4　影像位置、姿态 POS 文件（大疆无人机的 POS 存储在照片内）

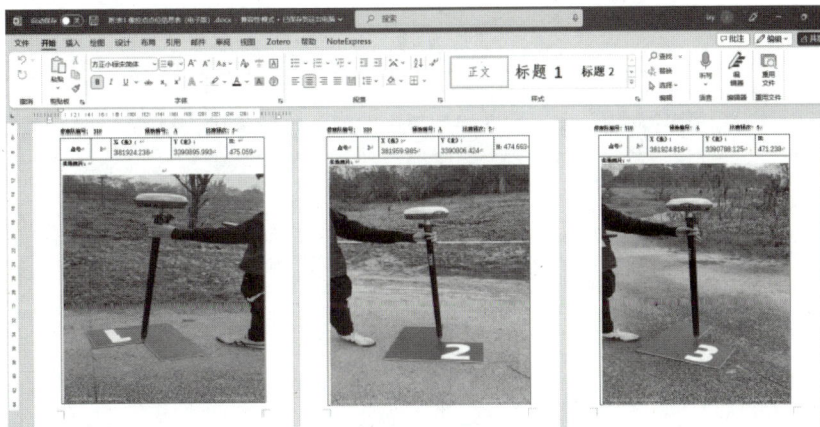

图 7-5　控制点文件

7.3.3　数据处理

按照项目 4 的数据处理流程进行 DOM、DSM、DEM 的软件自动处理。

DOM、DSM、DEM 的采集和编辑详细流程如图 7-6 ~ 图 7-8 所示。

```
生产准备
   ↓
空中三角测量
   ↓
点云数据生成
   ↓
DSM数据编辑、拼接
   ↓
DSM镶嵌与裁切
   ↓
DSM接边
   ↓
DSM相关文件制作
```

图 7-6　DSM 生产流程

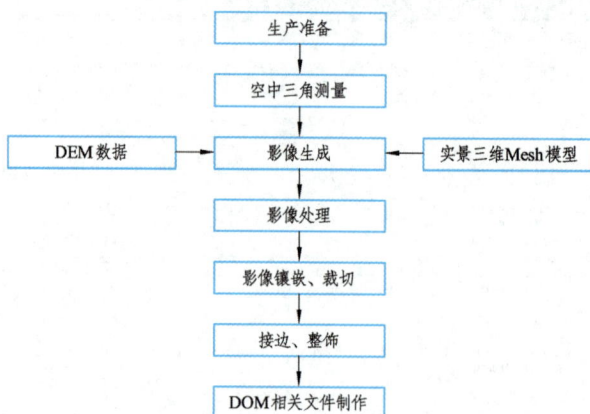

```
        生产准备
           ↓
        空中三角测量
           ↓
DEM数据 → 影像生成 ← 实景三维Mesh模型
           ↓
        影像处理
           ↓
        影像镶嵌、裁切
           ↓
        接边、整饰
           ↓
        DOM相关文件制作
```

图 7-7　DOM 生产流程

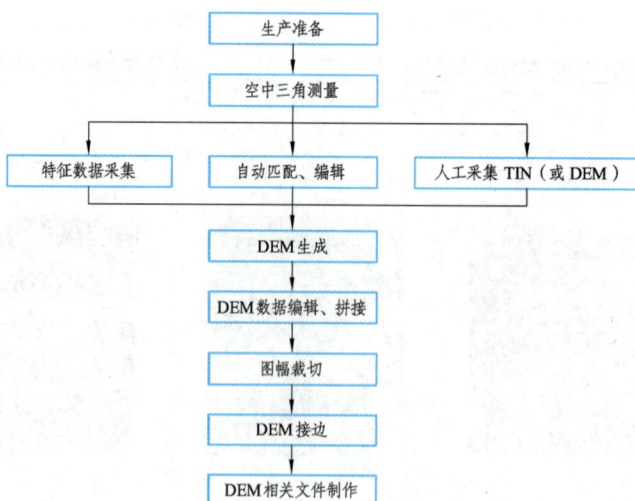

```
              生产准备
                 ↓
              空中三角测量
                 ↓
   ┌─────────────┼─────────────┐
特征数据采集   自动匹配、编辑   人工采集 TIN（或 DEM）
   └─────────────┼─────────────┘
                 ↓
              DEM生成
                 ↓
              DEM数据编辑、拼接
                 ↓
              图幅裁切
                 ↓
              DEM接边
                 ↓
              DEM相关文件制作
```

图 7-8　DEM 生产流程

得到的 DSM 和 DOM 数据如图 7-9、图 7-10 所示。

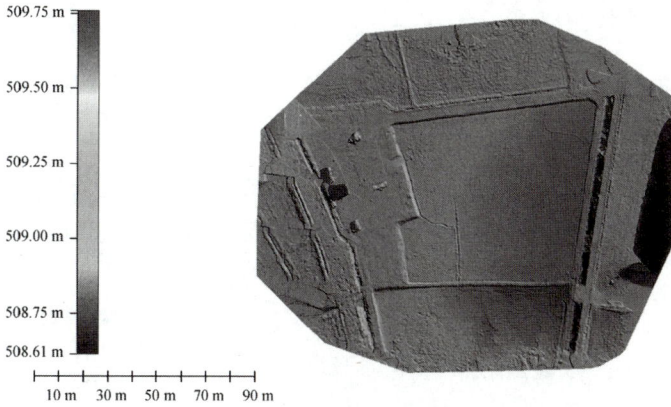

图 7-9　DSM 成果数据

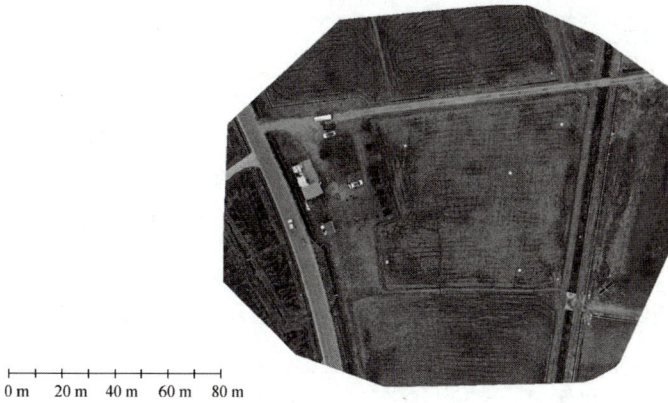

图 7-10　DOM 成果数据

在 DSM 数据的基础上，按项目 4 的方法步骤，进行 DEM 的采集编辑。在这里，由于测区基本没有地物和植被，因此直接进行等高线的生成，得到最后的等高线数据，如图 7-11 所示。最后将等高线数据导出为.dwg 文件，如图 7-12 所示。

图 7-11　Globle mapper 生成的等高线

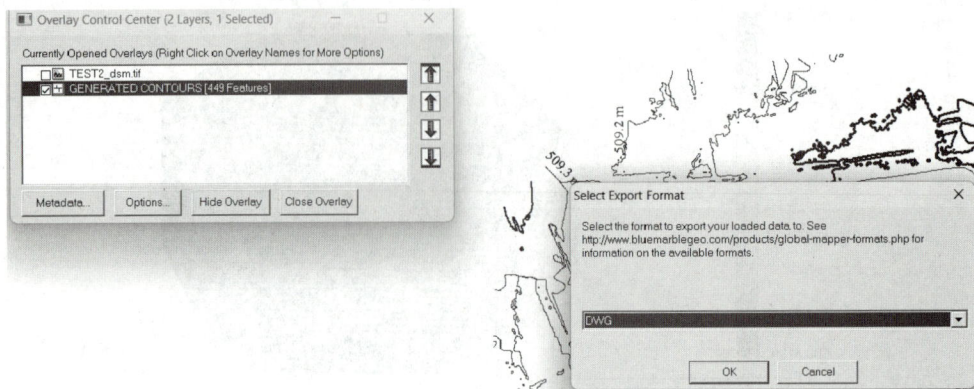

图 7-12　导出等高线文件 dwg

7.3.4　数据要求

DSM、DOM、DEM 数据应按要求制作以下相关文件：

（1）按《基础地理信息数字成果元数据》（GB/T 39608）的相关规定进行元数据文件的制作。元数据应完整正确，包含图幅数字成果概况、资料利用情况、制作过程中主要工序的完成情况、出现的问题及处理方法、过程质量检查、成果质量评价等内容。

（2）按《测绘技术总结编写规定》（CH/T 1001）的规定编写技术总结。

【知识与技能训练】

使用示例数据，或自备数据，按照要求进行 DSM、DOM、DEM 数据的采集。

项目 8 倾斜摄影项目采集案例

【项目描述】

本项目以实际项目为基础，以项目化教学为目标，利用不同的三维测图软件进行三维测图，通过对 EPS、CASS 3D、SV365 的使用，使学生更加深刻地了解三维测图，通过项目化生产更加深入地学习三维测图整体流程，同时也是对前面各教学内容的总结。

【教学目标】

1. 知识目标

（1）了解各三维测图软件的特点。
（2）掌握三维测图的基本流程。
（3）熟悉三维测图需搜集的基础资料。

2. 技能目标

（1）能够独立完成任意任务区的三维测图工作。
（2）能够综合运用各测图软件进行快速数据处理。

3. 思政目标

（1）培养学生认真负责的工作态度。
（2）培养学生吃苦耐劳、精益求精的作业精神。

倾斜摄影测量三维测图是利用实景三维模型，通过三维测图软件对地形地貌进行裸眼采集的过程。随着三维测图技术的不断成熟，三维测图软件也蓬勃发展，本项目以测绘行业生产过程中较为常用的 3 个三维测图软件对某学校进行三维测图数据生产。希望大家能够熟练掌握测绘新技术，同时严格遵守测绘人吃苦耐劳、精益求精的精神，利用新技术、新方法不断提高测绘作业效率，为祖国建设奉献测绘力量。

8.1 测区概况

8.1.1 测区背景

因发展需要，现需对测区全域进行 1：500 地形图测绘，以便于后期规划与发展，有助于业主方摸清测区具体情况。

8.1.2 测区情况

测区地势平坦、交通便利，建筑物规则且面积较大，偶有异型建筑，测区内市政部件、独立地物要素众多，且部分较为隐蔽，地貌要素相对简单，是典型的单位院落地形。

8.1.3 测区范围

该测区位于某市城郊，具体范围详见范围线 KML 文件（图 8-1）。

图 8-1 测图范围

8.1.4 任务目标

利用已有三维模型，对测区进行 1：500 地形图测绘，并进行图形修饰与分幅、质量检查、成果汇交。

8.1.5 任务主要内容

本次任务主要内容包括数据准备、三维测图、数据检查与输出、图形修饰与分幅、成果提交。

8.1.6　成果提交

（1）测区 1∶500 分幅图（电子版.dwg 格式）。

（2）测区 1∶500 总图（电子版.dwg 格式）。

8.2　主要技术依据

（1）《1∶500　1∶1 000　1∶2 000 地形图航空摄影测量内业规范》（GB/T 7930—2008）。

（2）《1∶500　1∶1 000　1∶2 000 地形图航空摄影测量数字化测图规范》（GB/T 15967—2008）。

（3）《低空数字航空摄影测量内业规范》（CH/Z 3003—2010）。

（4）《测绘产品检查验收规定》（CH 1002—1995）。

（5）《测绘产品质量评定标准》（CH 1003—1995）。

（6）《数字测绘成果质量检查与验收》（GB/T 18316—2008）。

（7）《数字测绘成果质量要求》（GB/T 17941—2008）。

（8）《测绘成果质量检查与验收》（GB/T 24356—2009）。

（9）《测绘作业人员安全规范》（CH 1016—2008）。

（10）《国家基本比例尺地图图式　第 1 部分：1∶500、1∶1 000、1∶2 000 地形图图式》（GB/T 20257.1—2017）。

（11）《数字地形图产品基本要求》（GB/T 17278—2009）。

8.3　EPS 案例采集

8.3.1　数据准备

内业测图人员在开始测图前需要进行相关准备。需要获取的测图相关资料包括：

（1）测图范围线：用于确定测图区域，防止多测、漏测、重复测。

（2）测图区域已经建立好的三维模型（.osgb 格式）：用于建立测图三维模型便于测图工作的开展，如图 8-2 所示。

（3）检查点坐标及相关照片：用于检查模型精度，必须在确保模型精度达标的情况下进行测图，否则不能开展下一步工作。

EPS 采集平台
——三维采集

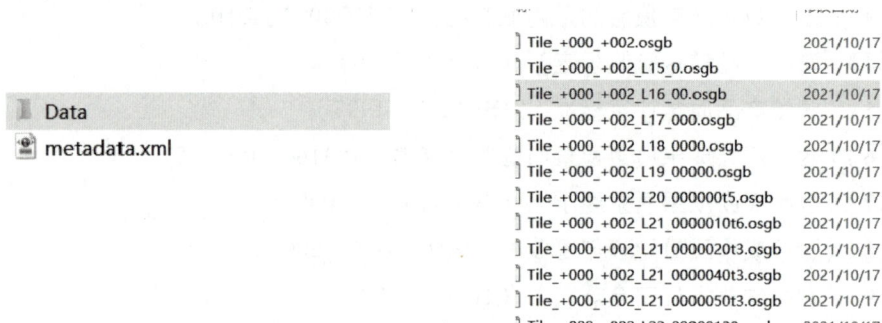

图 8-2　模型数据

8.3.2　数据加载

（1）打开 EPS 测图软件，然后新建工程，设置保存路径，进入软件测图界面，在"三维测图"菜单下选择 OSGB 数据转换，"选择路径名"选择三维模型的 DATA 文件，"元数据"选择 metadata.xml。

（2）在"三维测图"菜单下选择加载本地倾斜模型，选择由 OSGB 转换后生成的 DSM 模型文件，如图 8-3 所示。

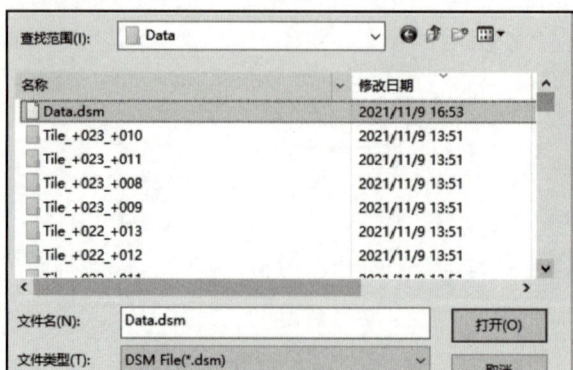

图 8-3　DSM 三维模型

8.3.3 倾斜摄影三维采集

模型加载完成后即可进行三维测图。

首先对道路要素进行采集，根据道路类型选择对应属性依模型进行道路绘制。道路绘制时要注意在道路转弯处应多加节点保持道路的圆滑。道路采集完成后应注记道路材质。

然后对房屋进行采集，在绘制房屋时应先观察房屋结构，先绘制房屋主体结构，再进行附属房屋绘制。绘制主体房屋时首先选择一条较清晰且较长的边作为基准边，然后综合利用软件自带的房屋采集方式进行房屋采集。房屋采集完成后要将房屋结构和楼层填入房屋属性中。

接下来依次对测区范围内的水系、独立地物、管线设施、土质地貌、植被土质等进行绘制。水系绘制完成后需要对线状水系绘制流向；独立地物绘制时要注意不要漏绘、错绘，对于点状地物应采集其底部以保证其精度可靠；管线设施绘制时对不能清楚判别出其井盖类型的用"不明井盖"表示，经外业核实后再更改其井盖类型；土质地貌绘制时要注意陡坎、斜坡须达到测图要求再进行绘制，对于不达标的部分（坡度小于70°）则舍弃；植被土质绘制时要注意地类界不能与其他地物线重合。

所有地物绘制完成后进行高程点的提取。在高程点提取过程中一定注意所有高程点都必须紧贴于地面，不能悬浮于空中。高程点提取完成后，即可生成等高线，然后查看所生成的等高线是否与三维模型贴合，如不贴合则查明原因进行修改，修改完成后再次进行高程点检查，直到所有高程点均没有问题后进行自查并将错误修改完成后提交成果，如图 8-4 所示。

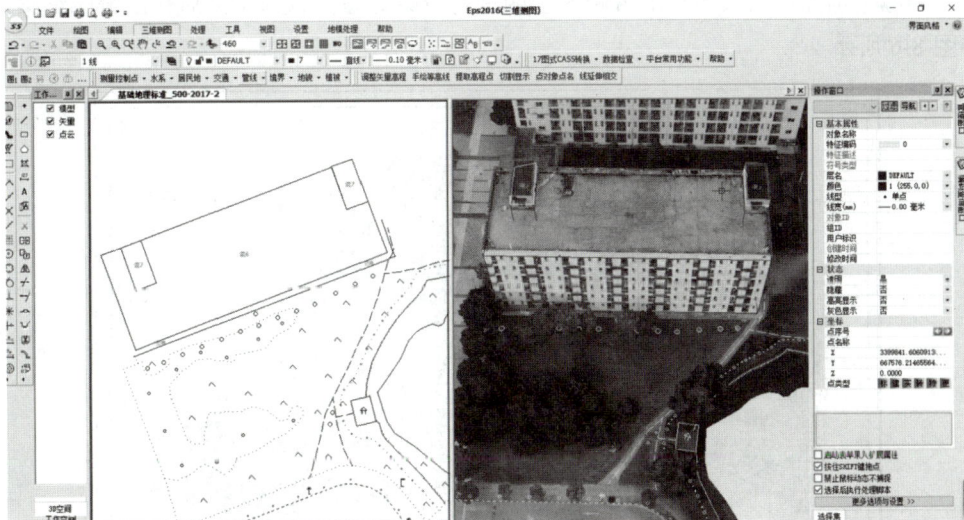

图 8-4　地形图测绘

8.3.4 数据检查

在收到作业人员所提交的成果后，质量检查人员要对其所提交成果进行检查。在检查时对所提交成果进行分区分块检查以防漏查，需检查其是否漏绘、有无错绘、地物属性是否正确、注记是否正确完整、地物采集精度是否符合要求、是否有拓扑错误等；如有错则进行修正，修正后再次进行检查。

房屋检查时可通过建立白模，查看白模是否若隐若现，若白模全透明或者全白色则表明所绘制的房屋线不准确（图 8-5），再查看房角线是否与角贴合并进行修正。

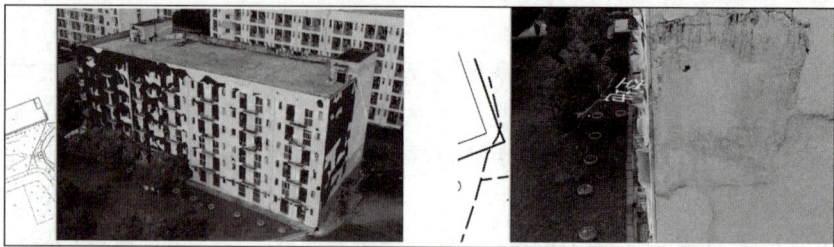

图 8-5　利用房屋白模检查精度

8.3.5　数据输出

经质检人员检查、制图人员修改后，确认无误的测绘成果即可导出数据，在 EPS 中点击"17 图式 CASS 转换"输出 CASS 格式的数据。

8.3.6　数据修饰与分幅

由于 EPS 与 CASS 两个软件编码规则有不同之处，所以在输出 CASS 格式的数据后需要在 CASS 中进行编码转换，同时要对整个图幅进行修饰，如注记文字大小、颜色、图层、等高线修剪、等高线注记、示坡线注记等。

图幅修饰完成后按照标准分幅对全图进行分幅处理，分幅结束后输出分幅结果，如图 8-6 所示。

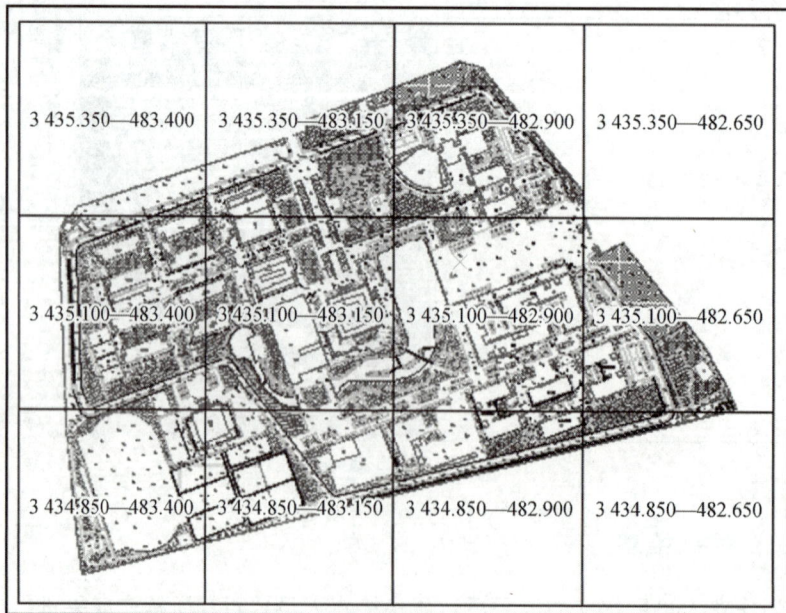

图 8-6　地形图分幅

8.3.7 数据提交

在完成数据修饰与分幅后交公司质量检查部门进行成果质量检查，经检查合格后向业主部门提交成果数据，并填写数据移交清单、移交涉密测绘成果告知书，同时整理数据并移交公司成果管理相关部门存档。

8.4 CASS 3D 案例采集

8.4.1 数据准备

内业测图人员在开始测图前需进行相关准备。需获取的测图相关资料包括测图范围线、三维模型（.osgb）、检查点坐标及相关照片。

CASS 3D 采集平台
——CASS 3D 采集

8.4.2 数据加载

1. 加载测图范围线

在 CASS 界面中，选择"文件/打开已有图形"，选择测图范围线文件并打开。

2. 加载三维模型，确定测图范围

单击"3D"图标，选择三维模型文件夹中的 metadata.xml 并打开，三维模型加载至三维窗口后，在三维窗口顶部工具条中点击"视口内实体同步显示"图标，确定测图范围，如图 8-7 所示。

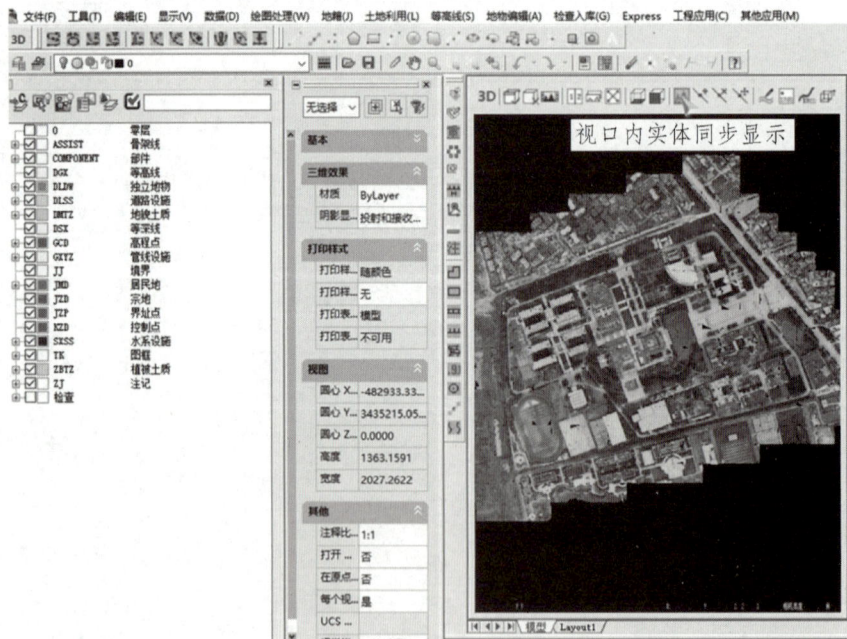

图 8-7　确定测图范围

3. 设置地图比例尺

在 CASS 界面菜单中，选择"绘图处理/改变当前图形比例尺"，在命令行中输入500，地图比例尺即设定为 1∶500。

8.4.3 倾斜摄影三维采集

数据加载完成后即可进行三维测图，三维采集过程中须遵守1∶500地形图采集规范。

首先采集道路，根据道路类型在地物绘制菜单中选择相应符号，在三维窗口中进行道路采集。道路绘制时要注意在道路转弯处应多加节点保持道路的圆滑。道路绘制完成后须加注道路材质。

采集房屋时应先观察房屋结构，先绘制房屋主体结构再绘制房屋附属部分。绘制主体房屋时，在地物绘制菜单中选择相应的房屋结构，采集时应选择一条较清晰且较长的边作为基准边，然后综合利用软件自带的房屋采集方式进行采集。采集完成后在命令行中输入层数。

然后对测区内的水系、独立地物、管线设施、土质地貌、植被土质等进行采集。水系绘制完成后需对线状水系绘制流向；采集独立地物时要注意不要漏绘、错绘；采集点状地物时，应采集其底部以保证精度可靠；采集管线设施时，若井盖类型不能清楚判别，则可先用"不明井盖"表示，经外业核实后再更改其井盖类型；陡坎、斜坡须达到测图要求再进行绘制，不达标的部分（坡度小于70°）应舍弃；地类界不能与其他地物线重合。

测区内地物采集完成后须进行高程点的提取，提取过程中应保证所有高程点均在地面，不能悬浮于空中。高程点提取完成后可生成等高线，查看所生成的等高线是否与三维模型贴合，如不贴合则查明原因进行修改，修改完成后再次进行高程点检查直至合格。最后自查采集成果，确认无误后提交成果。

8.4.4 数据检查

在收到作业人员所提交的成果后，质量检查人员要对提交成果进行检查。检查时应采用分区分块检查以防漏查，检查内容主要包括有是否漏绘、有无错绘、地物属性是否正确、注记是否正确完整、地物采集精度是否符合要求、是否有拓扑错误等，如有错误则进行修正，直至成果检查无误。

8.4.5 数据修饰与分幅

检查无误后，应对整个图幅进行修饰，如注记文字大小、颜色、图层、等高线修剪、等高线注记、示坡线注记等。

图幅修饰完成后，按照标准分幅对全图进行分幅处理，分幅结束后输出分幅结果。

8.4.6 数据提交

将分幅结果提交至公司质量检查部门，经质量检查合格后向业主部门提交成果数据，并填写数据移交清单、移交涉密测绘成果告知书，最后整理数据提交至公司存档。

8.5 SV365 案例采集

8.5.1 数据准备

测图人员在开始测图前需要搜集测图的相关资料，包括：

（1）测图范围线：用于确定测图区域，防止漏测或重复测。

（2）测图区域三维模型（.osgb、.3ds、.obj、.ive、.dae 等格式）：用于建立测图三维模型，便于测图工作的开展，如图 8-8 所示。

（3）检查点坐标及相关照片：用于检查模型精度，必须在确保模型精度达标的情况下进行测图，否则不能开展下一步工作。

SV365 采集平台
——365 采集

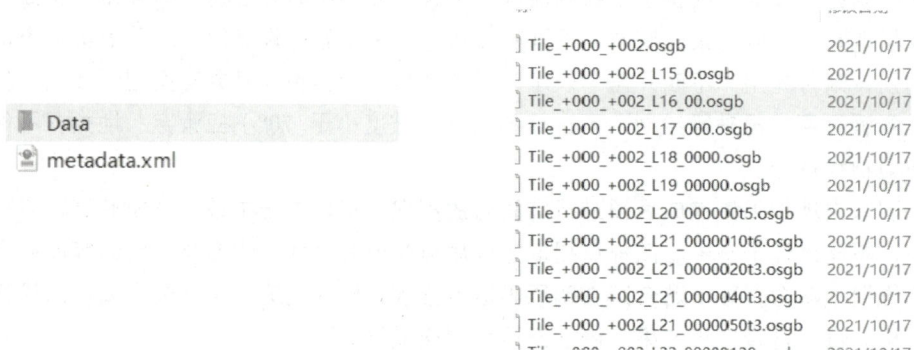

图 8-8 模型数据

8.5.2 数据加载

以管理员身份打开 SV365 测图软件，在工作空间三维测图下选择"加载三维模型"。根据提示设置测图比例尺为 1∶500。选择.xml 文件加载三维模型，如图 8-9 所示。

SV365 采集平台
——365 数据加载

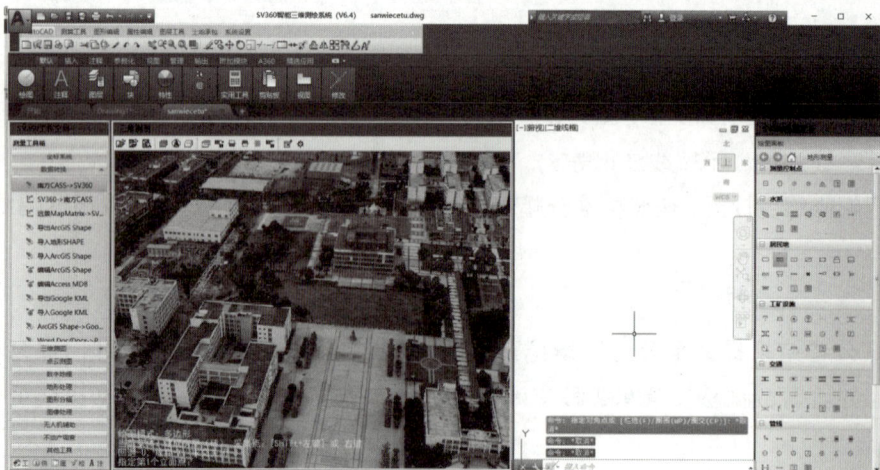

图 8-9 加载三维模型

8.5.3 倾斜摄影三维采集

模型加载完成后即可进行三维测图。

首先对线状地物进行测绘，在绘制道路、水系时要严格按照模型走向，准确测出其范围，在道路测绘结束后应注记道路材质，线状水系绘制结束后应标注流向箭头，面状水系绘制结束后应注记其用途（水库、塘、池等）。

采集房屋时，直接在 SV365 绘图面板中选择对应的房屋结构，然后直接在墙面上点击右键采集，每面墙采集两点，确定出墙面边线，然后依次绘制每面墙边线，软件自动将每面墙边界连接并闭合，根据命令栏提示输入房屋层数。

接下来依次对工矿设施、管线设施、地貌、植被与土质进行绘制，在绘图过程中要认真仔细，防止漏绘、错判。

绘制工矿设施时要注意不要漏绘、错绘，绘制点状地物时应采集其底部以保证其精度可靠；绘制管线设施时对不能清楚判别出其井盖类型的情况，用不明井盖表示，经外业核实后再更改其井盖类型；绘制土质地貌时要注意陡坎、斜坡须达到测图要求再进行绘制，对于不达标的部分（坡度小于 70°）则舍弃；绘制植被土质时要注意地类界不能与其他地物线重合。

地物绘制完成后根据地貌起伏情况在地貌变化处选取高程点。在高程点选取过程中，要注意山谷、山脊、陡坎、斜坡等特殊位置都必须有高程点，在植被茂密区域应尽量选取地面上的高程点，高程点不能悬浮于空中，不能位于房屋等建筑物或植被上，所有点必须与地面贴合。在高程点选取结束后，可生成等高线，然后利用三维模型查看所生成等高线是否与地面紧密贴合，如不贴合则检查错误原因并进行修改，修改后再次进行检查，如此反复直到全图没有错误后即可，如图 8-10 所示。

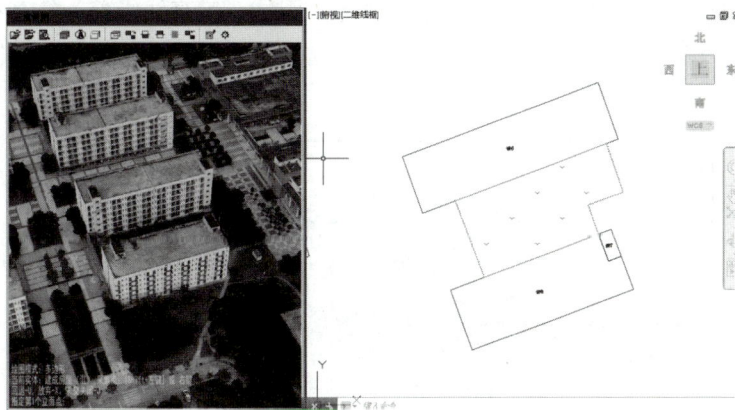

图 8-10　地形图绘制

8.5.4 数据检查

在绘制完成后作业人员应先进行自查，自查并修改结束后上交测图成果，由质检人员对成果进行检查，检查其有无漏绘、错绘、属性是否有误、取舍是否合理、精度是否达标、拓扑表达是否合理等。在检查过程中可利用 SV365 绘图空间下的"其他工具"对所发现错误进行标注，便于绘图人员修改。

房屋精度检查时，可通过切割上部模型查看切割后的模型与房屋线是否重合，如不重合则进行修改，如图 8-11 所示。

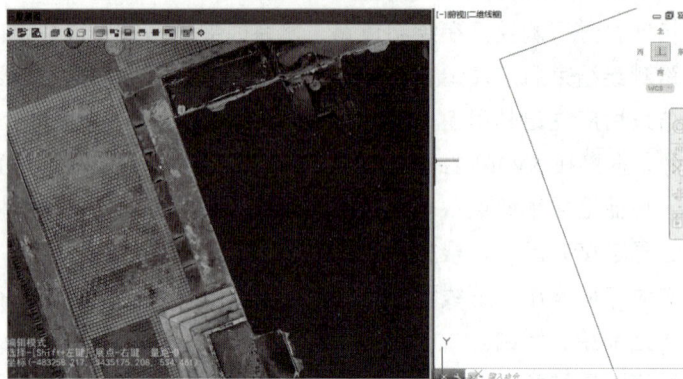

图 8-11　切割模型检查房屋精度

8.5.5　数据输出

错误修改完成后经质检人员再次检查确认无误后即可导出数据，在 SV365 工作空间下选择数据转换"SV365 转南方 CASS"。由于转换后将不能完全恢复 SV365 格式，所以转换前先将工程文件保存备份。

SV365 采集平台
——365 数据导出

8.5.6　数据修饰

绘图完成并检查修改后确认无误后，需对整个图幅进行修饰。SV365 可直接在二维窗口进行图幅修饰，如注记文字大小、颜色、图层、等高线修剪、等高线注记、示坡线注记等，修饰结束后即可进行分幅，分幅结束后即可按要求输出分幅图形，如图 8-12 所示。

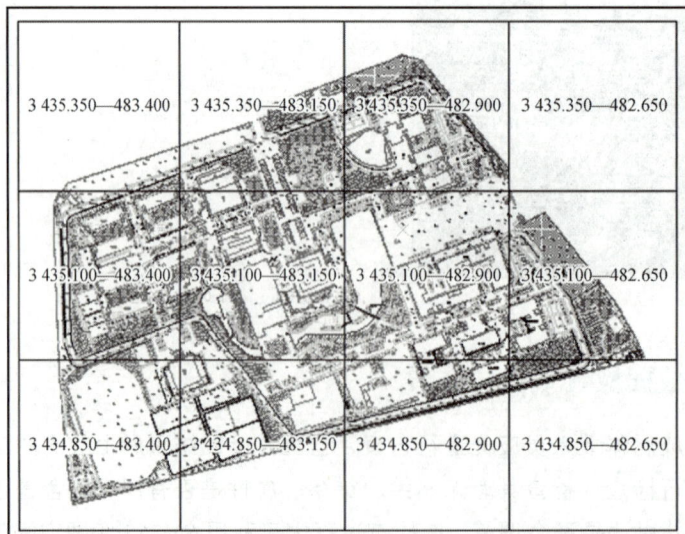

图 8-12　地形图分幅

8.5.7　数据提交

在完成数据修饰与分幅后，交公司质量检查部门进行成果质量检查，经检查合格后向业主部门提交成果数据，并填写数据移交清单、移交涉密测绘成果告知书，同时整理数据并移交公司成果管理相关部门存档。

8.6 总　结

在实际生产过程中使用 3 个软件对某学校进行 1：500 地形图绘制后发现，3 个软件三维测图原理都相似，都是首先加载三维模型，然后利用三维模型的多角度可视性对测图区域进行高精度采集，并且每个软件都按照测绘生产中所涉及的地物类型以及图式图例进行要素属性的编写与应用。3 个软件都可以进行大比例尺地形图测绘并且都能输出满足图式要求的矢量数据。以下是各软件在实际生产过程中作业人员经过对比而总结出的特点。

EPS 软件的特点：可进行图库一体化生产；同时可根据项目需求定制相关专业的专业版软件；选取地物属性方式多样；操作界面简单，符合常规软件操作要求；快捷键设置简单；房屋绘制精度检查方式多样；无须安装即可直接使用。其具有以下缺点：EPS 地物编码和地物归层与 CASS 编码与归层方式有所不同；在导出 CASS 数据后需要进行编码转换以及图层转换；房屋绘制时建成房屋导出后其房屋线均为一般房屋，造成房屋属性与房屋结构不匹配。

CASS 3D 软件的特点：直接在南方 CASS 软件基础上加载三维测图模块；对测绘从业人员来说，使用方便、界面熟悉、操作简单、加载便捷、无须花费大量时间、精力学习新软件；快捷键以及测图方式与南方 CASS 一致；测图完成后无须进行编码转换，可直接检查后提交成果。该软件仅用于地形图生产，在进行不动产测量以及入库等工作时需要利用第三方软件辅助。

SV365 软件的特点：在 CAD 的基础上进行开发，界面操作与 CAD 有相似之处；支持多种格式三维模型的加载；图库一体化的测图软件；针对不同测绘专业开发了专业操作工具；增加了地形图修饰过程中常用的相关小工具；定制了相关的检查工具，有助于快速高效地检查地形图。其具有以下缺点：三维窗口放大与缩小滑动滚轮方式与二维窗口以及其他测图软件相反，操作不方便；软件安装复杂；三维测图时点击右键采集有悖于常规软件点击左键确定的习惯。

【知识与技能训练】

1. 倾斜摄影测量三维测图基本流程有哪些？
2. 3 种测图软件在数据加载时有何区别？
3. 倾斜摄影测量三维测图时需要准备哪些数据？

参考文献

[1] 国家测绘局. 1：500 1：1 000 1：2 000 地形图航空摄影测量内业规范：GB/T 7930—2008[S]. 北京：中国标准出版社，2008.

[2] 国家测绘局. 1：500 1：1 000 1：2 000 地形图航空摄影测量外业规范：GB/T 7931—2008[S]. 北京：中国标准出版社，2008.

[3] 国家测绘局. 低空数字航空摄影测量内业规范：CH/Z 3003—2010[S]. 北京：测绘出版社，2010.

[4] 国家测绘局. 低空数字航空摄影测量外业规范：CH/Z 3004—2010[S]. 北京：测绘出版社，2010.

[5] 国家测绘局. 基础地理信息数字成果 1：500 1：1 000 1：2 000 数字正射影像图：CH/T 9008.3—2010[S]. 北京：测绘出版社，2010.

[6] 国家测绘地理信息局. 数字航空摄影测量 控制测量规范：CH/T 3006—2011[S]. 北京：测绘出版社，2012.

[7] 国家测绘地理信息局. 国家基本比例尺地图图式 第 1 部分：1：500 1：1 000 1：2 000 地形图图式：GB/T 20257.1—2017[S]. 北京：中国标准出版社，2017.

[8] 国家测绘地理信息局. 1：500 1：1 000 1：2 000 外业数字测图技术规程：GB/T 14912—2017[S]. 北京：中国标准出版社，2017.

[9] 孙家抦. 遥感原理与应用[M]. 武汉：武汉大学出版社，2009.

[10] 潘正风，程效军，成枢，等. 数字测图原理与方法习题和实验[M]. 武汉：武汉大学出版社，2009.

[11] 熊秋荣. 数字测图实用教程[M]. 成都：西南交通大学出版社，2014.

[12] 周小莉，胡仪员，师维娟，等. 测绘基础[M]. 成都：西南交通大学出版社，2014.

[13] 万刚，余旭初，布树辉，等. 无人机测绘技术及应用[M]. 北京：测绘出版社，2015.

[14]   王佩军，徐亚明. 摄影测量学[M]. 武汉：武汉大学出版社，2016.

[15]   刘广社，高琼，张丹. 摄影测量与遥感[M]. 武汉：武汉大学出版社，2017.

[16]   王正荣，徐晓燕，邹时林. 数字测图[M]. 郑州：黄河水利出版社，2019.

[17]   赵国梁. 无人机倾斜摄影测量技术[M]. 西安：西安地图出版社，2019.

[18]   刘仁钊，马啸. 无人机倾斜摄影测量技术[M]. 武汉：武汉大学出版社，2021.

[19]   吴向阳，王庆. 空地一体化成图技术[M]. 南京：东南大学出版社，2020.

[20]   房余东. 无人机技术与应用[M]. 苏州：苏州大学出版社，2021.

[21]   王东梅. 无人机测绘技术[M]. 武汉：武汉大学出版社，2020.

[22]   刘含海. 无人机航测技术与应用[M]. 北京：机械工业出版社，2020.

[23]   贾玉红. 无人机系统概论[M]. 北京：北京航空航天大学出版社，2020.

[24]   何荣. 数字测图原理与方法[M]. 北京：应急管理出版社，2020.

[25]   吕翠华，杜卫刚，万保峰，等. 无人机航空摄影测量[M]. 武汉：武汉大学出版社，2022.

[26]   李京伟，周金国. 无人机倾斜摄影三维建模[M]. 北京：电子工业出版社，2022.

[27]   金伟，葛宏立，杜华强，等. 无人机遥感发展与应用概况[J]. 遥感信息，2009（1）：88-92.

[28]   杨国东，王民水. 倾斜摄影测量应用技术及展望[J]. 测绘与空间地理信息，2016，39（1）：13-15；18.

[29]   张慧莹，董春来，王继刚，等. 基于 ContextCapture 的无人机倾斜摄影三维建模实践与分析[J]. 测绘通报，2019（S1）：266-269. DOI:10.13474/j.cnki.11-2246.2019.0562.

[30]   赵小阳，孙松梅. 无人机倾斜摄影支持下的 1：500 高精度三维测图方案及应用[J]. 测绘通报，2019（7）：87-91. DOI:10.13474/j.cnki.11-2246.2019.0225.

[31]   田艳. 浅析无人机倾斜摄影测量技术及应用[J]. 华北自然资源，2020（5）：77-79.

[32]   原明超，仇俊. 无人机倾斜摄影测量在三维模型测图中的应用[J]. 测绘通报，2020（7）：116-119；142. DOI:10.13474/j.cnki.11-2246.2020.0226.

[33]   曹宁. 无人机倾斜摄影测量技术在大比例尺测图中的应用及精度评价[J]. 测绘与空间地理信息，2020，43（8）：174-176.

[34]   李莲，郭忠磊，张琼. 无人机倾斜摄影测量技术在城市基础测绘中的应用[J]. 测绘地理信息，2020，45（6）:72-74. DOI:10.14188/j.2095-6045.2020177.

[35]   唐治海. 无人机倾斜摄影测量在大比例尺地形图中的应用[J]. 江西测绘，2020（3）：32-35；39.

[36]   李春锋，金路. 无人机航摄系统测绘大比例尺地形图应用[J]. 中阿科技论坛（中英文），2020（8）：75-77.

[37] 马学峰，张源，屈利娜，等. 无人机倾斜摄影测量在大比例尺地形图测量中的应用[J]. 科学技术创新，2020（15）：27-29.

[38] 程晓. 无人机倾斜摄影在大比例尺地形图测绘中的应用和精度分析[J]. 城市建设理论研究（电子版），2020（14）：83. DOI:10.19569/j.cnki.cn119313/tu.202014068.

[39] 莫寅. 基于无人机倾斜摄影测量的大比例尺地形图测绘方法[J]. 北京测绘，2020，34（1）:79-82. DOI:10.19580/j.cnki.1007-3000. 2020. 01.016.

[40] 余志强，黄桦，徐创福. 基于倾斜摄影建筑模型的采集精度改进与评估[J]. 测绘通报，2020，515（2）：96-101.

[41] 泮建伟. 基于无人机倾斜摄影的1∶500地形图要素更新应用研究：以浙江松阳县为例[J]. 测绘与空间地理信息，2021，44（10）：211-214.

[42] 韩启虎. 无人机倾斜摄影测量技术在1∶500地形图测绘中的应用[J]. 华北自然资源，2021（4）：86-87；90.

[43] 郭凯，汪旭波，杨荣欣. 无人机倾斜摄影测量技术在大比例尺地形图测绘中的应用[J]. 测绘与空间地理信息，2022，45（S1）：256-258；261.

[44] 席思远，张西童，王宁，等. 倾斜摄影设备选型及像控点布设对高精度实景三维模型重建的影响[J]. 测绘通报，2022，547（10）：86-92. DOI:10.13474/j.cnki.11-2246.2022.0299.

[45] 刘双群. 基于无人机的大比例尺地形图快速生产方法研究[J]. 测绘与空间地理信息，2022，45（7）：257-260.

[46] 赵琪. 低空无人机倾斜摄影测量实景三维模型构建[J]. 兵器装备工程学报，2022，43（4）：230-236.

[47] 王春敏. 无人机倾斜测量技术在大比例尺地形测绘中的应用研究[J]. 测绘，2018，41（2）：86-88.

[48] 王成，施宇军，权菲，等. 无人机倾斜摄影测量土方量测算及精度评价[J]. 测绘通报，2022（8）：139-142；159. DOI:10.13474/j.cnki.11-2246. 2022.0246.

[49] 柳静. 无人机倾斜摄影测量三维模型绘制大比例尺地形图精度研究[D]. 西安：西安科技大学，2018.

[50] 邢晓平. 无人机倾斜摄影测量在大比例尺地形图测图中的精度分析及应用研究[D]. 青岛：山东科技大学，2020. DOI:10.27275/d.cnki.gsdku.2020.001477.

[51] 曹理想. 基于倾斜摄影测量技术的大比例尺地形图质量检验[C]//江苏省测绘地理信息学会. 第二十二届华东六省一市测绘学会学术交流会论文（一）. 2021：33-35；38. DOI:10.26914/c.cnkihy.2021.019227.